KB236273

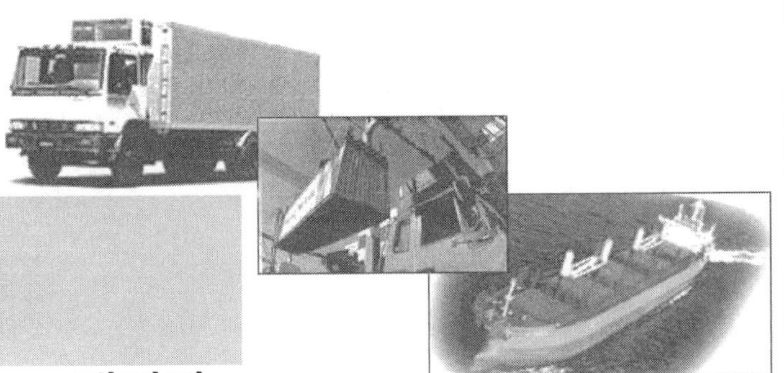

식품 냉동 냉장학

개정판

김 진 수 저

도서출판 효 일
www.hyoilbooks.com

머리말

    식품의 소비경향은 1970년대 이전의 경우 양적인 면에 기준을 두었고, 1970~80년대의 경우 영양적인 면에 기준을 두었으며, 1990년대의 경우 기능적인 면에 기준을 두었다. 그러나 앞으로 전개되는 2000년의 식품 소비경향은 맞벌이 주부의 증가, 경제적·사회적 여건의 변화 등으로 인해 단지 보존의 수단을 탈피한 건강지향적인 면과 동시에 편의적인 면이 추구되리라 본다. 식품위생법규에서 냉동식품이라 함은 가공 또는 조리한 식품을 장기보존할 목적으로 동결처리하여 용기·포장에 넣어진 것으로 냉동보관을 요하는 식품을 말한다고 정의하고 있다. 그러나 일반적으로 냉동식품은 경제성, 편의성 및 위생성을 부여하기 위하여 전처리하여야 하고, 고품질의 제품을 제조하기 위하여 급속동결 및 심온동결저장하여야 하며, 소비자들이 이용하므로 소비자용 포장이 되어야 한다. 이러한 일면에서 단지 식품보존의 수단으로 이용되던 식품냉동도 현재에는 건강지향 및 편의적인 면이 추구된 조리, 즉석냉동식품의 개발에 박차를 가하고 있고, 또한 식품냉동이 기타 건조, 염장, 당장, 초절임, 훈연, 가열, 첨가물 및 방사선 조사 등과 같은 가공처리에 비하여 영양파괴가 거의 없으면서 안전성에 전혀 문제가 없는 생원료와 유사한 제품이어서 조리냉동식품과 같은 냉동식품의 시장은 무궁무진하리라 본다.

    본서의 구성은 제1부에서 냉동의 원리, 냉동의 단위조작, 냉동의 여러 가지 법칙, 모리엘 선도와 냉동사이클, 냉매, 냉동장치의 구성 및 자동제어와 같은 내용을 중심으로 하는 식품냉동냉장학의 기초지식에 관한 사항을, 제2부에서는 냉동식품의 기초지식, 식품의 저온저장 방법 및 장치, 냉동식품의 정의, 분류, 제조 및 저장 중 변화,

해동, 저온유통, 냉동식품의 포장 및 법규와 같은 내용을 중심으로 하는 식품냉동냉장학의 응용지식에 관한 사항을 쉽게 언급하여 식품냉동의 강의교재로서 뿐만이 아니라, 수산관련 국가시험(공무원 채용, 승진, 수산제조기사 등)에 응시하고자 하는 분들에게도 일부분이나마 도움이 되고자 하였다.

그러나 본서는 최초에 냉동에 관한 지식이 다소 부족한 입장에서 저술되어 여러 부분에서 오류와 새로운 지식의 결여가 있어 수정을 하였으나 아직도 부족한 점이 많으리라 짐작된다. 이와 같이 부족한 점은 여러분들의 질책과 조언을 바탕으로 다시 개선할 것을 약속드린다.

끝으로 본서의 출간을 위하여 물심양면으로 많은 도움을 주신 도서출판 효일의 김홍용 사장님과 편집을 위해 노력하여 주신 모든 분들에게 진심으로 감사를 드린다.

차 례

제 1 부 식품냉동냉장학의 기초

제1장 냉동의 원리·15

제2장 냉동의 단위조작·21

제3장 냉동의 여러 가지 법칙·47

제3장 모리엘 선도와 냉동사이클·57

제7장 자동제어 • 155

제 2 부 식품냉동냉장학의 응용

제9장 냉동식품의 포장 및 법규·317

제10장 냉동품의 기준 법규·325

식품냉동냉장학의 기초

냉동의 원리

제1절 냉동의 정의 및 분류

1. 냉동의 정의

냉동은 일정한 공간이나 물체의 온도를 주위의 온도보다 인공적으로 낮추어 주는 열 제거 조작으로, 이를 공학적으로 다루는 학문이 냉동공학이고, 식품의 저장 및 가공에

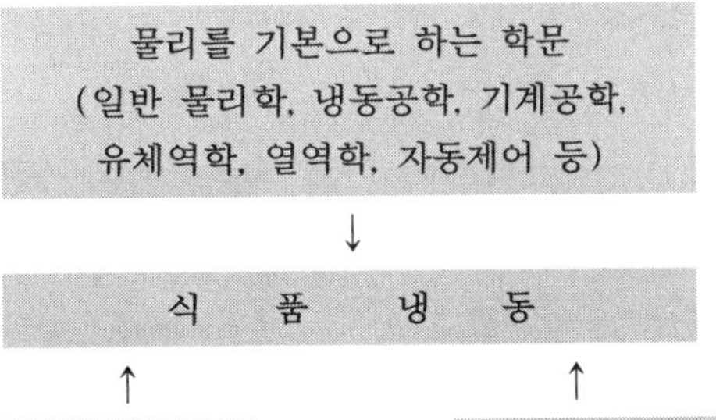

그림 1·1 식품냉동과 관련되는 학문

응용하는 학문이 식품냉동냉장학이다. 식품냉동을 체계적으로 이해하기 위하여는 식품화학, 식품가공학, 식품미생물학과 같은 화학 및 생물학적인 학문뿐만이 아니라 냉동공학, 기계공학, 유체역학, 전기공학, 자동제어와 같은 물리적인 학문도 반드시 동반되어야 한다.

2. 냉동의 분류

▶ 표 1·1 냉동의 분류 ◀

분　류		정　의
냉동 (냉각처리조작)	냉각(cooling)	얼지 않은 범위에서 온도를 낮추는 조작
	동결(freezing)	어는 범위에서 온도를 낮추는 조작
냉장 (저온저장)	냉장 (냉각저장)	단기저장을 목적으로 품온을 낮추되, 동결점보다 높은 저온으로 유지하여 저장하는 조작
	동결저장	장기저장을 목적으로 품온을 낮추되, 동결점보다 낮은 저온으로 유지하여 저장하는 조작
공기조화(air condition)		일정 공간의 온도, 습도, 청결도를 최적 상태로 유지하는 조작
초저온		액화 천연가스(LPG)의 비등온도($-161.5℃$) 이하의 온도 범위로 낮추는 조작

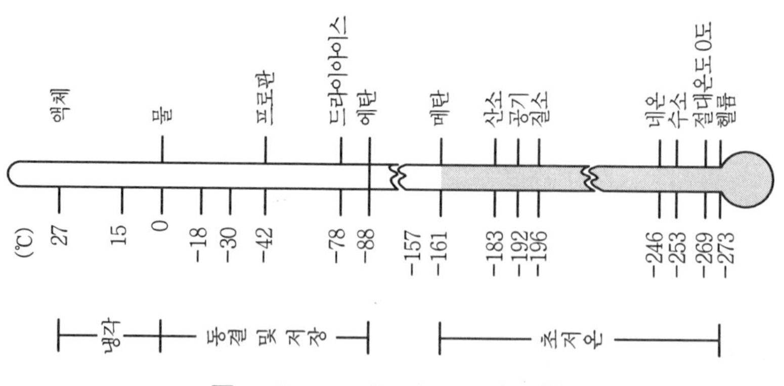

▶ 그림 1·2 냉동의 온도 범위 ◀

3. 냉동의 원리

암모니아 또는 프레온과 같은 냉매(refrigerant, 냉동장치를 순환하면서 열을 운반하는 물질)가 든 고압용기에 팽창밸브와 파이프(증발기)를 연결시키고, 외부와 단열한 다음 팽창밸브를 열면 액상의 냉매는 파이프(pipe)를 통과하면서 파이프 주위의 열을 빼앗고 증발하여 가스로 되어 냉동은 이루어진다. 이 때에 증발된 가스를 외기에 버려도 냉동작용 그 자체는 가능하다. 이와 같이 냉동은 팽창밸브 및 증발기만으로도 이루어진다.

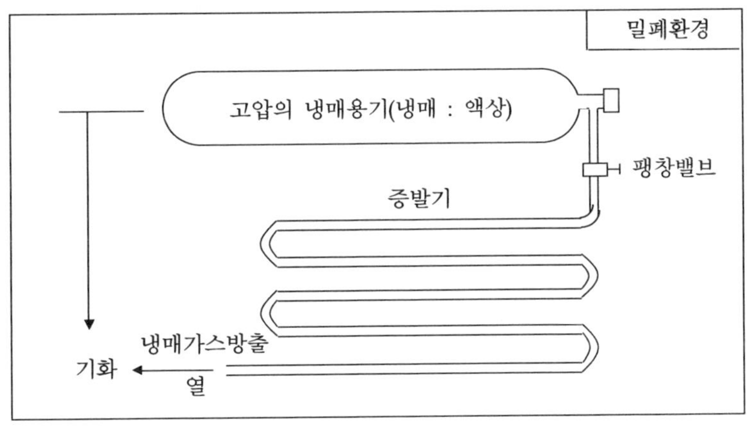

▶ 그림 1·3 냉동의 원리 ◀

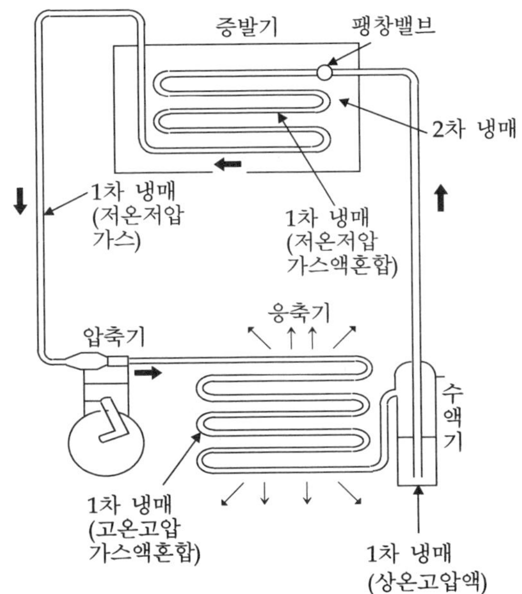

▶ 그림 1·4 냉동장치의 개략도 ◀

그러나 이와 같은 방법으로 냉동을 실시하는 경우 증발된 냉매는 대기 중에 소실되어 버리고 다시 냉동조작을 하기 위하여는 반드시 고압용기에 든 냉매를 구입하여 사용하여야 하므로 ① 공해 문제 및 ② 경비 문제가 야기된다. 따라서 냉동을 효율적으로 하기 위하여는 반드시 냉매를 회수하여 사용하는 방안을 고려하여야 한다. 냉매를 냉동에 반복적으로 사용하기 위하여 냉각 목적을 달성한 냉매 가스를 압축기로 압축하여 응축기에서 공기 또는 물로 냉각시킨 다음 응축(액화)시켜 고압용기에 보관하여 두고, 필요할 경우에 다시 팽창밸브를 열어서 팽창, 증발, 압축 및 응축의 반복으로 계속적인 냉동조작이 가능하다. 따라서 냉동사이클(cycle)은 압축, 응축, 팽창 및 증발조작의 반복을 말하며, 이러한 일면에서 볼 때에 냉동장치의 4요소는 증발장치인 팽창밸브와 증발기, 회수장치인 압축기와 응축기라 할 수 있다.

제2절 냉동방법

냉동방법은 크게 자연 현상을 이용하여 냉동하는 자연냉동법과 에너지를 인위적으로 공급하여 인공적으로 냉동하는 기계적 냉동법으로 분류할 수 있다.

▶ 표 1 · 2 자연냉동법의 특성 ◀

냉동방법	특 징	대상
융해열 이용법	고체(얼음)가 액체(물)로 변화할 때에 필요한 융해열($0^{\circ}C$에서 약 79.68 kcal/kg)을 주위로부터 흡수하는 냉동법	수빙법, 쇄빙법
승화열 이용법	고체(dry ice)가 기체(이산화탄소)로 변화할 때에 필요한 승화열($-78.5^{\circ}C$에서 약 137 kcal/kg)을 주위로부터 흡수하는 냉동법	드라이 아이스 운송
증발열 이용법	액체(액체 질소, 액체 이산화탄소)가 기체(질소가스, 탄산가스)로 변화할 때에 필요한 증발열(질소 : $-196^{\circ}C$에서 48 kcal/kg, 이산화탄소 : $-78^{\circ}C$에서 137 kcal/kg)을 주위로부터 흡수하는 냉동법	IQF
기한제 이용법	기한제(한 종류의 것을 사용할 때보다 더 낮은 온도를 얻고자 두 종류의 것을 혼합한 물질)를 이용한 냉동법 즉, 얼음이나 눈에 소금을 혼합하였을 때에 얼음의 융해열과 소금의 융해열이 상승작용을 하여 주위의 열을 흡수하는 방법으로 $-18\sim-20^{\circ}C$의 저온유지가 가능	침지식 냉동

◨ 표 1·3 기계적 냉동법의 특성 ◧

냉동방법	특　　　　　　성	비 고
증 기 압축식 이용법	·대기압에 가까운 압력에서 증발하기 쉬운 냉매(암모니아, 프레온 등)의 증발열을 이용하는 냉동법 ·냉매의 회수는 압축기를 사용하여 압력을 높이는 방식 ·현재 가장 많이 이용되고 있는 냉동법 ·냉매의 경우 고압부에서는 액체, 저압부에서는 기체 상태로 존재	그림 1-5
증 기 흡수식 이용법	·냉매가 증발과 액화를 반복하여 냉동 목적을 달성한다는 점은 증기 압축식 냉동법과 동일하나 회수장치인 압축기 대신에 흡수기와 발생기를 사용함 ·냉매는 물에 잘 녹는 암모니아를 주로 사용하여 물에 흡수시킨 다음 발생기(가열기)에 의하여 암모니아를 분리하여 냉동을 하는 방식 ·냉매는 액체 및 기체로 존재	그림 1-6
공 기 냉동법	·Joule – Thomson 효과(압축공기나 기체를 팽창 시킬 때에 주위의 온도가 내려가는 효과)를 이용한 냉동법 ·피스톤형 압축기 및 팽창기를 사용하면 냉동능력에 비해 부피가 크고, 효율이 저하되어, 주로 초저온용으로 사용	
증 기 흡착식 냉동법	·냉매가 증발과 액화를 반복하여 냉동 목적을 달성하는 것은 증기 압축식 및 증기 흡수식 냉동법과 동일 ·이들의 회수장치인 압축기(증기 압축식) 및 흡수기(증기 흡수식) 대신에 흡착제(실리카겔, 제오라이트, 활성탄 등이 있으나, 실리카겔을 주로 사용)가 내재된 흡착기가 장착되어 있어 화학적으로 냉매를 흡착하여 냉동작용을 함	
펠티에 효 과 이용법	·다른 2종의 금속도체(비스무트 텔루르, 안티몬 텔루르, 비스무르 셀레 등)의 접합부에 전류를 통하면 한쪽 정점은 고온, 다른 한쪽 정점은 저온으로 되는 펠티에 효과로 냉동	그림 1-7

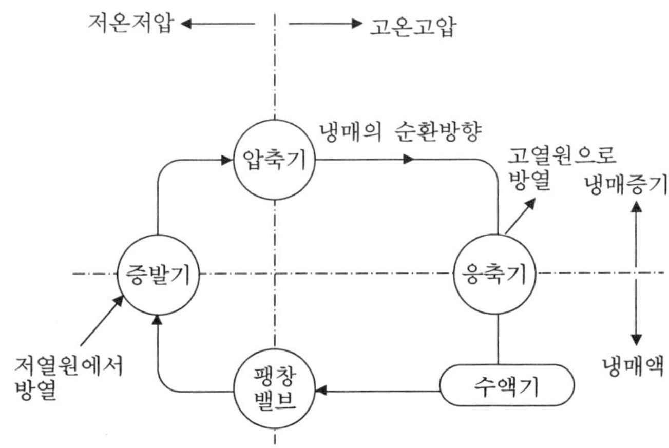

◨ 그림 1·5 증기압축식 냉동기의 원리 ◧

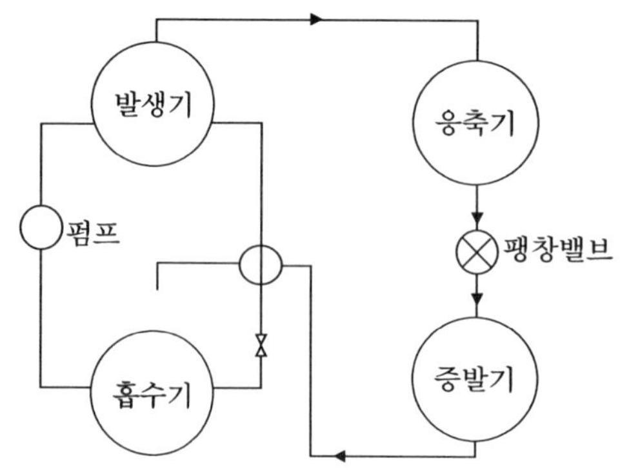

■ 그림 1·6 증기흡수식 냉동기의 원리 ■

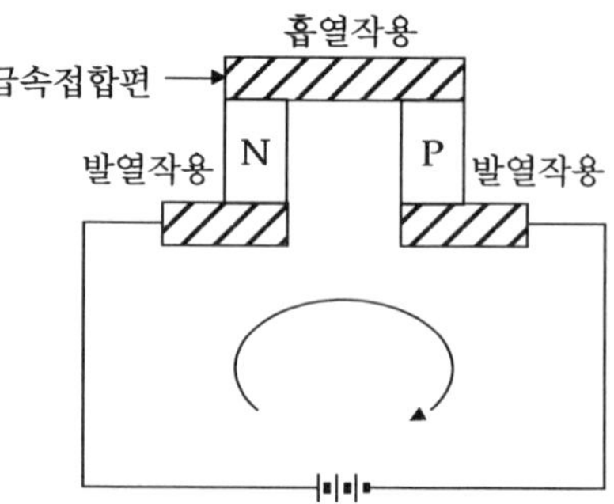

■ 그림 1·7 펠티에 효과의 원리 ■

제 2 장

냉동의 단위조작

제1절 기본단위

1. 온 도

온도는 물질의 차고 뜨거운 정도를 나타내는 물리량으로, 온도단위는 표 2·1과 같다.

표 2·1 온도단위

단 위			정 의
MKS	일반단위	℃	섭씨온도는 물의 어는 점을 0℃, 끓는 점을 100℃로 하고, 그 사이를 100 등분하여, 한 눈금을 1℃로 한 것
	공학단위	K	절대온도는 완전기체의 경우 체적이 일정하므로서 표준상태(0℃, 1기압)인 0℃에서 1℃ 내리는 데에 압력이 $1/273$씩 감소하여 -273℃에 도달하면 기체의 압력은 0으로 되며, 이 -273℃는 최저한의 온도이므로, 이 온도를 기준으로 하여 섭씨온도와 동일하게 100등분시킨 것
FPS	일반단위	℉	화씨온도는 물의 어는 점을 32℉, 끓는 점을 212℉로 하고, 그 사이를 180 등분하여 1 눈금을 1℉로 한 것
	공학단위	R	랭킨온도는 화씨온도의 공학단위임

■▶ 표 2 · 2 온도단위의 상관관계 ◀■

온도 단위	상관 관계
℃ ↔ K	$K = ℃ + 273.15$
℃ ↔ ℉	$℉ = \dfrac{9}{5} ℃ + 32$
R ↔ K	$R = \dfrac{180}{100} × K$

예제 : 섭씨 −15℃는 화씨(℉)로는 얼마인가?

풀이 ┃ $℉ = \dfrac{9}{5} ℃ + 32 = \dfrac{9}{5} × (−15) + 32 = 5℉$

2. 열 량

1) 비 열

(1) 정의

비열은 각 물질이 열을 흡수하는 능력이 다르기 때문에 그것을 비교하기 위하여 사용하는 단위로, 단위 중량의 물체를 1℃ 상승시키는데 소요하는 열량을 말한다.

(2) 종류

기체의 비열에는 정압비열(specific heat at constant pressure, C_p)과 정적비열 (specific heat at constant volume, C_v)이 있다.

한편, 정적비열에 대한 정압비열의 비인 K값(Cp / Cv)은 일반적으로 1보다 크다.

■▶ 표 2 · 3 기체비열의 종류 ◀■

비 열	정 의
정압비열	물체가 개방계에 있어 압력이 일정하게 유지될 때의 비열
정적비열	물체가 밀폐계에 있어 열을 받아도 용적이 일정하게 유지될 때의 비열

(3) 단 위

현열은 $Q = m \cdot c \cdot \Delta T$인데, 일반적으로 공학에서는 MKS단위를 많이 사용하므로 이를 비열 중심으로 나열하여 보면 $c = Q / (m \cdot \Delta T)$가 된다. 따라서 비열의 MKS 단위는 자연히 $kcal / kg \cdot ℃$가 된다.

(4) 여러 가지 물질의 비열

일반적으로 비열의 크기는 표 2·4에 나타낸 바와 같이 각종 기체의 종류에 따라 다르다. 즉, 물의 비열은 $1 \ kcal / kg \cdot ℃$이고, 얼음의 비열은 $0.5 \ kcal / kg \cdot ℃$이며, 철의 비열은 $0.107 \ kcal / kg \cdot ℃$이다. 그리고 비열의 값이 큰 물질일수록 열량($Q = m \cdot c \cdot \Delta T$)이 많이 소요되어야 하므로 가열 또는 냉각하기가 곤란하다.

▶ 표 2·4 여러 가지 물질과 기체의 비열 ◀

물질	비열 (kcal / kg · ℃)	물질	비열 (kcal / kg · ℃)	기체	온도 (℃)	C_p	C_p / C_v
철	0.1070	얼음	0.502	공기	16	0.240	1.403
구리	0.0919	해수	0.940	산소	20	0.217	1.400
납	0.0410	순수한물	1	수소	0	3.390	1.410
수은	0.0333	목재	0.51~0.65	수증기	100	0.490	1.330
cork	0.490	유리	0.14~0.22	탄산가스	16	0.200	1.302
알루미늄	0.2110	에탄올	0.57	암모니아	20	0.520	1.297

(5) 식품의 비열

식품은 다성분계이어서 비열의 측정은 다소 어려워 대체로 다음과 같이 개략적으로 측정하는 경우가 많다.

$$C_p = C_{w1}X_1 + C_{w2}X_2 + C_f Y + C_s Z$$

C_P : 식품의 비열　　　　C_{W1} : 수분의 비열

X_1 : 미동결의 수분함량　　C_{W2} : 얼음의 비열

X_2 : 동결의 수분함량　　　C_f : 지질의 비열

Y : 지질의 함량　　　　　C_s : 비지질 고형분의 비열

Z : 비지질의 고형분 함량

2) 현 열

(1) 정 의

현열은 물체 상의 경우 변화하지 않고 온도만을 바꾸는데 관여하는 열을 말한다. 즉, 현열(감열)은 어떤 물체에 열을 가하였을 때 물체 상의 변화 없이 온도만이 상승하는 경우, 이 온도 상승에 필요한 열을 말한다.

(2) 계 산

$$Q = m \cdot c \cdot \Delta T$$

- Q : 현열량(kcal)
- m : 질량(kg)
- C : 비열(kcal/kg · ℃)
- ΔT : 온도차(℃)

3) 잠 열

(1) 정 의

잠열은 물체의 온도 변화없이 상의 변화(기체가 액체로, 고체가 액체로)에 관여하는 열을 말한다.

(2) 종 류

그림 2·1과 그림 2·2 및 표 2·5는 잠열의 종류를 나타낸 것이다.

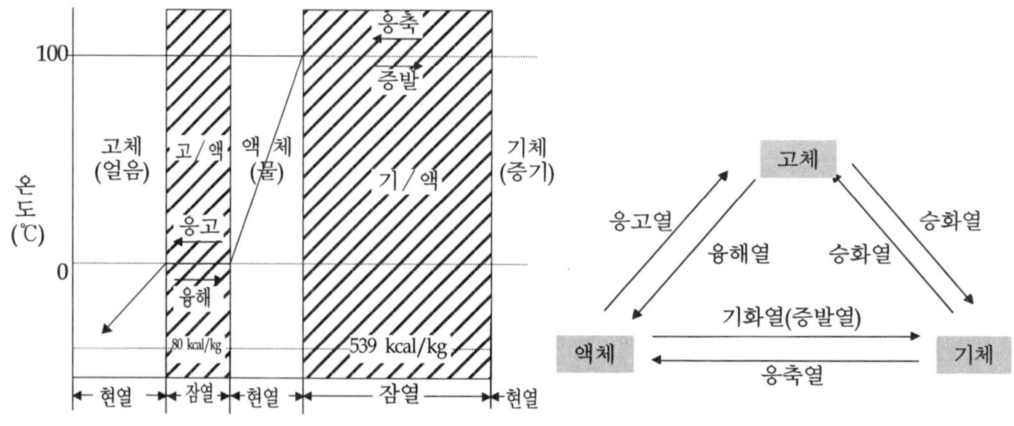

▷ 그림 2·1 물의 3상과 잠열의 종류 ◁   **▷ 그림 2·2 잠열에 의한 상의 변화 ◁**

◆ 표 2 · 5 잠열의 종류 ◆

잠열	정　　의
증발열	액체가 기체로 증발시 온도 상승없이 상변화 만을 하였을 때에 가하여진 열량
응축열	기체가 액체로 응축시 온도 상승없이 상변화 만을 하였을 때에 가하여진 열량
응고열	액체가 고체로 응고시 온도 상승없이 상변화 만을 하였을 때에 가하여진 열량
융해열	고체가 액체로 융해시 온도 상승없이 상변화 만을 하였을 때에 가하여진 열량

◆ 표 2 · 6 냉동에 관계하는 물질의 잠열 ◆

물질명	잠열종류	kcal / kg	상태변화 온도 및 압력
얼음	융해열	79.68	0℃, 1 atm
물	증발열	539	0℃, 1 atm
암모니아	증발열	317.3	0℃, 1 atm
프레온 - 12	증발열	39.06	0℃, 1 atm
프레온 - 22	증발열	52.77	0℃, 1 atm
드라이아이스	승화열	137.0	-78℃, 1 atm

(3) 계 산

$$Q(kcal) = m(kg) \times q(kcal / kg)$$

Q ： 총잠열량(kcal)
m ： 질량(kg)
q ： 단위 잠열량(kcal / kg)

4) 열 량

(1) 정 의

열량은 온도가 다른 두 물체를 접촉시키면 고온 물체와 저온 물체간에 서로 열을 주고받아 온도 차이가 없을 때까지 열이 이동하는 양을 말한다.

(2) 단 위

일반적으로 kcal를 사용하며, 1 kcal는 1기압 하에서 15℃의 순수한 물 1 kg을 1℃ 상승시키는데 필요한 열량을 말한다. 한편 FPS 열량단위인 BTU는 순수한 물 1 Lb를 1°F 높이는데 소요되는 열량을 말한다. 이들 두 열량간에는 다음과 같은 관계가 있다.

$$1\ \text{BTU}=0.252\ \text{kcal},\ 1\ \text{kcal}=3.97\ \text{BTU}$$

(3) 계 산

액상인 어떤 물체가 동결점을 거쳐 그 이하의 온도에서 고상으로 변화하였을 때 총 열량은 다음과 같다.

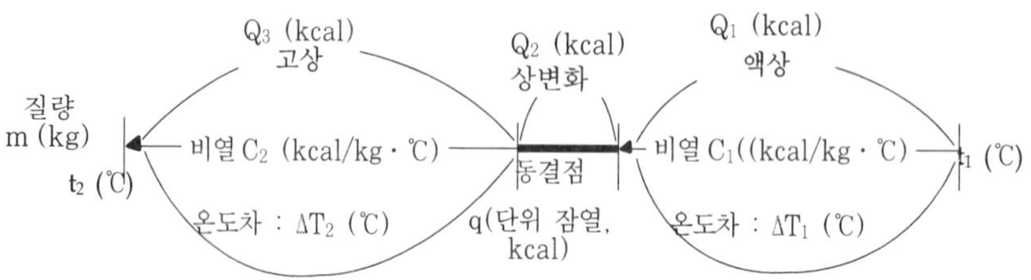

$$Q_T = Q_1 + Q_2 + Q_3$$
$$= m \cdot c_1 \cdot \Delta T_1 + m \cdot q + m \cdot c_2 \cdot \Delta T_2$$

여기서 $\quad Q_T$: 총열량(kcal)

$\qquad Q_1$: 액상 총 현열량(kcal)

$\qquad Q_2$: 총 잠열량(kcal)

$\qquad Q_3$: 고상 총 현열량(kcal)

$\qquad m$: 질량(kg)

$\qquad c_1$: 액상비열(kcal)

$\qquad \Delta T_1$: 액상에서 온도차(℃)

$\qquad q$: 단위 잠열량(kcal/kg · ℃)

$\qquad c_2$: 고상비열(kcal/kg · ℃)

$\qquad \Delta T_2$: 고상에서 온도차(℃)

3. 압 력

1) 정 의

압력은 단위 면적에 수직으로 작용하는 힘을 말한다.

2) 단 위

단위는 여러 종류를 사용하고 있으며, 그 종류로는 표 2 · 7과 같다.

■▶ 표 2 · 7 압력의 단위 ◀■

	mmHg	atm	bar	kcal / m²	Lb / in²	kg / cm²
1,000 mmHg	1,000	1.31579	1.333224	31.8543	19.3368	1.3591
1 atm	760	1	1.013250	24.2093	14.6960	1.03323
1 bar	750.06	0.98692	1	23.8927	14.5038	1.01972
10 kcal / m²	313.93	0.41310	0.41855	10	6.0704	0.42680
10 Lb / in²	517.15	0.68046	0.68948	16.4734	10	0.70307

3) 종 류

(1) 절대 압력(absolute pressure)

절대 압력은 실제 압력이 대기압 이상인 경우 게이지 압력에 그 때의 대기압을 더한 기압이고 실제 기압이 대기압 이하인 경우 대기압에 그때의 진공도를 감한 압력과 같으므로 대기압 이상 및 이하에 관계없이 모두 사용한다.

단위로는 $kg / cm^2(abs)$, $Lb / in^2(abs)$ 등을 사용한다.

$$절대압력 = 대기압 - 진공계 \ 압력$$
$$= 대기압 + 게이지 \ 압력$$
$$관내압력(절대압력) = 관외 \ 압력 - 진공계 \ 압력$$

(2) 게이지 압력(압력계 압력, gauge pressure)

게이지 압력은 대기압을 기준 압력(0 기압)으로 보고 측정한 것이므로 절대압력에서 대기압을 뺀 것과 같다. 따라서 게이지압력이 0 기압이라도 용기 내의 가스는 실제로 그 주위의 대기압 만큼의 압력을 받는다. 주로 대기압 이상의 압력을 잴 때 사용한다.

단위로는 $kg / cm^2(g)$, $Lb / in^2(g)$ 등을 사용한다.

$$게이지 \ 압력 = 절대압력 - 대기압$$

(3) 진공도 (진공계 압력)

진공도는 대기압을 0 mmHg, 완전진공을 760 mmHg(29.92 inHg)로 하여 측정한 것으로, 대기압 이하의 압력 측정에 사용한다.

단위로는 mmHg, inHg 등을 주로 사용한다.

$$진공도 = 대기압 - 절대압력$$

(4) 대기압(atmosphere pressure)

대기압은 압력을 측정하고자 하는 주위 대기의 압력을 말한다. 표준 대기압은 지구상의 지표에서 약 760 mmHg의 압력에 상당하고, 이를 1기압이라 하며, 이는 1.033 kg/cm^2에 해당한다.

그림 2·3은 여러 가지 압력간의 관계를 나타낸 그림이다.

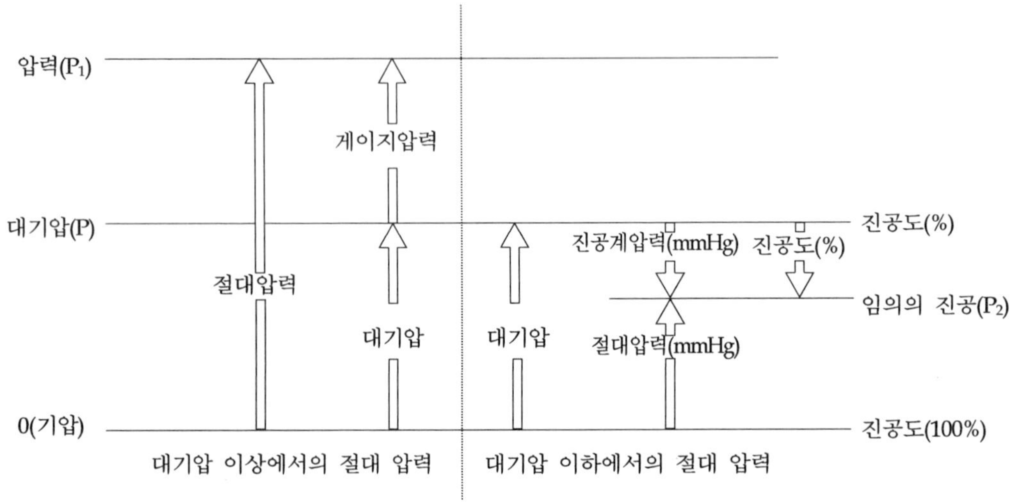

◪ 그림 2·3 여러 가지 압력간의 관계 ◫

예제 : 1) 냉동기의 응축기에 부착되어 있는 압력계가 7.0 kg/cm^2를 나타내었다면 응축기 내의 냉매 절대압력 (kg/cm^2)은 얼마인가?

풀 이 ▌ 냉매의 절대압력＝대기압＋게이지 압력
$$=1.033 \ kg/cm^2 + 7.0 \ kg/cm^2$$
$$=8.033 \ kg/cm^2$$

예제 : 2) 압축기의 흡입부 측에 부착된 압력계가 10.0 cmHg를 가리키고 있다면 압축기에 들어오는 증기의 절대압력(kg/cm^2)은 얼마인가?

풀 이 ▌ 증기의 절대압력 ＝ 76.0 cmHg － 10.0 cmHg
$$=66 \ cmHg$$
$$=66 \ cmHg \times \left(\frac{1.033 \ kg/cm^2}{76 \ cmHg} \right)$$
$$=0.90 \ kg/cm^2$$

4) 측정 기계

(1) 압력계
대기압 이상의 압력을 측정하는 기계이다.

(2) 진공계
대기압 이하의 압력을 측정하는 기계이다.

(3) 콤파운드 게이지
대기압 이상 및 이하에 관계없이 측정 가능한 기계로 일반적으로 압력계 및 진공계의 역할을 모두 갖춘 기계이다.

4. 비체적 및 비중량

1) 비체적(specific volume)

비체적은 단위 무게당 부피를 말하며, 단위는 주로 고체인 경우 m^3/kg, 액체인 경우 L/kg을 사용한다.

2) 비중량(specific weight)

비중량은 단위 체적당 무게를 말하며, 단위는 주로 고체인 경우 kg/m^3, 액체인 경우 kg/L를 사용한다.

제2절 응용단위

1. 냉동 능력

1) 단위시간당 냉각열량(kcal / hr)

단위시간당 냉각열량은 냉동능력 단위의 하나이나, 이 단위는 규모가 작아서 실제로 거의 사용되고 있지 않다.

2) 냉동톤(ton of refrigeration, RT)

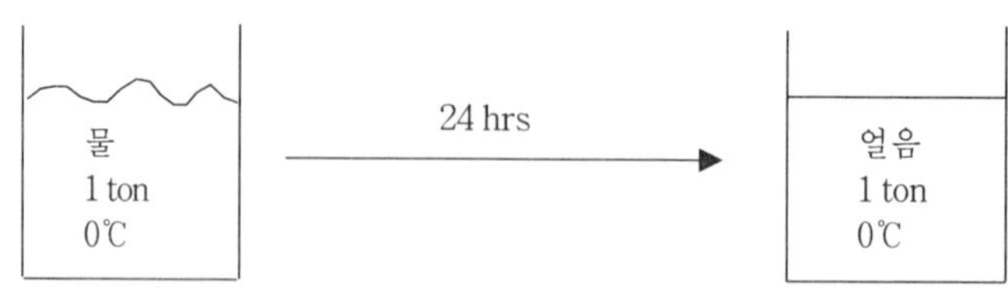

▶ 그림 2·4 1 냉동톤의 정의 ◀

1 냉동톤은 0℃의 물 1 ton을 24시간 동안에 0℃의 얼음으로 변화시키는 냉동 능력을 말한다.

즉, 1 냉동톤은 1시간에 3,320 kcal의 열을 제거하는 냉동능력을 말한다.

$$1냉동톤 = [응고열(kcal/kg) \times 질량(kg)] / 24 \ hr$$
$$= [79.68(kcal/kg) \times 1,000 \ kg] / 24 \ hr$$
$$= 3,320 \ kcal/hr$$

예제 : 하루에 30℃의 물 1 ton을 −9℃의 얼음 1 ton으로 만드는 냉동 능력을 냉동톤으로 나타내어라(단, 열 손실률은 20%이고, 물의 응고 잠열은 79.68 kcal/kg이며, 얼음의 비열은 0.5 kcal/kg·℃이다.)

풀이 ▌30℃   물   0℃   상변화   0℃   얼음   −9℃

    ├── (1) ──┤ ~~(2)~~ ├── (3) ──┤

    질량 m   질량 m   질량 m
    비열 c_1 단위잠열 q   비열 c_2
    온도차 ΔT_1 온도차 ΔT_2

(1) 각 과정에서의 필요한 열량
- 30℃의 물을 0℃의 물로 냉각하는데 필요한 열량(Q_1)
  $$Q_1 = m \cdot c_1 \cdot \Delta T_1 = 1,000 \ kg \times 1(kcal/kg·℃) \times 30℃ = 30,000 \ kcal$$
- 0℃의 물이 0℃의 얼음으로 변화하는데 필요한 열량(Q_2)
  $$Q_2 = m \times q = 1,000 \ kg \times 79.68(kcal/kg) = 79,680 \ kcal$$
- 0℃의 얼음이 −9℃의 얼음으로 냉각하는데 필요한 열량(Q_3)
  $$Q_3 = m \cdot c_2 \cdot \Delta T_2 = 1,000 \ kg \times 0.5(kcal/kg·℃) \times 9℃ = 4,500 \ kcal$$

(2) 30℃의 물이 −9℃의 얼음으로 변화하는데 필요한 총 열량

- 이론적 총 열량(Q_T)

  $Q_T = Q_1 + Q_2 + Q_3 = 30{,}000 \ kcal + 79{,}680 \ kcal + 4{,}500 \ kcal = 114{,}180 \ kcal$

- 열량 손실량(Q_L) : 20%

  $Q_L = Q_T \times 손실율 = 114{,}180 \ kcal \times 0.20 = 22{,}836 \ kcal$

- 실제적 총열량(Q_{TP})

  $Q_{TP} = Q_T + Q_L = 114{,}180 \ kcal + 22{,}836 \ kcal = 137{,}016 \ kcal$

(3) 실제적 총 열량을 냉동톤으로 환산

$$냉동톤 = \left(\frac{137{,}016 \ kcal}{24 \ hr} \right) \Big/ \left(\frac{79{,}680 \ kcal}{24 \ hr} \right) = 1.72냉동톤$$

예제 : 하루에 25℃의 원료수 1톤을 이용하여 −10℃의 얼음을 만들 때에 필요한 냉동 능력을 냉동톤으로 나타내어라.

풀 이 ▌ 1.38냉동톤

$$Q_T = mc_1\Delta T_1 + mq + mc_2\Delta T_2$$
$$= 1{,}000 \ kg \times 1 \ kcal/kg \cdot ℃ \times 25℃$$
$$+ \ 79.68 \ kcal/kg \times 1{,}000kg$$
$$+ \ 1{,}000kg \times 0.5 \ kcal/kg \cdot ℃ \times 10℃$$
$$= 25{,}000 \ kcal + 79{,}680 \ kcal + 5{,}000 \ kcal$$
$$= 109{,}680 \ kcal$$

$$냉동톤 = 109{,}680 \ kcal/24 \ hr \times \frac{1RT}{79{,}680 \ kcal/24hr} = 1.38 \ RT$$

3) 제빙톤(ice ton)

제빙톤은 원료수로부터 24시간 동안에 만들 수 있는 얼음의 톤수를 의미하며, 제빙 능력을 표시하는 단위로 주로 이용되고 있다.

따라서 제빙톤의 단위는 자연히 톤/일이다.

2. 일 및 동력

1) 일

(1) 정 의

일(W)은 그림과 같이 물체에 직각으로 힘(F)을 작용시켜 작용 방향으로 물체가 일정 거리(S)를 이동하였을 때에 작용한 힘과 거리의 곱 즉, W=F×S로 표현할 수 있다.

$$\text{힘} \Rightarrow \blacksquare\text{-----------}\blacksquare$$
$$|\leftarrow \ \text{거리} \ \rightarrow|$$

(2) 단 위

일반적으로 일의 단위로는 Joule (MKS unit : N×m) 또는 erg (CGS unit : dyn ×cm)를 사용한다.

2) 동 력

동력은 일정한 시간 내에 행한 일량, 즉 일의 속도를 의미한다. 따라서 동력은 다음과 같이 표현할 수 있다.

$$\text{동력} = \frac{(\text{힘} \times \text{거리})}{\text{시간}} = \text{힘} \times \text{속도} = \frac{\text{일량}}{\text{시간}}$$

예제 : 기계가 1분에 30 Joule의 일을 하였다면 이 기계의 동력은 얼마인가?

풀이 동력 = 일량 / 시간 = 30 Joule / 60 sec = 0.5 Watt $\times \dfrac{860 \text{ cal/hr}}{1 \text{ watt}}$

$= 430 \text{ cal/hr}$

▶ 표 2 · 8 힘, 일 및 동력의 여러 가지 단위 ◀

		힘(F)	일(W)	동력(P)
영향인자		질량(m), 가속도(a)	힘(F), 거리(S)	일(W), 시간(hr)
정 의		$F = m \times a$	$W = F \times S$	$P = W / hr$
단위	MKS	$N = kg \times m / s^2$	$J = N \times m$	$W = J / s$
	CGS	$dyn = g \times cm / s^2$	$erg = dyn \times cm$	
	환산	$1 \ N = 10^5 \ dyn$	$1 \ J = 10^7 \ erg$	$1 \ kW = 860 \ kcal / hr$

3. 열전달(heat transfer)

열은 부피나 무게가 없으며, 온도 차이에 의하여 이동되는 것이다. 열의 전달과정은 세가지 기본형식, 즉 전도, 대류 및 복사에 의하여 전달된다. 그러나, 실제로 대부분의 열전달은 어떤 한가지 방법에 의하여 이루어지는 것보다는 이들의 혼합된 방법에 의하여 이루어진다.

1) 전 도(conduction)

전도는 금속 등의 고체, 정지하고 있는 액체나 기체 등이 내부의 온도 차이로 고온에서 저온으로 또는 저온에서 고온으로 열이 이동하는 현상을 말한다. 이때 매질 분자의 이동은 없다.

(1) 단층 벽면의 열전도

그림 2·5와 같이 균일한 물체 내에서 온도가 각각 t_1, t_2로 유지하고 있는 면적 A, 두께 ℓ인 평면에 단위 시간당 전도에 의한 전열량을 Q(kcal / hr)라고 한다면 다음 식으로 나타낼 수 있다.

$$Q = KA\Delta T / \ell$$

$\quad$ K : 열전도도(kcal / m · hr · ℃)

$\quad$ A : 전열면적(m^2)

$\quad$ ΔT : 물체 양단의 온도 차이(℃)

$\quad$ ℓ : 열전도 물질의 직선거리(m)

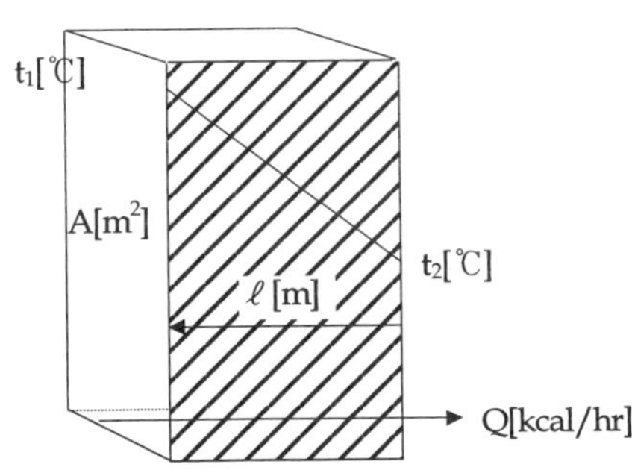

◖▶ 그림 2·5 단층 열전도 ◀◗

예제 : 두께 1 cm인 스치로폼의 한쪽은 −10℃이고, 다른쪽은 20℃이라고 할 때 스치로폼 1m^{2}을 통해서 이동되는 열량은 한시간 동안 얼마나 될까? (단, 스치로폼의 열전도도는 0.028 kcal / **m · hr** · ℃이다.)

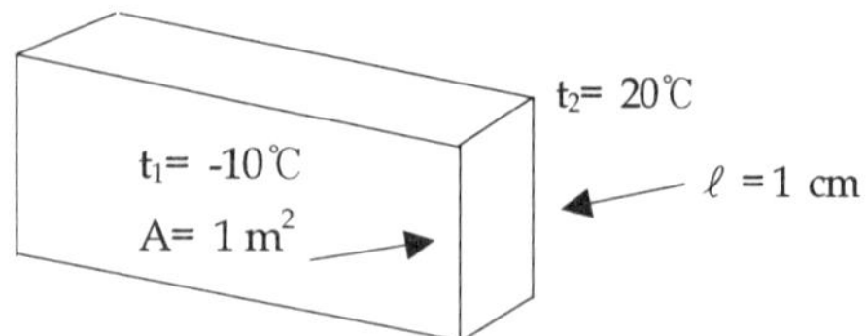

$$Q = KA\Delta T / \ell = \frac{0.028(\mathrm{J/m \cdot s \cdot ℃}) \times 1 \ \mathrm{m}^2 \times 30℃}{0.01 \ \mathrm{m}} = 84 \ \mathrm{kcal / hr}$$

▶ 표 2 · 9 물질의 열전도도 ◀

재료		열전도도(kcal / m · hr · ℃)	재료		열전도도(kcal / m · hr · ℃)
금속재료	탄소강	31〜46	절연재료	스치로폼	0.028
	크롬강	12		glass wool	0.032〜0.046
	니켈강	25		물	0.51
	주철	45		얼음	2.0
	구리	300〜330		공기	0.02
	청동	60	냉각관 부착물	유막	0.10〜0.13
	황동	70〜80		물때	0.3 〜1.0
	알루미늄	190		서리	0.1 〜0.4
콘크리트		0.7〜1.2	이슬		0.48

예제 : 0.635 cm 두께의 유리판 1 m^{2}을 통하여 146.2 kcal / **hr**의 열을 정상상태로 통과시켰더니 유리 양면의 온도가 각각 20℃와 5℃이었다. 유리의 열전도도는 얼마인가?

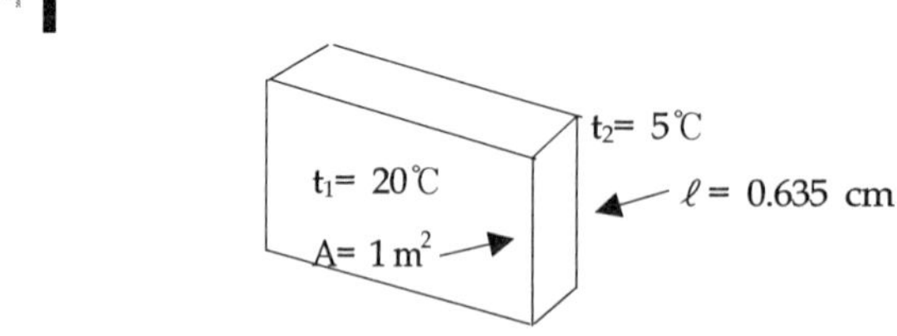

$$Q = \frac{KA\Delta T}{\ell}$$

$$146.2 \ \mathrm{kcal / hr} = \frac{K \cdot 1 \ \mathrm{m}^2 \cdot (20-5)℃}{0.00635 \ \mathrm{m}}$$

$$K = 0.062 \ \mathrm{kcal/m \cdot hr \cdot ℃}$$

(2) 다층벽면의 열전도

냉장실과 같은 보온시설의 벽은 벽돌, 단열재, 콘크리트 등과 같이 물성이 서로 다른 여러 개의 층으로 되어 있다. 이 때 열전달 속도는 각 물질의 열전도도와 이들의 두께에 의하여 결정된다.

그림 2·6과 같이 정상상태 하에서 열전달이 이루어진다고 가정하고,

각 층의 면적을 각각 A_1, A_2, A_3

통과하는 열량을 각각 Q_1, Q_2, Q_3라고 하면,

이들은 $A_1 = A_2 = A_3$이고, 열손실이 없다면 $Q_1 = Q_2 = Q_3$이다.

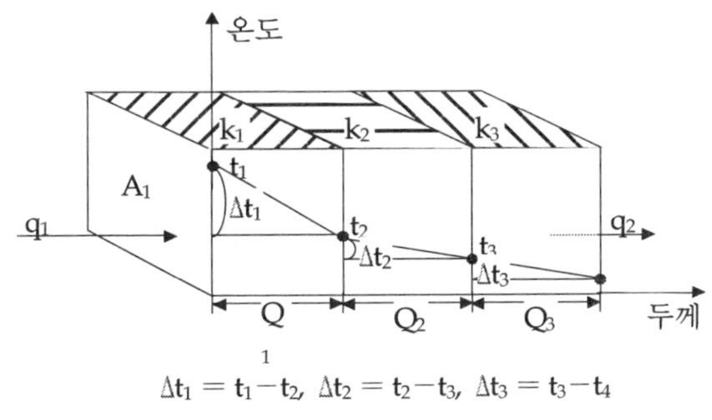

$$\Delta t_1 = t_1 - t_2,\ \Delta t_2 = t_2 - t_3,\ \Delta t_3 = t_3 - t_4$$

▶ 그림 2·6 다층벽면의 열전도 ◀

$$Q_1 = K_1 \times A_1 \times \Delta t_1 / \ell_1$$
$$Q_2 = K_2 \times A_2 \times \Delta t_2 / \ell_2$$
$$Q_3 = K_3 \times A_3 \times \Delta t_3 / \ell_3 \text{이므로}$$

여기서 총 온도차를 Δt_t라고 하면

$$\Delta t_t = \Delta t_1 + \Delta t_2 + \Delta t_3 = \left(\frac{Q_1 \times \ell_1}{K_1 \times A_1} \right) + \left(\frac{Q_2 \times \ell_2}{K_2 \times A_2} \right) + \left(\frac{Q_3 \times \ell_3}{K_3 \times A_3} \right)$$

$$= \frac{Q}{A} \left(\frac{\ell_1}{K_1} + \frac{\ell_2}{K_2} + \frac{\ell_3}{K_3} \right)$$

따라서 $Q = \dfrac{1}{\left(\dfrac{\ell_1}{K_1} + \dfrac{\ell_2}{K_2} + \dfrac{\ell_3}{K_3} \right)} \cdot A \cdot \Delta t_t$ 이다.

여기서 $\dfrac{1}{\dfrac{\ell_1}{K_1} + \dfrac{\ell_2}{K_2} + \dfrac{\ell_3}{K_3}} = u$ (총괄전열계수)로 두면

$$Q = A \times u \times \Delta t_t \text{가 된다.}$$

예제 : 그림과 같이 벽돌(12 cm), 콘크리트(5 cm), polystyrene foam(5 cm)의 삼중벽으로 된 냉장실이 있다. 벽의 총 면적이 20 m²이고, 실내온도가 −2℃, 외부온도가 30℃일 때 벽을 통하여 유입되는 열량을 산출하라 (단, 벽돌, 콘크리트, poly-styrene foam의 열전도도는 각각 0.60, 0.67, 0.031 kcal／m · hr · ℃이다.)

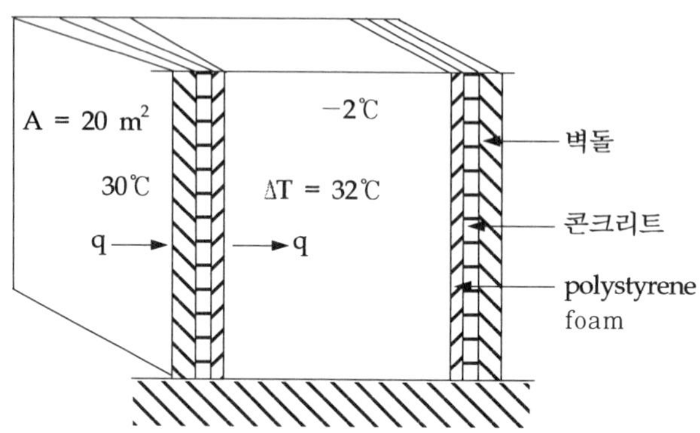

풀 이 여러 층으로 된 벽을 통한 열전달에 관한 문제이므로 $Q = A \times U \times T$ 가 적용된다.

여기서 총괄전열 계수를 구하여야 하므로 이들의 변수는 다음과 같다

ℓ_1(벽돌) : 0.12 m, k_1(벽돌) : 0.60 kcal／m · hr · ℃

ℓ_2(콘크리트) : 0.05 m, k_2(콘크리트) : 0.67 kcal／m · hr · ℃

ℓ_3(polystyrene foam) : 0.05 m, k_3(polystyrene foam) : 0.031 kcal／m · hr · ℃

$$\frac{1}{u} = \left(\frac{\ell_1}{K_1} + \frac{\ell_2}{K_2} + \frac{\ell_3}{K_3} \right)$$

$$= \left(\frac{0.12}{0.60} + \frac{0.05}{0.67} + \frac{0.05}{0.03} \right)\left(\frac{m}{kcal/m \cdot hr \cdot ℃} \right)$$

$$= (0.2 + 0.07 + 1.61) \left(\frac{m^2 \cdot hr \cdot ℃}{kcal} \right)$$

$$= 1.88 \left(\frac{m^2 \cdot hr \cdot ℃}{kcal} \right)$$

따라서 총괄전열 계수 u = 0.53 (kcal／m² · hr · ℃)이다.

A = 20 m², Δt = 32 ℃, u = 0.53 (kcal／m² · hr · ℃)이므로

$$Q = A \cdot u \cdot \Delta t$$

$$= 20\ m^2 \times 0.53\ (kcal／m^2 \cdot hr \cdot ℃) \times 32℃ = 339.2\ kcal／hr$$

(3) 원형 모양에서의 열전도

식품 냉동분야에서는 원형 모양의 물체에서 열전달 현상이 일어나는 경우가 자주 있

다. 이 경우는 앞의 벽면 열전도와 같이 열이 이동하는 거리(반경)가 달라짐에 따라 면적이 계속 변화하는 것이 다를 뿐이다.

따라서 앞에서 언급한 전열량에서 길이(L) 대신에 반경(r)을, 면적 A 대신에 반경에 따라 변화하는 실린더의 면적 즉, 원주의 평균 단면적($2\pi rL$)을 적용하여야 한다. 이 때 면적은 $2\pi r_1 L$에서 $2\pi r_2 L$로 변화하기 때문에 대수 평균 면적(An)을 사용하여야 한다.

즉, $Q = KA\Delta t / L = KAn\Delta t / \Delta v$

여기서 $\Delta v = v_2 - v_1$

$$An = \frac{(A_2 - A_1)}{\ell_n(A_2/A_1)} \quad (\text{여기서 } A_2 = 2\pi r_2 L,\ A_1 = 2\pi r_1 L)$$

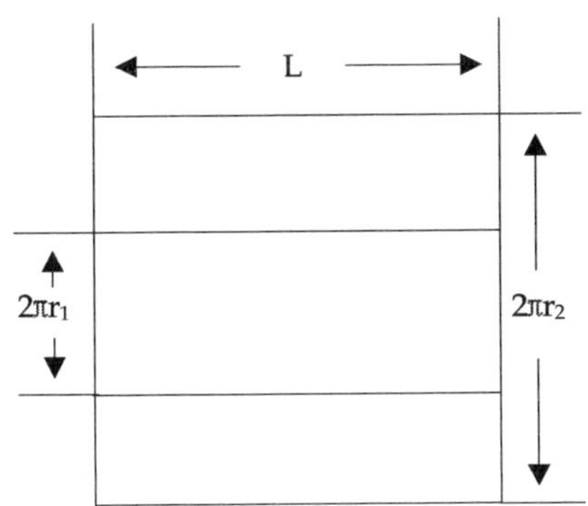

$$= \frac{(2\pi r_2 L - 2\pi r_1 L)}{\ell_n(2\pi r_2 L/2\pi r_1 L)}$$

$$= \frac{2\pi L(r_2 - r_1)}{\ell_n(r_2/r_1)}$$

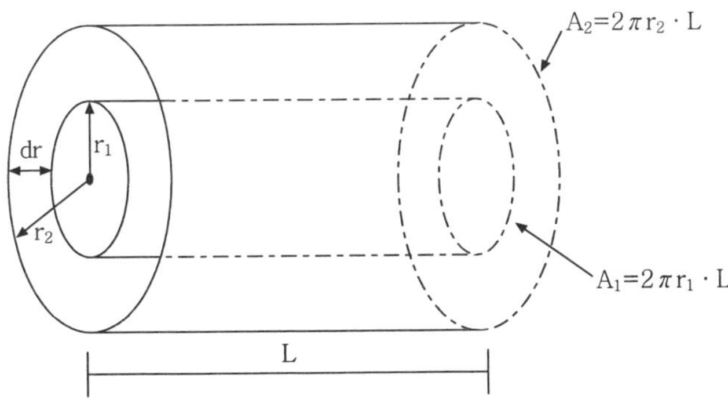

그림 2·7 원형모양에서의 열전도

예제 : 외경이 30 mm인 철판을 50 mm 두께의 석면(k=0.172 kcal / m · hr · ℃)으로 보
온하였다. 철판 외벽의 온도가 150℃, 단열재 표면의 온도가 30℃일 때 관 1 m당
손실되는 열량은?

풀 이

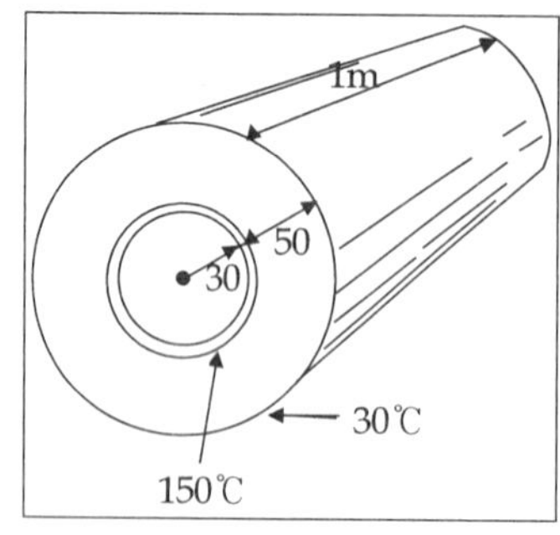

$$An= \frac{2\pi \times 1 \text{ m} \times (0.08-0.03) \text{ m}}{\ell_n(0.08 \text{ m} / 0.03 \text{ m})}$$

k=0.172 kcal / m · hr · ℃

$\Delta t=150℃-30℃=120℃$

$\Delta v=(0.08 \text{ m}-0.03 \text{ m})=0.05 \text{ m}$

$$Q= \frac{0.172 \text{ kcal} / \text{m} \cdot \text{hr} \cdot ℃ \times 0.3203 \text{ m}^2 \times 120℃}{0.05 \text{ m}}$$

$$=132.18 \text{ kcal} / \text{hr}$$

즉, 석면으로 보온된 관 1 m당의 132.18 kcal / hr의 열량이 손실된다.

2) 대 류

대류는 액체나 기체를 가열하거나 냉각하는 경우 팽창 또는 수축에 의해 밀도차가
발생하여 일어나는 열이동 현상을 말한다. 대류는 열이 기체 또는 액체로부터 고체로,
역으로 고체로부터 기체 또는 액체로 이동하는 현상이다. 건물의 벽, 천장, 바닥 등과
주위 공기와의 열이동 현상, 응축기나 증발기 내의 냉매와 관벽 사이의 열이동 현상 등
이 여기에 속한다.

(1) 종 류

① 자연대류 : 자연대류는 액체나 기체를 가열 또는 냉각하는 경우 단순한 온도차이
에 의한 자연적인 순환 흐름을 말하며, 고체와 액체 또는 기체가 접하는 벽에서 가
까울수록 활발히 진행된다. 그러나 고체부의 아주 가까운 액체 중에는 실제로 움직
이지 않는 층류층(larminar layer)이 존재하는데, 이 층류층에서는 상당히 열저
항을 받는다.

② 강제대류 : 교반기, 순환기 등과 같이 외부의 힘을 작용시켜 대류 현상을 일으키는
것으로, 이들 기계에 의하여 층류층을 얇게 하거나 파괴하여 열전달을 용이하게 한
다. 따라서 대부분의 가열 및 냉각장치에는 교반기나 팬(pan)을 사용하여 강제대
류를 발생시킨다.

(2) 열전달량

벽면의 면적을 A(m^2), 유체의 평균온도를 t_1℃, 벽면의 온도를 t_2℃, 열전달률을 a

$(kcal/m^2 \cdot hr \cdot ℃$, 이 값은 유체의 종류, 유속, 비열, 열전도율, 점성, 물체의 크기, 면의 거친 정도에 따라 다름)라 할 때에 대류에 의한 시간당 열전달량 $Q(kcal/hr)$은 다음과 같이 표현할 수 있다.

$$Q = a \cdot A \cdot \Delta T$$

▶ 표 2·10 열전달률(a)의 개략치 ◀

열전달 형식		a (kcal/m^2·hr·℃)	열전달 형식		a (kcal/m^2·hr·℃)
자연대류	대기 중 평면	5	흑체방사	저온	5
	수 중 평면	700		고온	40
강제대류	관내 공기류	40	비등수		5,000
	관내 수류	5,000	응축수		10,000

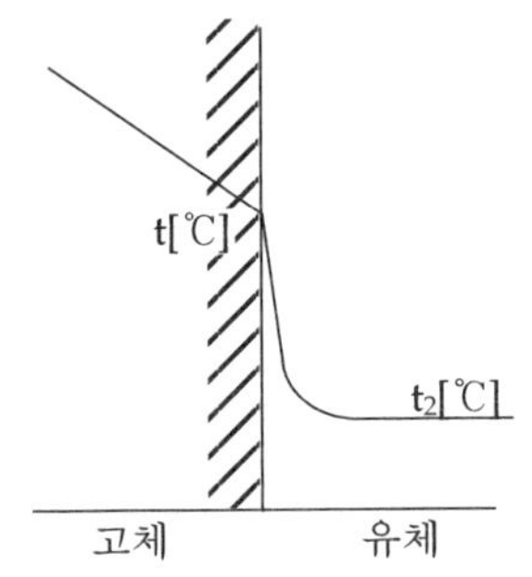

▶ 그림 2·8 열전달 형태 ◀

예제 : 30℃의 고체 벽 10 ㎡에서 20℃의 공기 속으로 10시간 동안에 이동되는 열량은 얼마인가? 단, 고체벽에서 공기속으로의 열전달률 $a = 20$ kcal/m^2·hr·℃이고, 고체벽의 열전도율 $k = 300$ kcal/m·hr·℃이다.

풀 이 $Q = a \cdot A \cdot \Delta T = 20$ (kcal/m^2·hr·℃)×10 m^2×10℃ = 2,000 kcal/hr

시간당 이동되는 열량이 2,000 kcal이므로 10시간 동안에 이동되는

열량 $Q = 2,000$ (kcal/hr)× $\dfrac{10\ hr}{10\ hr}$ = 20,000 kcal/10 hr

3) 복 사

복사는 열에너지가 중간 물질에는 관계없이 적외선이나 가시광선을 포함한 전자파인 열선의 형태를 갖고 전달되는 전열형식을 말한다. 고온물체에서는 온도에 따라 보이지 않는 빛과 비슷한 성질의 열선이 있는데, 이 열선을 방사한 물체는 온도가 내려가고, 흡수한 물체는 온도가 상승한다.

(1) 흑 체

흑체는 복사 열파를 전부 흡수하는 물체를 말하며, 복사 열전달 속도는 다음과 같이 정의된다.

$$Q = \partial AT^4$$

∂ : Stefan−Boltzmann constant

$5.676 \times 10^{-8} \text{w} / \text{m}^2 \cdot \text{K}^4$ or $1.714 \times 10^{-9} \text{Btu} / \text{ft}^2 \cdot \text{hr} \cdot \text{R}^4$

A : 면적

T : 절대 온도

(2) 실 체

실체는 복사 열파의 일부만을 흡수하는 물체를 말하며, 복사 열전달 속도는 다음과 같이 정의된다.

$$Q = \partial A\varepsilon T^4$$

ε : 복사능

일반적으로 ε은 $0 \sim 1$의 범위이다.

4) 열통과(heat transmission)

열통과는 관내의 유체에서 관벽을 통과하여 관외의 유체로 열이 전하여지는 경우처럼 고체벽의 한 쪽 유체로부터 다른 쪽 유체로의 전열, 즉 열이동의 총합을 말한다. 열통과는 고체벽 내의 열전도(전도)와 양 벽면에 있어서의 열전달(대류)이 공존하는 형태이다.

그림 2 · 9에 나타낸 바와 같이 고체벽을 중심으로 한쪽 면 즉, 고온측 유체의 온도를 $t_1 \text{℃}$, 다른 쪽의 저온측 유체 온도를 $t_2 \text{℃}$, 유체 Ⅰ과 고체벽과의 열전달률을 a_1, 유체 Ⅱ와 고체벽과의 열전달률을 a_2, 그리고 고체벽의 두께를 L(m), 면적을 A(m²),

열전도율을 k, 열통과율을 K라고 하고, 또한 열손실이 없다고 가정하면,

$$Q_1=Q_2=Q_3\text{이고, } A_1=A_2=A_3\text{이다.}$$

따라서 $Q_1=a_1\times A_1\times \triangle t_1 \qquad \rightarrow \triangle t_1=Q_1/(a_1\times A_1)$

$\qquad\quad Q_2=(k\times A_2\times \triangle t_2)/L \quad \rightarrow \triangle t_2=(L\times Q_2)/(k\times A_2)$

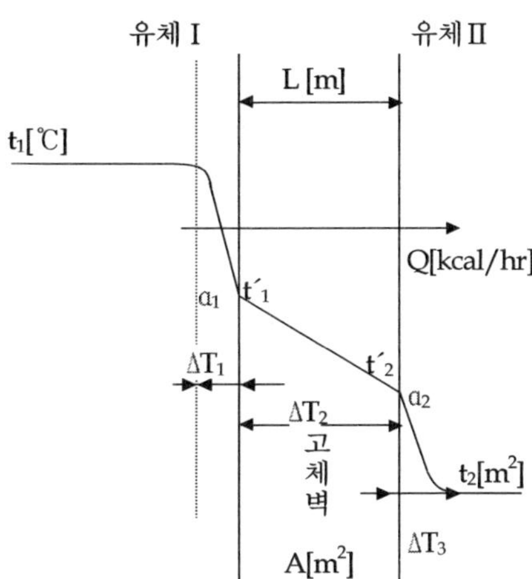

▶ 그림 2·9 열통과 형태 ◀

$$Q_3=a_2\times A_3\times \triangle t_3 \rightarrow \triangle t_3=Q_3/(a_2\times A_3)$$

$$\triangle t_t=\triangle t_1+\triangle t_2+\triangle t_3$$

$$=\frac{Q_1}{\alpha_1\times A_1}+\frac{L\times Q_2}{k\times A_2}+\frac{Q_3}{\alpha_2\times A_3}$$

$$=\frac{Q}{A}\left(\frac{1}{\alpha_1}+\frac{L}{k}+\frac{1}{\alpha_2}\right)$$

여기서 $\left(\dfrac{1}{\alpha_1}+\dfrac{L}{k}+\dfrac{1}{\alpha_2}\right)=\dfrac{1}{K}$ (k : 열통과율)로 두면

$$\varDelta t_t=\frac{Q}{A}\times\frac{1}{K}$$

그러므로 $Q=A\times K\times \triangle T$

이 결과로 미루어 보아 열통과율 K값$(\mathrm{kcal}/\mathrm{m}^2\cdot \mathrm{hr}\cdot ℃)$은 단열이 목적인 경우 작은 것이 좋고, 열교환기와 같이 전열이 목적인 경우 큰 것이 좋다.

예제 : 다음 그림으로부터 열통과율을 계산하고, 이의 단면적이 1 m^{2}인 경우 전열량은 얼마인가?

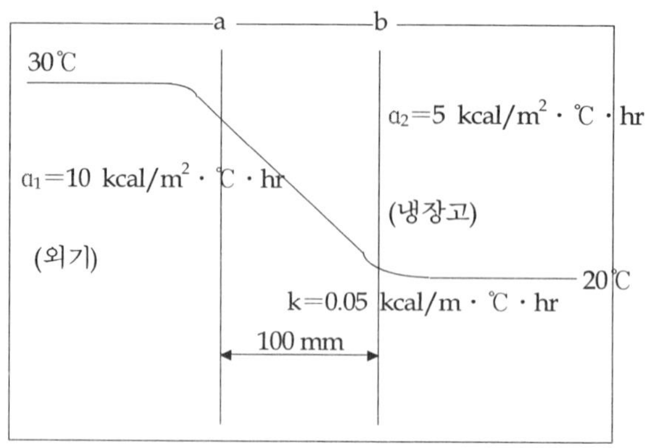

풀 이 이 그림에서 α_1=10 kcal/m^2 · hr · ℃

k=0.05 kcal/m · hr · ℃

α_2=5 kcal/m^2 · hr · ℃

L=0.1 m이므로

$$\frac{1}{k} = \left(\frac{1}{\alpha_1} + \frac{L}{k} + \frac{1}{\alpha_2} \right)$$

$$= \left(\frac{1}{10} + \frac{0.1}{0.05} + \frac{1}{5} \right) (m^2 \cdot hr \cdot ℃/kcal)$$

$$= (0.1 + 2.0 + 0.2) (m^2 \cdot hr \cdot ℃/kcal)$$

그러므로 열통과율 $K = \dfrac{1}{2.3}$ (kcal/m^2 · hr · ℃)

$$= 0.44 \text{ kcal/m}^2 \cdot hr \cdot ℃$$

전열량 $Q = K \cdot A \cdot \Delta t$

$$= 0.44 \text{ (kcal/m}^2 \cdot hr \cdot ℃) \times 1 \text{ m}^2 \times 10℃$$

$$= 4.4 \text{ kcal/hr}$$

예제 : 외기온도가 30℃이고, 냉장고 내 온도가 −30℃이며, 방열벽의 열통과율이 0.03 kcal/m^2 · hr · ℃이다. 이 때 단위면적 당 방열벽 열통과량(kcal/m^2 · hr)은 얼마인가?

풀 이 $Q = A \times K \times \Delta T$

단위 면적 당 열통과량은

즉, $Q/A = K \times \Delta t$

$$= 0.03 \text{ (kcal/m}^2 \cdot hr \cdot ℃) \times 60℃$$

$$= 1.8 \text{ kcal/m}^2 \cdot hr$$

예제 : 외벽면 표면 열전달률 $a_1 = 20$ kcal/m^2·hr·℃, 방열벽 열전도율 k = 0.04 kcal/ m·hr·℃, 내벽면 표면 열전달률 $a_2 = 5$ kcal/m^2·hr·℃, 방열벽 두께 0.2 m인 조건에서 열통과율 K(kcal/m^2·hr·℃)는 얼마인가?

풀 이

$$\frac{1}{K} = \left(\frac{1}{a_1} + \frac{L}{k} + \frac{1}{a_2} \right)$$

$$= \left(\frac{1}{20} + \frac{0.2}{0.04} + \frac{1}{5} \right) (\text{m}^2 \cdot \text{hr} \cdot ℃/\text{kcal})$$

$$= (0.05 + 5 + 0.2)\ (\text{m}^2 \cdot \text{hr} \cdot ℃/\text{kcal})$$

그러므로 열통과율 $K = \dfrac{1}{5.25(\text{kcal/m}^2 \cdot \text{hr} \cdot ℃)} = 0.19(\text{kcal/m}^2 \cdot \text{hr} \cdot ℃)$

5) 각 경계면의 온도 계산

그림 2·10과 같은 방열벽에서 열통과율 K의 값과 각 경계면(a면, b면, c면)의 계산은 다음과 같다.

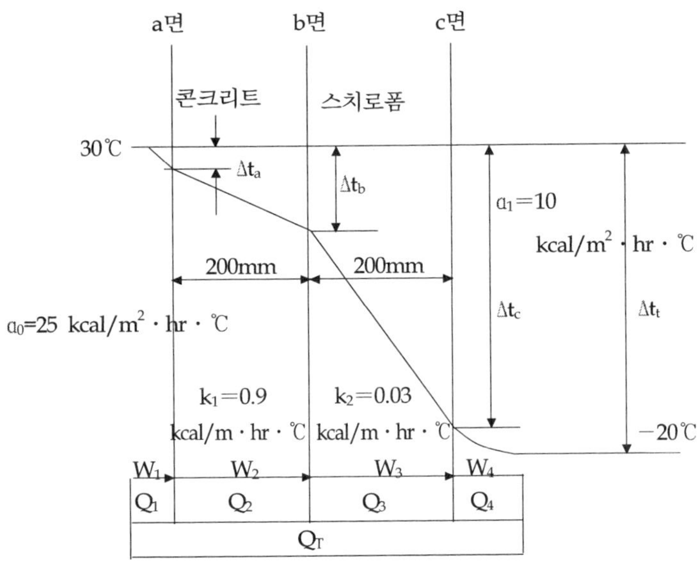

◖ 그림 2·10 방열벽의 전열 ◗

(1) 열통과율(K)

$$\frac{1}{K} = w_t$$

$$= w_1 + w_2 + w_3 + w_4$$

$$= \frac{1}{\alpha_0} + \frac{L_1}{k_1} + \frac{L_2}{k_2} + \frac{1}{\alpha_1}$$

$$= \frac{1}{25 \ (kcal/m^2 \cdot hr \cdot \text{℃})} + \frac{0.2 \ m}{0.9 \ (kcal/m \cdot hr \cdot \text{℃})}$$

$$+ \frac{0.2 \ m}{0.03 \ (kcal/m \cdot hr \cdot \text{℃})} + \frac{1}{10 \ (kcal/m^2 \cdot hr \cdot \text{℃})}$$

$$= 0.04 \ (m^2 \cdot hr \cdot \text{℃}/kcal) + 0.222 \ (m^2 \cdot hr \cdot \text{℃}/kcal) + 6.666 \ (cm^2 \cdot hr \cdot \text{℃}/kcal) + 0.1 \ (m^2 \cdot hr \cdot \text{℃}/kcal)$$

$$= 7.028 \ (m^2 \cdot hr \cdot \text{℃}/kcal)$$

$$\text{그러므로 } K = 0.14 (kcal/m^2 \cdot hr \cdot \text{℃})$$

(2) 각 경계면의 온도

외기온도 30℃, 냉장실온 −20℃이므로 전체 온도차 50℃에 대하여 각 경계면에서는 전열 저항에 비례하는 온도차가 형성되므로, 다음과 같은 방법에 의하여 온도를 계산한다.

① a면의 온도 : $\triangle t_a$는 전열저항 w_1에 의해 생기는 온도차이고,

$$Q_t = Q_1 = Q_2 = Q_3,$$

$Q = \alpha \times A \times \triangle t$(대류) 또는 $(K/L) \times A \times \triangle t$(전도)로부터

전열저항 $w = 1/\alpha$(대류) 또는 (L/K)가 된다.

따라서 $Q_t = Q_1$이므로 $\alpha_a \times A_a \times \triangle t_a = \alpha_t \times A_t \times \triangle t_t$

$$\alpha_a \times \triangle t_a = \alpha_t \times \triangle t_t (\because A_1 = A_t)$$

$$\triangle t_a = \frac{k \times \triangle t_t}{\alpha_0} = \frac{0.14 \ (kcal/m^2 \cdot hr \cdot \text{℃}) \times 50\text{℃}}{25 \ (kcal/m^2 \cdot hr \cdot \text{℃})} = 0.28\text{℃}$$

따라서 $t_a = 30\text{℃} - \triangle t_a = 30\text{℃} - 0.28\text{℃} = 29.72\text{℃}$

② b면의 온도

$$\triangle t_b / \triangle t_t = (w_1 + w_2)/w_t$$

$$= \frac{1}{\alpha_1} + \frac{L_1}{k_1} = \frac{1}{25 \ (kcal/m^2 \cdot hr \cdot \text{℃})} + \frac{0.3 \ m}{0.9 \ (kcal/m \cdot hr \cdot \text{℃})}$$

$$= 0.26 \ (m^2 \cdot hr \cdot \text{℃}/kcal) = \frac{1}{K}$$

$$\text{그러므로 } K = 3.85 \ (kcal/m^2 \cdot hr \cdot \text{℃})$$

$$Q_2 = Q_T \text{ 이므로 } \left(\cfrac{1}{\cfrac{1}{\alpha_1} + \cfrac{L_1}{k_1}} \right) \cdot A \cdot \triangle t_b$$

$$= \left(\cfrac{1}{\cfrac{1}{\alpha_o} + \cfrac{L_1}{k_1} + \cfrac{L_2}{k_2} + \cfrac{1}{\alpha_1}} \right) \cdot A \cdot \triangle t_t$$

$$= 3.85 \, (\text{kcal} / \text{m}^2 \cdot \text{hr} \cdot \text{℃}) \times \triangle t_b$$

$$= 0.14 \, (\text{kcal} / \text{m}^2 \cdot \text{hr} \cdot \text{℃}) \times 50\text{℃}$$

그러므로 $\triangle t_b = 1.86$℃

따라서 $t_b = 30℃ - \triangle t_b = 30℃ - 1.86℃ = 28.14℃$

③ c면의 온도

$\triangle t_c / \triangle T_t = (w_1 + w_2 + w_3) / w_t$에서 $\triangle t_c = 49.3$℃이다.

따라서 $t_c = 30℃ - \triangle t_c = 30℃ - 49.3℃ = -19.3℃$

제 3 장

냉동의 여러 가지 법칙

제1절 열에너지의 일에너지로의 전환

일반적으로 열에너지를 일에너지로 바꾸는 기구로서 그림 3·1과 같이 실린더와 피스톤이 이용되는데, 실린더 내에 기체를 가두어 열을 가하면 기체는 팽창하면서 피스톤을 밀어 외부에 일을 하게 된다. 즉 그림에서 실린더의 단면적이 $A(m^2)$, 피스톤 상부에는 $P(kg/m^2)$의 압력이 걸려 있다고 한다.

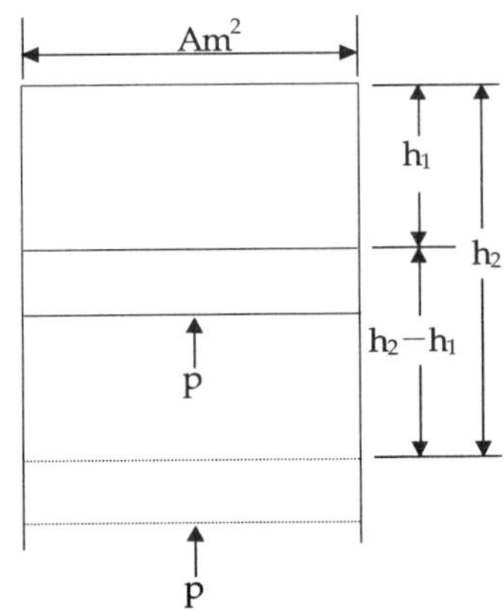

◪ 그림 3·1 실린더와 피스톤에 의한 일의 양 ◪

기체가 열을 받아 피스톤을 h_1에서 h_2로 밀어 올렸다. 이 때 피스톤과 실린더 사이에 마찰이 없고, 또한 열손실이 없다고 하면 기체의 팽창이 피스톤에 한 일량 W(kg·m)는 다음과 같다.

여기서 F : 힘, S : 거리, V : 체적이다.

$$W = F \times S (\because P = F/A)$$
$$= P \times A \times S$$
$$= P \times V$$
$$\triangle W = \triangle (P \times V)$$
$$= \triangle P \times V + P \times \triangle V (\because 압력이\ 일정하여\ \triangle P \times V = 0)$$
$$= P \times \triangle V = P(V_2 - V_1)$$

예제 : **실린더의 단면적이 1 m^2이고, 피스톤 상부에 2 kg/m^2의 압력이 걸려 하부와 1 m 의 위치에 피스톤이 정지하여 있다. 이 피스톤에 열을 가하여 피스톤이 50 cm 움 직였을 때에 열이 피스톤에 한 일은 얼마인가 ?**

풀 이

$$\triangle W = \triangle (P \times V)$$
$$= \triangle P \times V + P \times \triangle V$$
$$= P \times \triangle V = P(V_2 - V_1)(\because 압력이\ 일정하여\ \triangle P \times V = 0\ )$$
$$= 2\ (kg/m^2) \times 1\ m^2 \times 0.5\ m = 1\ kg \times m$$

제2절　열역학 제1법칙

열역학 제 1법칙은 에너지 불멸의 원리를 열과 기계적 일 사이에 적용시킨 것이다. 즉 열역학 제 1법칙은 열과 일은 본질적으로 에너지의 일종이므로 서로 전환될 수 있으며 기계적인 일이 열로 변화하고, 반대로 열이 기계적인 일로 변화할 때에 둘 사이의 전환비는 항상 일정하다는 논리이다.

즉, 열역학 제 1법칙은

① W(kg×m)의 일을 하여 Q kcal의 열량이 발생하였다면 $Q = A \times W$로 되고, 이 때에 A를 일의 열당량(thermal equivalent of work) 이라 하며,

② Q kcal의 열량을 가하여 W(kg×m)의 일로 전환되었다면 $W = J \times Q$로 되고, 이

때에 J를 열의 일당량(mechanical equivalent of heat)이라 하며, 1 kcal의 열량은 427(kg×m)의 일을 하므로

$$J= 427 \left(\frac{kg \cdot m}{kcal} \right), \quad A= \frac{1}{427} \left(\frac{kcal}{kg \cdot m} \right) \text{이다.}$$

그림 3 · 2와 같은 밀폐계에서 dQ의 열이 계로 들어가서 dW만큼 외부에 일을 하고, dU만큼 내부 에너지가 증가하였다면, 열역학 제 1법칙에 의하여

$$dQ=dU+dW \text{이다.}$$

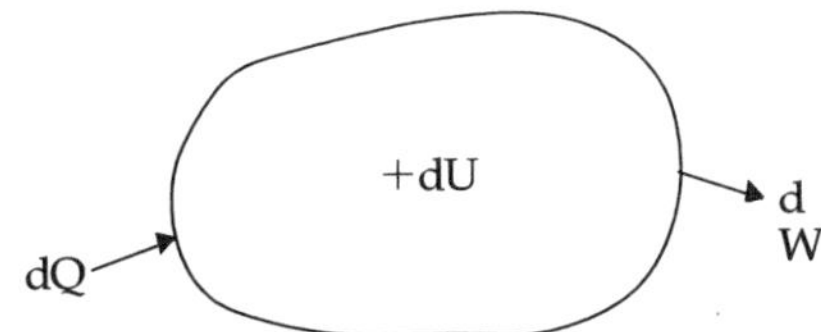

◗ 그림 3 · 2 밀폐계에서의 열역학 제 1법칙 ◖

예제 : 밀폐계에서 $p=0.3 \ kg/cm^2$으로 유지하면서 체적이 $1 \ m^3$에서 $4 \ m^3$으로 증가하였다. 이 과정 중에 내부에너지는 10 kcal만큼 증가하였다면, 이 과정에서 이동한 열량은 몇 kcal인가?

풀 이 ▌ 위 열역학 1법칙을 이용하면 dQ=dU+dW이므로 dW를 알아야 한다.

$$W=p(v_2-v_1)=0.3 \ (kg/cm^2) \times \ (\frac{1 \ cm}{0.01 \ m})^2 \times (4-1) \ m^3=9,000(kg \cdot m)$$

여기서 일량을 열량으로 환산($1 \ kcal=427 \ kg \cdot m$)하면

일의 열량$=9,000 \ kg \cdot m \times (1 \ kcal/427 \ kg \cdot m)=21.08 \ kcal$

그러므로 $Q=10+21.08=31.08 \ kcal$

제3절 열역학 제2법칙

열역학 제 2법칙은 열에서 일로, 일에서 열로의 양자 변환은 똑같이 이루어지지 않는다는 논리이다. 즉, 일은 쉽게 열로 변환될 수 있으나, 열은 일로 쉽게 변화하지 않는다는 논리로 열에서 일로의 변환에는 반드시 손실이 따르기 때문에 열의 전량을 일로 변화

시키는 것은 불가능하다는 논리이다. 따라서 열역학 제 2법칙은 열과 기계적인 일 사이의 방향성을 제시하여 비가역성을 나타낸 것이다.

▶ 표 3·1 열역학 제 1 및 제 2 법칙의 비교 ◀

열역학 법칙	논 리
제 1법칙	열과 일은 동일한 것이고, 열은 일로 변환 가능하고, 또한 이와 반대로 일도 열로 변환 가능
제 2법칙	일에서 열로의 전환은 거의 이루어지나, 열에서 일로의 전환에는 반드시 손실이 동반

제4 절 엔탈피(enthalpy)

엔탈피는 어떤 물체가 함유하고 있는 열량의 총합을 말한다. 즉, 물체가 갖는 모든 에너지는 내부 에너지(물체에 열을 가할 때에 가열로 인한 온도 상승과 상태의 변화를 통하여 물질 내부에 축적되는 에너지) 외에 그 때의 압력과 체적의 곱에 상당하는 에너지 즉, 외부 에너지(부피팽창을 통하여 외부에 가하는 일)를 갖는다. 주어진 물체 1kg의 내부 에너지를 U(=mcΔT), 압력을 P, 비체적을 V라고 할 때에 그 물체의 엔탈피(H)는 다음 식으로 표시할 수 있다.

$$H = U + PV \text{(외부 에너지)}$$

어떤 유체의 엔탈피값에는 절대값이 없으므로 어떤 기준 상태를 정하여, 이 기준상태에서 계산한 엔탈피를 그 유체의 어떤 상태에 있어서 엔탈피로 하고 있는데, 냉매가스는 0℃에서 포화액의 상태를 기준상태로 하고, 엔탈피는 100 kcal／kg으로 하고 있다.

예제：내부 에너지 100 kcal, 압력 4 kg／cm², 체적 2 m³인 계의 엔탈피는 몇 kcal인가?

풀 이┃ 먼저 단위 환산을 하여 통일을 한다.

$4 \text{ kg} / \text{cm}^2 = 4 \times 10^4 \ (\text{kg} / \text{m}^2)$이다.

따라서 외부 에너지 $\text{PV} = 4 \times 10^4 \ (\text{kg} / \text{m}^2) \times 2 \text{ m}^3 = 8 \times 10^4 (\text{kg} \cdot \text{m})$

이것을 열량단위로 환산하면

$\text{PV} = 8 \times 10^4 \ (\text{kg} \cdot \text{m}) \times (1 \text{ kcal} / 427 \text{ kg} \cdot \text{m}) = 187 \text{ kcal}$

이것을 엔탈피 식에 적용하면,

$\text{H} = \text{U} + \text{PV}$(외부 에너지)

$\quad = 100 \text{ kcal} + 187 \text{ kcal} = 287 \text{ kcal}$

제5절 엔트로피(entrophy)

절대온도 T인 물체에 ΔQ라는 열량이 가하여졌을 때에 물체의 엔트로피는 다음과 같은 관계가 있다.

$$\Delta\text{S}(\text{kcal} / \text{K}) = \Delta\text{Q} / \text{T}$$

상태 1에서 상태 2까지의 변화가 가역변화라면

$$\Delta\text{S} = \int (\Delta\text{Q} / \text{T})$$

로 표시된다. 위 식의 의미는 변화의 경로에 무관하여 단순히 처음과 마지막의 상태에만 관계되는 것을 나타내는데, 이 양을 엔트로피라 하며, 물체의 상태를 표시하는 상태량의 하나이다. 자연계의 변화에 대해서 위와 같이 정의한 엔트로피가 항상 증가하려는 성질이 있으며, 그 변화는 비가역변화이다. 즉, 자연현상은 비가역변화의 방향으로 진행하기 때문에 우주 내에 어떤 물체의 엔트로피는 감소하지 않고, 무한대를 향하여 증가하게 된다.

예제 : 출력 10 kW의 전열기로 1시간동안 가동하여 생긴 마찰열을 온도 15℃의 주위에 전달한다면, 이 변화에 의한 엔트로피의 증가는 몇 kcal / K 인가?

풀 이 열량 Q를 먼저 구하면 1 kW = 860 kcal / hr이므로

$\quad \text{Q} = 10 \times 860 = 8,600 \text{ kcal} / \text{hr}$

$\quad \text{T} = 15 + 273 = 288 \text{ K}$

따라서 엔트로피 증가는 위식으로부터

$\quad \Delta\text{S} = \Delta\text{Q} / \text{T} = 8,600 / 288 = 29.86 \text{ kcal} / \text{K}$

제6 절 이상기체의 상태식

1. 이상기체

보일(Boyle)의 법칙, 샤를(Charle)의 법칙, 줄(Joule)의 법칙이 이상적으로 적용되는 기체를 이상기체라고 한다. 이들 법칙은 가스의 분자가 체적을 갖지 않고, 분자들 사이에 인력이 작용하지 않는다는 가정 하에 성립된다.

그러나 실존 가스에서는 분자가 체적을 가지며, 또한 분자들 사이에는 인력이 작용하기 때문에 이상기체란 가설에 불과하다. 하지만 끓는점이 아주 낮은 공기, 산소, 질소, 수소, 헬륨 등은 일반적인 상태에서는 이상기체로 보아도 무방하다. 이에 비하여 수증기, 암모니아, 탄산가스 등의 증기는 보통 상태에서는 이상기체로 취급하기 곤란하나 과열도가 커지면(등압 하에서는 온도가 높아지는 경우, 등온 하에서는 압력이 낮아지는 경우) 이상기체의 성질에 가까워지며 냉동기의 압축기에서 냉매를 압축하는 경우도 근사적으로 이상기체로 처리한다.

2. 보일의 법칙

보일의 법칙은 다음과 같이 설명되는 법칙이다. 이상기체의 경우 일정 중량의 기체는 온도가 일정하면 체적은 압력에 반비례한다. 즉, 처음의 압력이 P_1, 체적이 V_1인 가스가 일정한 온도 하에서 상태변화를 하여 압력이 P_2, 체적이 V_2인 상태로 된 경우 다음과 같은 관계식을 얻을 수 있다.

$$P_1 \times V_1 = P_2 \times V_2 = 일정$$
$$V_2 / V_1 = P_1 / P_2$$

PV는 정수이며, 이와 같은 변화를 등온변화(isothermal change)라 한다.

3. 샤를의 법칙

샤를의 법칙은 다음과 같이 설명되는 법칙이다. 압력이 일정한 경우 가스의 체적은 절대온도에 정비례한다. 즉 변화 전의 체적을 V_1, 절대온도 T_1인 가스가 일정한 압력

하에서 상태변화를 하여, 체적이 V_2, 절대온도 T_2인 상태로 된 경우 다음과 같은 식이 성립하고, 이와 같은 변화를 등압변화(isobaric change)라 한다.

$$V_1 / T_1 = V_2 / T_2 = 일정$$

또한 기체의 초기압력 P_1, 변화 후의 압력을 P_2라 하고 체적이 일정한 경우 다음과 같은 식으로 나타나고, 이와 같은 변화를 등적변화(isochoric change)라고 한다.

$$P_1 / T_1 = P_2 / T_2 = 일정$$

4. 보일 · 샤를의 법칙

보일 · 샤를의 법칙은 일정량의 기체 체적과 압력의 곱은 그 기체의 절대온도에 비례한다는 법칙으로, 이를 식으로 나타내면 다음과 같다.

$$(P_1 \times V_1) / T_1 = (P_2 \times V_2) / T_2 = 일정$$
$$PV = nRT$$
$$여기서 \ n : 무게 / 분자량$$
$$R : 기체상수$$

5. 줄의 법칙

1844년 줄(Joule)은 실제 가스를 대상으로 실험한 결과 팽창 중 외부에 일을 하지 않고, 또한 외부에서 일을 받지 않는 자유 팽창을 하는 경우 팽창 전후의 온도가 일정하다는 것을 확인하였다. 그러나 실제 가스는 분자간에 인력이 작용하고 있으므로 팽창으로 부피가 늘어나면 분자간의 인력을 떼어놓기 위하여 내부적인 일을 함으로 그만큼 분자의 운동에너지가 소모되어 온도가 저하한다. 줄의 실험에서 온도 변화가 없었던 것은 실험이 정밀하지 못하였기 때문이다. 그 후 정밀한 실험에서 실제 가스가 자유 팽창할 때에 온도가 낮아짐이 확인되었으나 온도 강하의 정도는 실험 압력이 낮아질수록 즉, 이상기체에 가까워질수록 적어짐이 확인되었다. 이러한 사실로 미루어 줄의 법칙은 다음과 같이 결론을 내릴 수 있다.

이상 기체의 내부 에너지는 온도만의 함수이며, 부피와는 무관하다.

6. 이상기체의 상태변화

기체의 상태변수로는 온도(T), 압력(P), 체적(V) 등이 있고, 이들에 의한 변화로는 정적변화, 정압변화, 등온변화, 단열변화 및 폴리트로우프 변화 등이 있다.

1) 정적 변화

체적이 일정하게 유지될 때의 상태변화이다.

$$\Delta Q = \Delta u + P\Delta V \text{ (여기서 체적 변화가 없으므로 } P\Delta V = 0)$$
$$= mC_v\Delta T(\text{단, } C_v: \text{정적 비열})$$

따라서 공급된 열량은 모두 내부 에너지(u)의 증가를 가져온다

2) 정압 변화

압력이 일정하게 유지될 때의 상태변화이다.

$$\Delta Q = \Delta u + P\Delta V$$
$$= u_2 - u_1 + P(V_2 - V_1)$$
$$= u_2 + PV_2 - (u_1 + PV_1)$$
$$= H_2 - H_1$$

따라서 정압 상태에서의 공급된 열량은 엔탈피 (H)의 차이이다.
냉동기에서는 응축기 및 증발기에서의 과정은 정압 변화를 간주한다.

3) 등온 변화

온도가 일정하게 유지될 때의 상태변화이다. 이것은 곧 $P_1V_1 = P_2V_2$를 의미한다.

$$\Delta Q = \Delta u + P\Delta V$$
$$= mc\Delta T + P\Delta V(\text{여기서 } mc\Delta T = 0, P\Delta V = W \text{이므로})$$
$$= P\Delta V$$
$$= W$$

위 식은 등온 상태에서의 공급된 열량은 모두 일로 변화한다는 것을 의미하여 실제로 공업적인 장치에서는 실현이 불가능하다.

4) 단열 변화

기체가 주위와의 열 교환이 전혀 없는 상태에서 팽창 또는 압축 등의 상태 변화를 하는 것이다.

$$\Delta Q = \Delta u + P\Delta V$$
$$0 = \Delta u + W$$
$$W = -\Delta u$$

즉, 단열 팽창의 경우 내부 에너지를 소모하여 그 만큼 외부에 일을 하게 되고 단열 압축의 경우에는 외부에서 가해진 일만큼 압축 후의 내부 에너지가 증가하게 된다. 이 단열변화 역시 실제로 공업적인 장치에서는 일어날 수가 없으나 고속 압축기의 압축 과정은 근사적으로 단열변화로 간주하여 처리한다.

5) 폴리트로프 변화(polytropic change)

냉동기용 압축기, 내연 기관 등에서 동작유체의 상태 변화 과정은 열의 출입이 있어 등온 변화도 단열 변화도 아닌 이들을 절충한 변화를 한다. 이와 같은 상태 변화를 폴리트로프 변화라 한다.

이 변화의 관계식은 $PV^n =$ 일정으로 나타낼 수 있고, 여기서 n은 폴리트로프 지수라 하고, 일반적으로 $1 < n < k$이다.

제 4 장

모리 엘 선도와 냉동사이클

제1절 모리 엘 선도

모리엘 선도는 세로축에 절대 압력의 대수를, 가로축에 냉매 kg당 엔탈피를 취하여 냉매의 각종 특성값을 나타낸 선도로 $P-h$ 선도라고도 한다. 이 모리엘 선도는

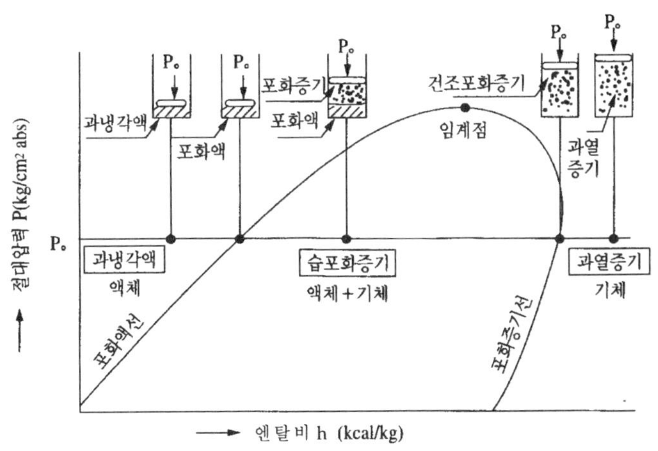

■ 그림 4·1 모리엘 선도의 구성 ■

냉매의 상태 변화를 잘 알 수 있고, 여러 가지 냉동량의 계산에 사용되며, 압력(p), 엔탈피(h), 온도(t), 부피(v), 엔트로피(s) 등에 대하여 각각 상태값이 같은 점을 연결한 선들로 구성되어 있다.

1. 임계점

임계점은 포화액선과 포화증기선이 압력의 상승에 따라 일치되는 점을 말하며, 이 때에 아무리 압력을 가하여도 변화하지 않는 온도가 임계온도이고, 아무리 온도를 올려도 변화하지 않는 압력이 임계압력이다.

2. 포화액선 및 포화증기선

그림 4·1에 나타난 바와 같이 포화액선은 임계점을 기준으로 하여 좌하로 그어진 선을, 포화증기선은 우하로 그어진 선을 말한다. 그리고 포화액선의 좌측구역, 즉 냉매가 액체상태인 구역을 과냉각액 구역, 포화증기선의 우측구역, 즉 냉매가 증기상태인 구역을 과열증기 구역, 포화액선과 포화증기선의 중앙 구역, 즉 냉매가 액체상태와 증기상태가 혼재하는 상태를 습증기구역이라고 한다.

따라서 냉매는 포화액에서 습증기구역을 거치면서 액에서 증기로 바뀌게 되고, 포화증기선에 이르게 되면 액상태의 냉매가 완전히 증기상태로 변화된다.

3. 등압선

등압선은 모리엘 선도가 압력과 엔탈피를 직교좌표로 하여 작성한 것이기 때문에 횡축과 평행하여 수평선의 형태로 이루어져 있다. 압력은 등간격으로 표시하는 경우 모리엘 선도가 너무 크게 되어 사용하기에 불편하므로 압력의 범위를 넓게 하기 위하여 대수눈금을 사용하고 있다. 그리고 모리엘 선도에 표시한 압력의 단위는 절대 압력을 사용하고 있다.

4. 등엔탈피선

등엔탈피선은 그림 4·2에서와 같이 종축과 평행한 수직선이므로 등압선과는 서로 직각의 형태로 이루어져 있으며, 0℃ 포화액의 엔탈피를 100 kcal / kg으로 기준하여 등간격으로 표시되어 있다. 이 엔탈피선은 냉매 1 kg당 열량을 나타내고 있다.

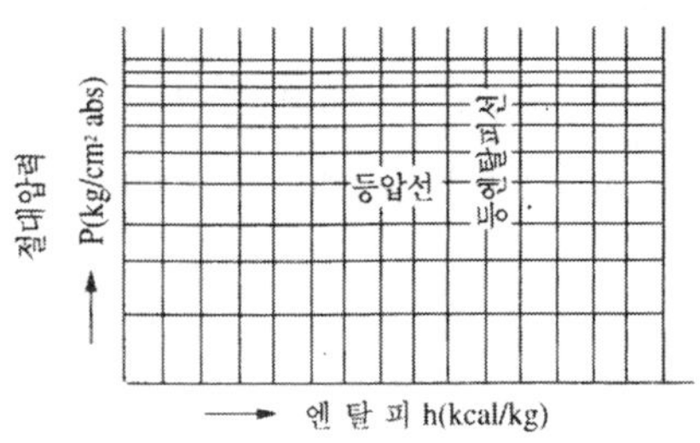

▶ 그림 4 · 2   등압선 및 등엔탈피선 ◀

5. 등건조도선

등건조도선은 그림 4 · 3에서와 같이 포화액선 상의 상태를 건조도 x=0로 하고, 포화증기선 상의 상태를 건조도 x=1로 하여 습증기 구역을 등간격으로 나누고, 이 점들을 연결한 선을 말한다. 예를 들어 등건조도의 값이 x=0.3이라 하면 전체 냉매 중 30%는 증기상태, 70%는 액체상태를 나타낸다.

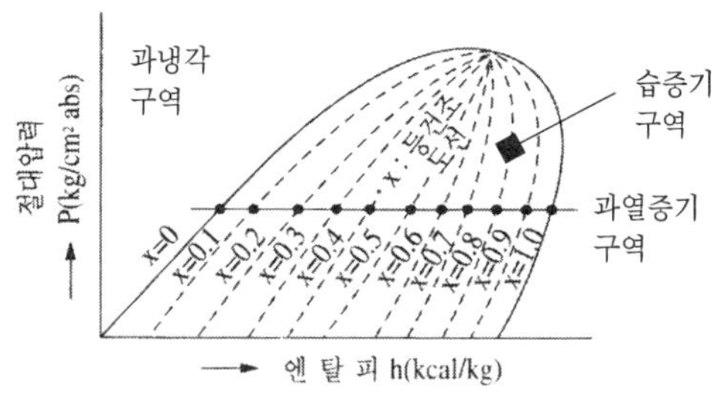

▶ 그림 4 · 3   등건조도선 ◀

6. 등온선

등온선은 그림 4 · 4에서와 같이 온도가 같은 점을 이은 선이다. 등온선은 과냉각액 구역에서는 거의 수직으로 되기 때문에 등엔탈피선과의 혼돈을 피하기 위하여 선이 그어져 있지 않은 때가 많다. 또한 습증기 구역에서는 압력에 따라 온도가 일정하여지기 때문에 등압선과 일치한다. 그리고 과열증기 구역에서는 약간 오른쪽으로 치우치면서 하향곡선을 이룬다.

7. 등비체적선

등비체적선은 그림 4·4와 같이 냉매의 비체적 즉 냉매 1 kg 당의 체적이 같은 점을 연결한 선이다. 따라서 비체적이 $0.3 \ \mathrm{m^3/kg}$이라면 등비체적선은 냉매 1 kg당 차지하는 체적이 $0.3 \ \mathrm{m^3}$인 냉매를 말한다. 등비체적선은 약간 오른쪽으로 기울어진 선으로 나타나고, 이는 포화액 상태를 지나 습증기 구역부터 과열증기 구역에 존재하게 되는데, 포화증기선 오른쪽부터는 그 기울기가 조금 달라진다.

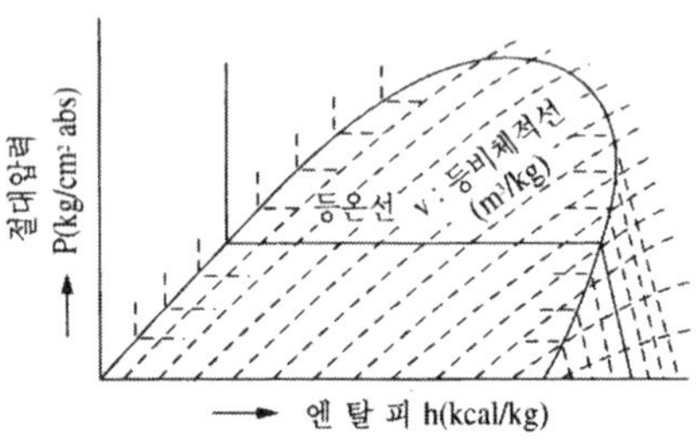

▶ 그림 4·4 등온선 및 등비체적선 ◀

8. 등엔트로피선

등엔트로피선은 그림 4·5와 같이 엔트로피가 같은 점을 이은 선으로, 오른쪽으로 조금 비스듬히 그어져 있다. 어떤 물체의 엔트로피는 물체에 열의 출입이 없을 경우 즉 단열인 경우에는 변화하지 않으며, 냉동에서는 압축기에서 냉매가스를 압축할 때에 일어나는 과정을 단열압축이라고 보아도 무방하다.

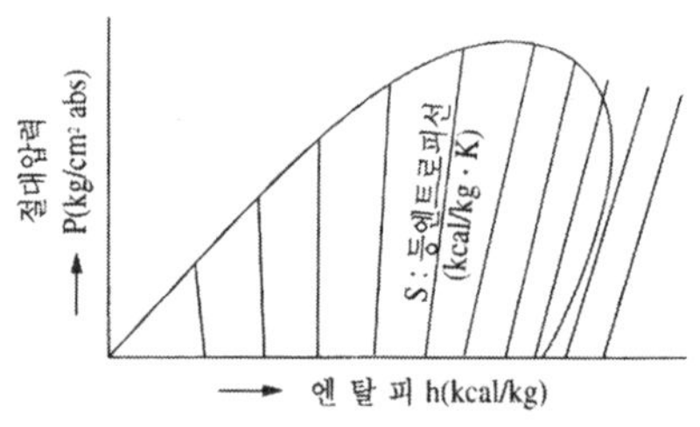

▶ 그림 4·5 등엔트로피선 ◀

이상에서 설명한 모리엘 선도는 그림 4·6(R−12, R−22) 및 그림 4·7(암모니아)과 같고, 선도상에서 냉동량 계산을 위하여 같은 종류를 3장씩 나열하였다.

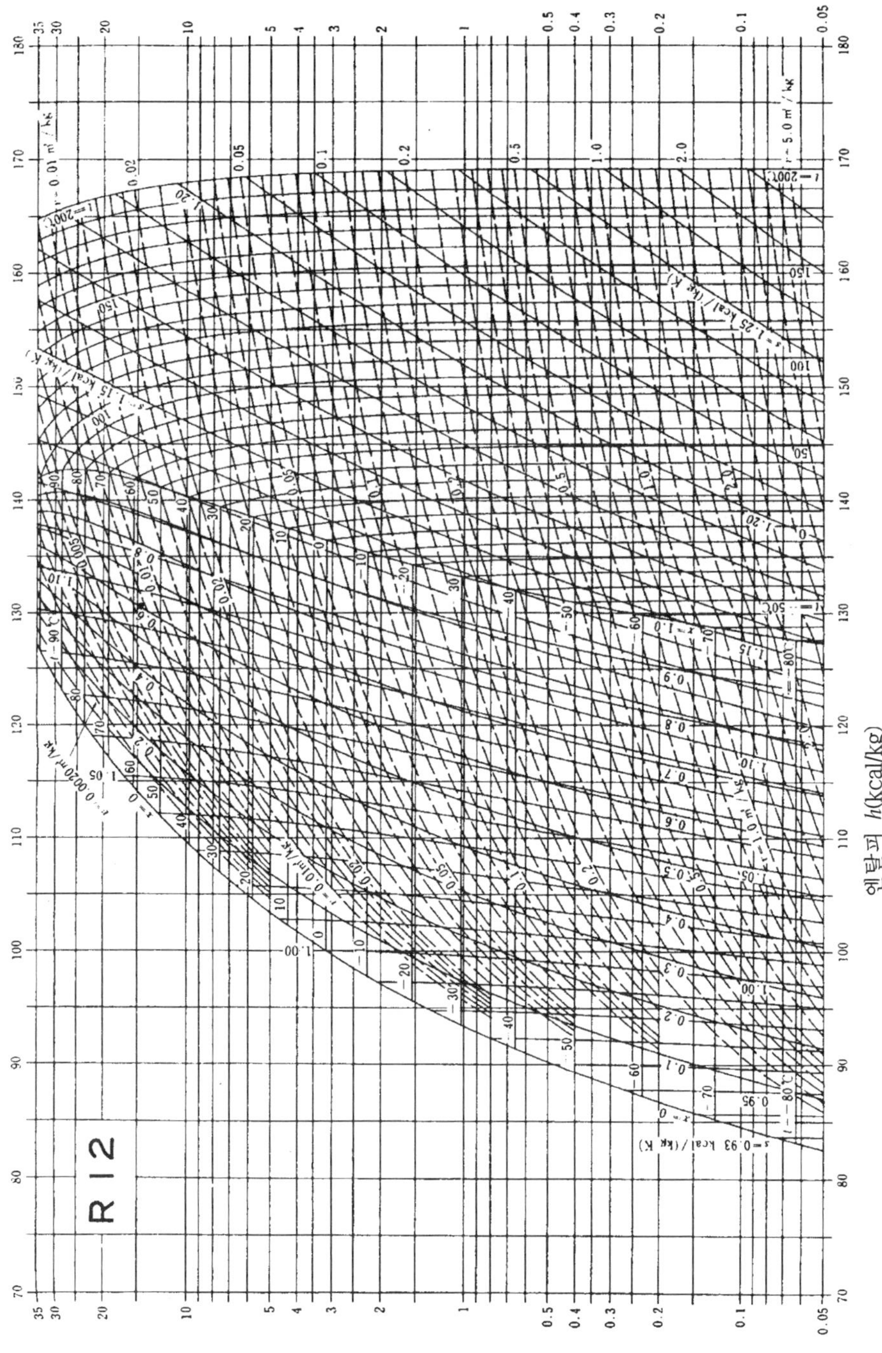

그림 4·6a R-12 모리엘 선도

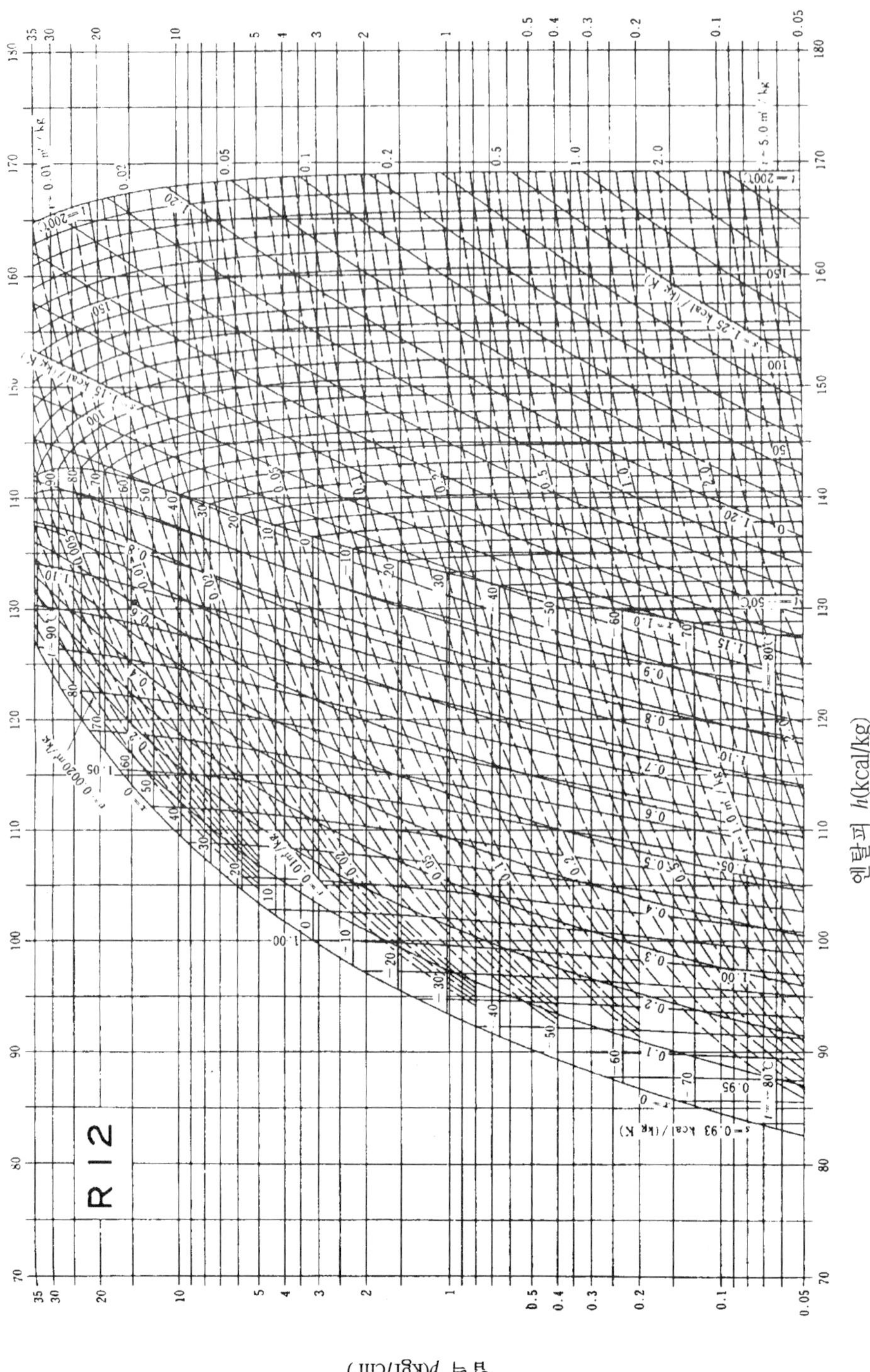

▶ 그림 4·6b　R-12 모리엘 선도 ◀

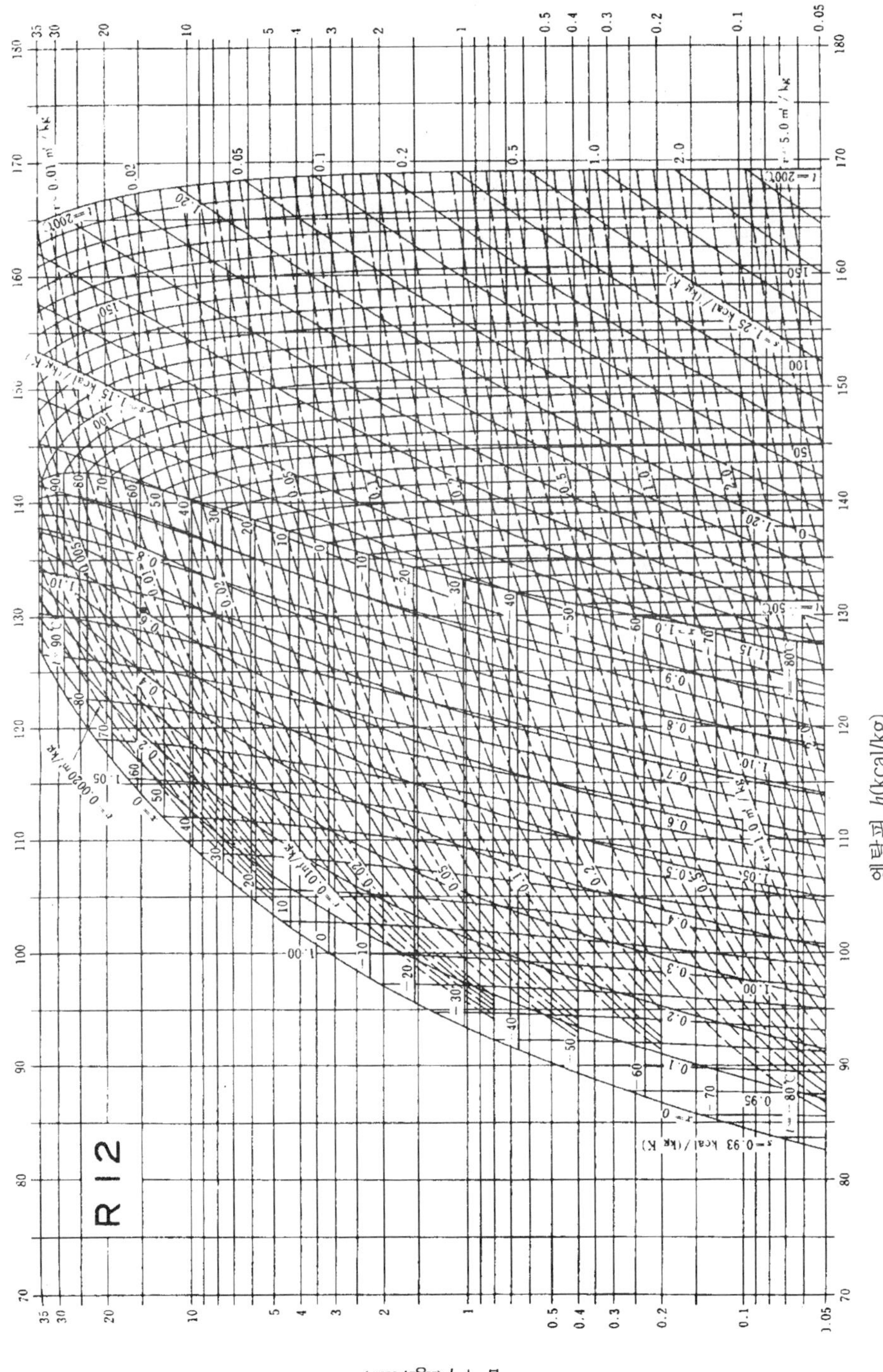

그림 4·6c R-12 모리엘 선도

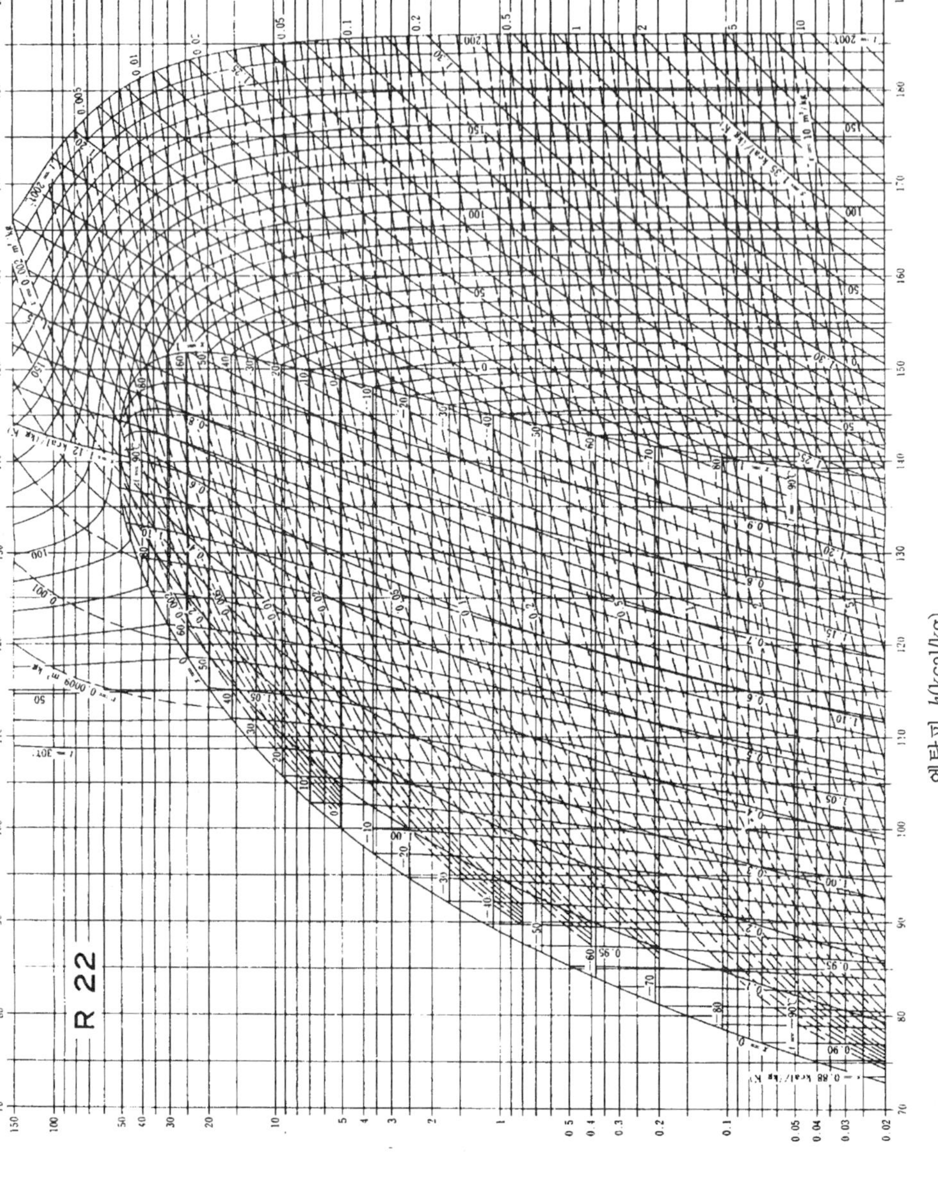

▶ 그림 4 · 7a R-22 모리엘 선도 ◀

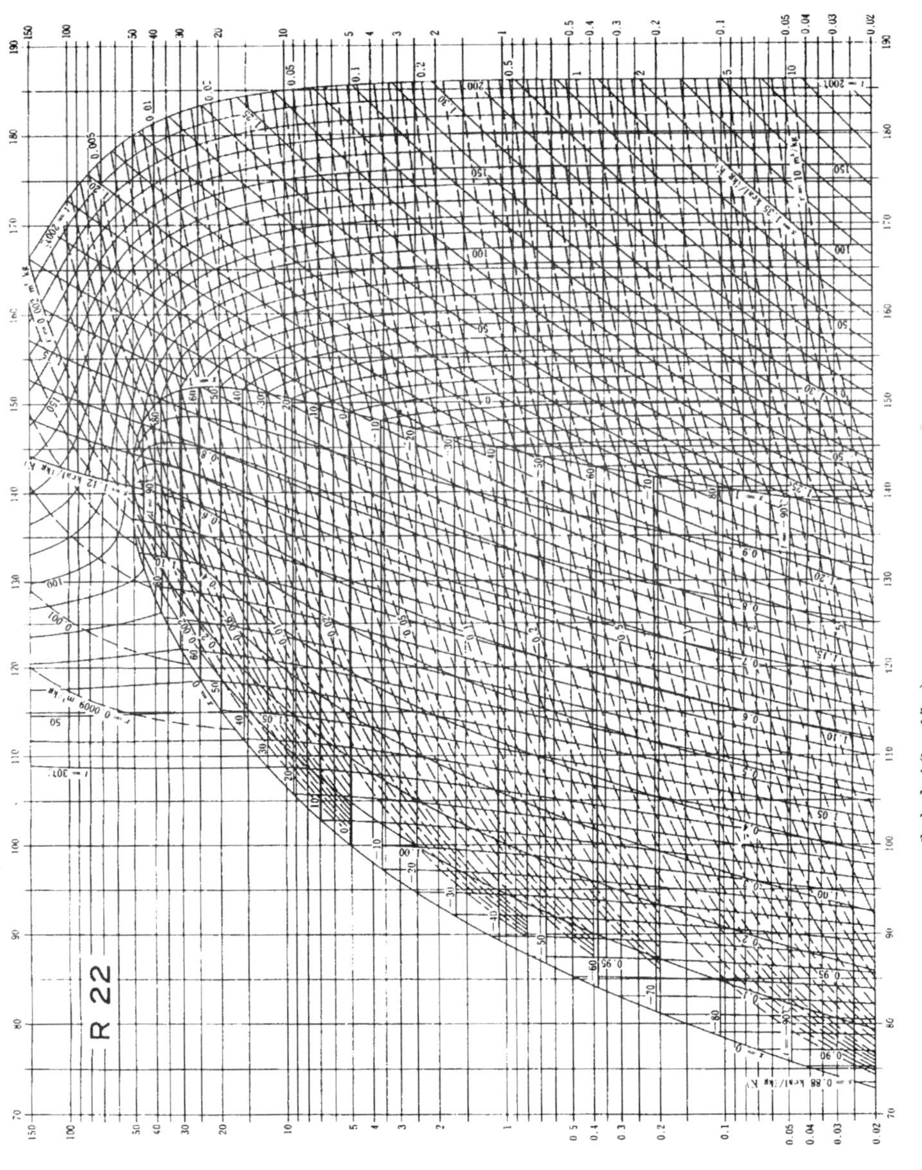

그림 4 · 7b   R - 22 모리엘 선도

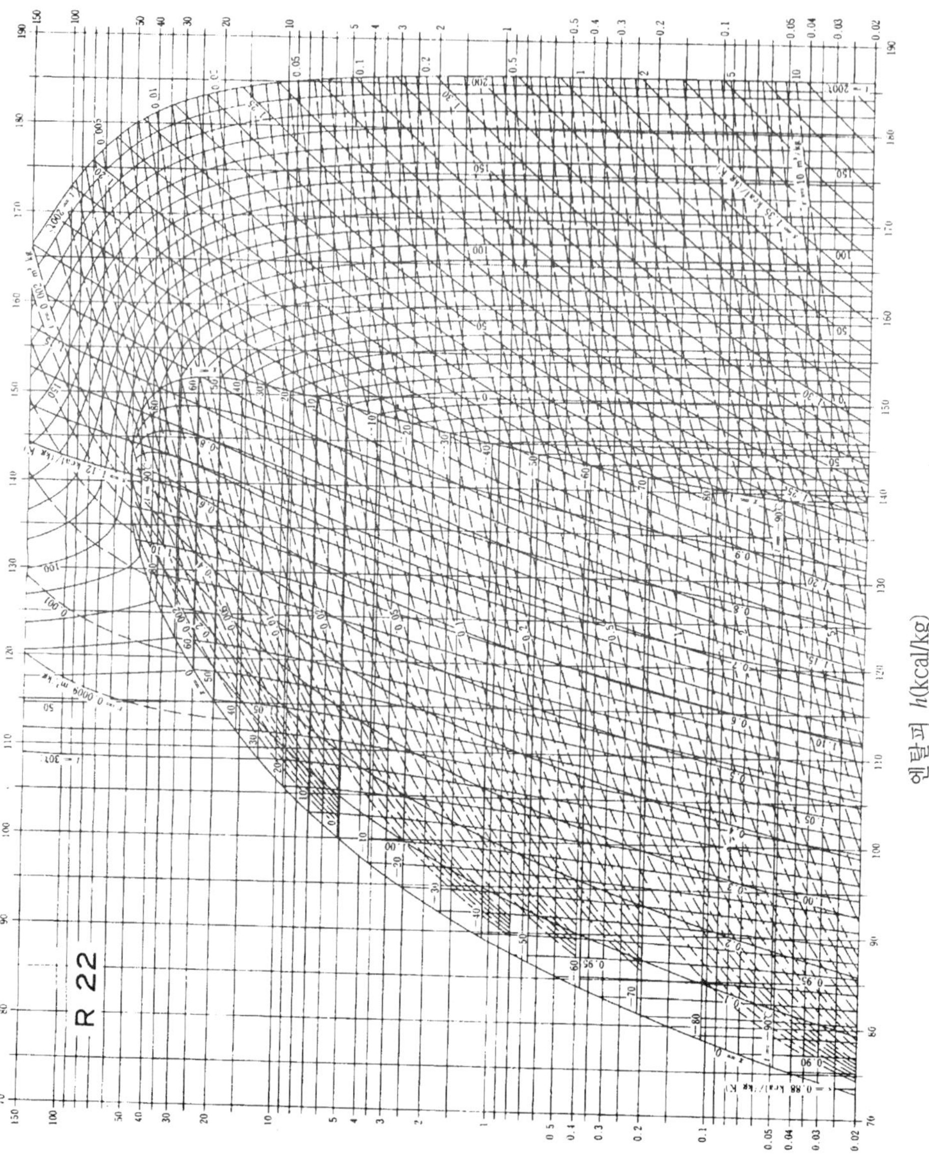

그림 4·7c R-22 모리엘 선도

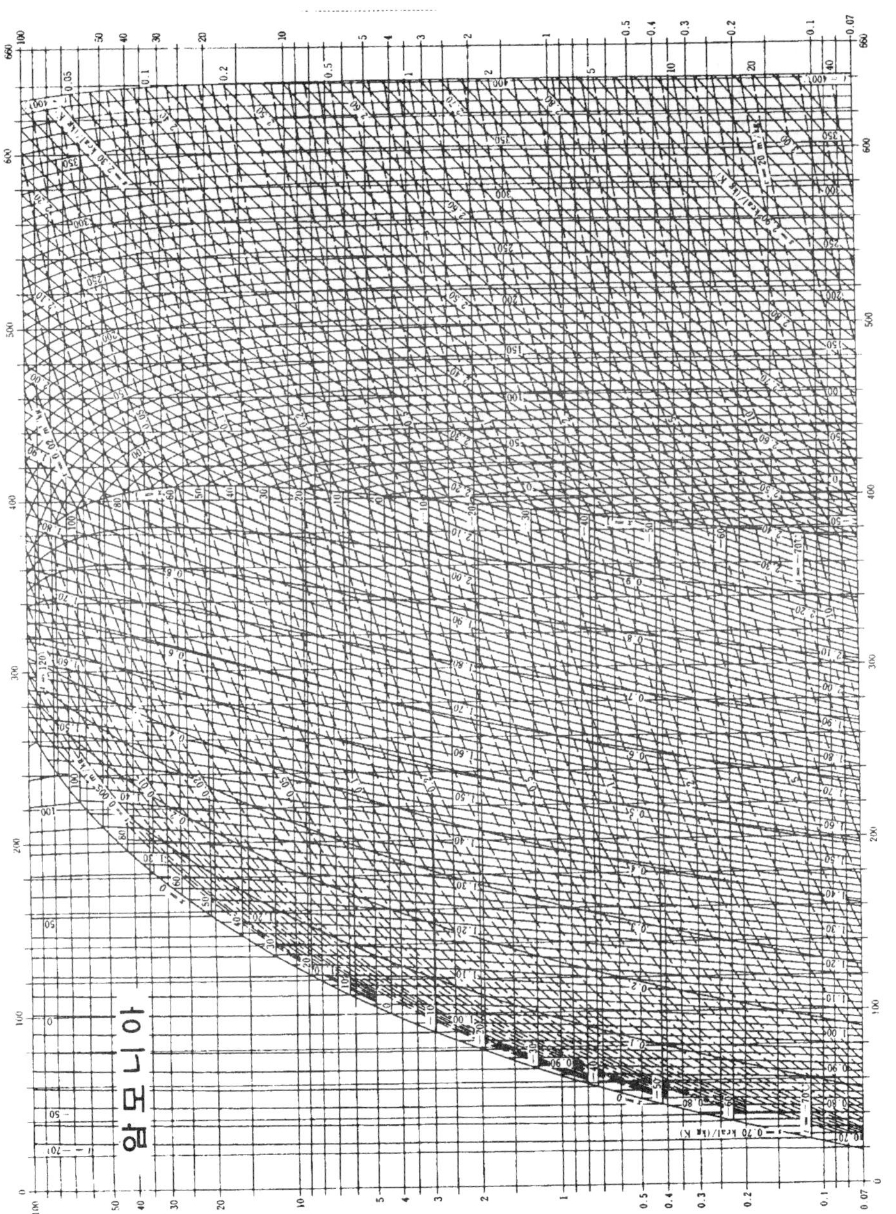

▶ 그림 4·8a 암모니아 선도 ◀

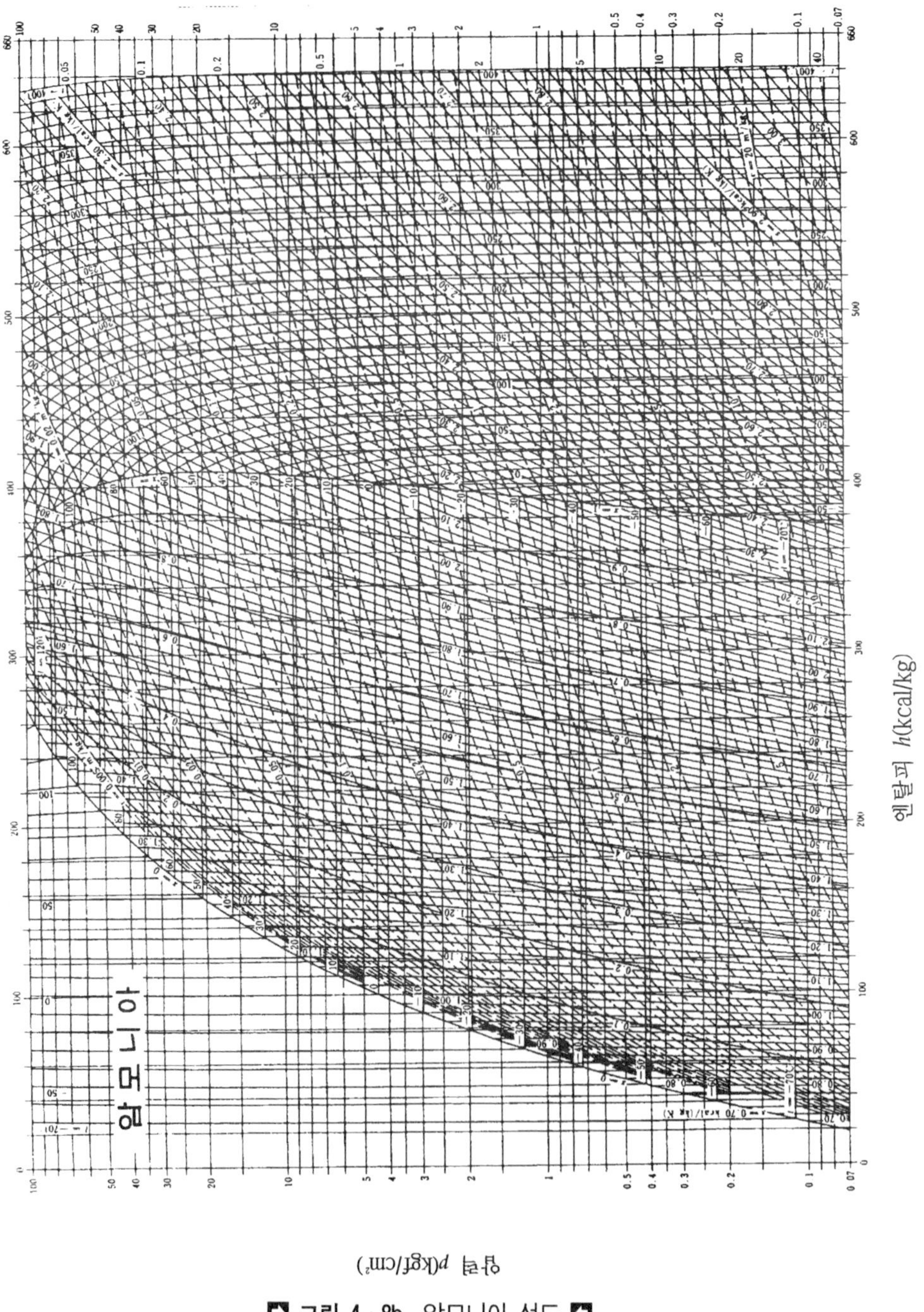

◪ 그림 4 · 8b   암모니아 선도 ◩

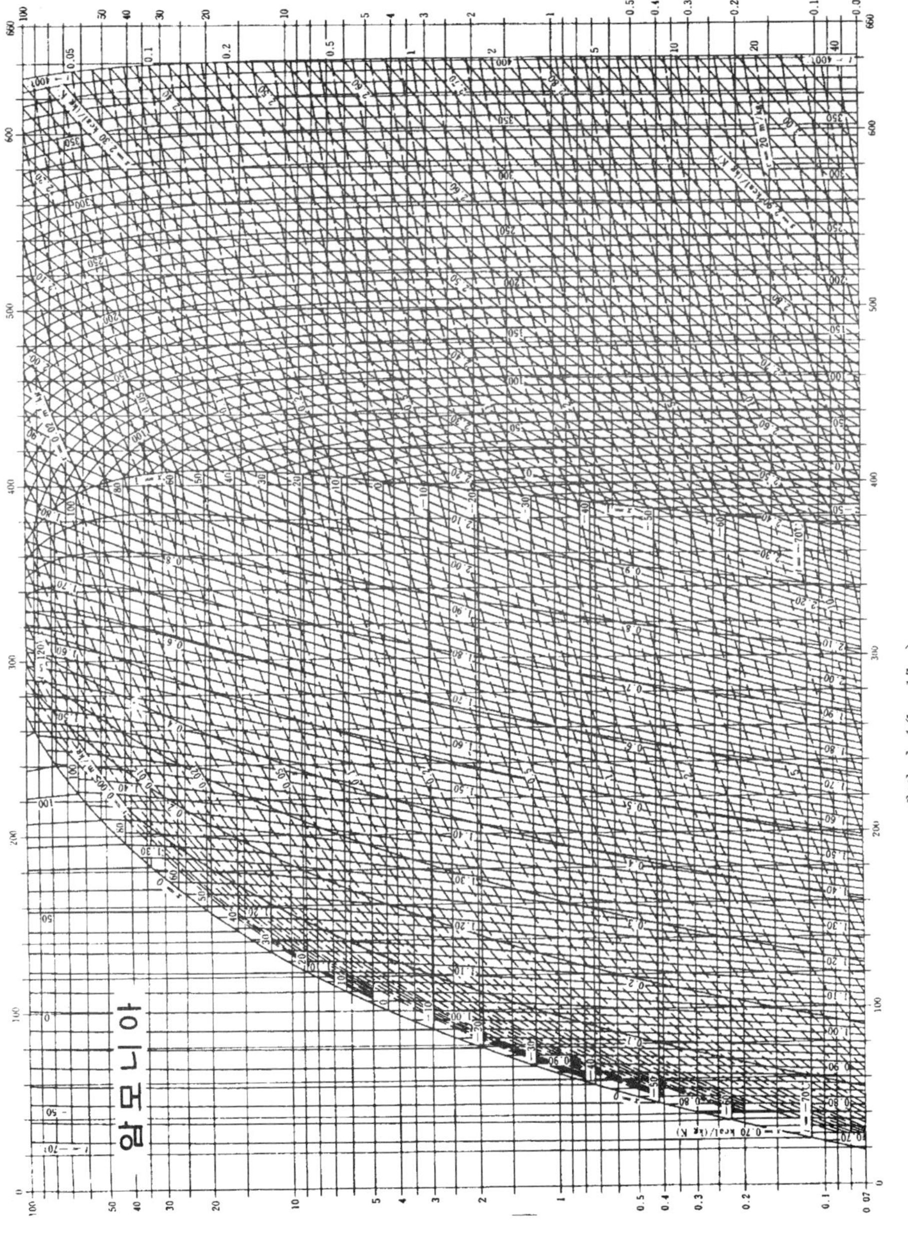

■▶ **그림 4 · 8c** 암모니아 선도 ◀■

제2절　냉동사이클 내에서 냉매의 상태 변화

　냉매는 냉동장치 내에서 압축, 응축, 팽창, 증발의 4과정을 반복하면서 장치 내를 순환하여, 온도가 낮은 증발기에서 열을 빼앗아서 온도가 높은 응축기로 열을 이동시키는 역할을 한다. 그림 4 · 9는 냉동사이클의 4가지 변화과정을 그리고, 그 주위에 냉매상태 변화를 그려서 대비시킨 것이다.

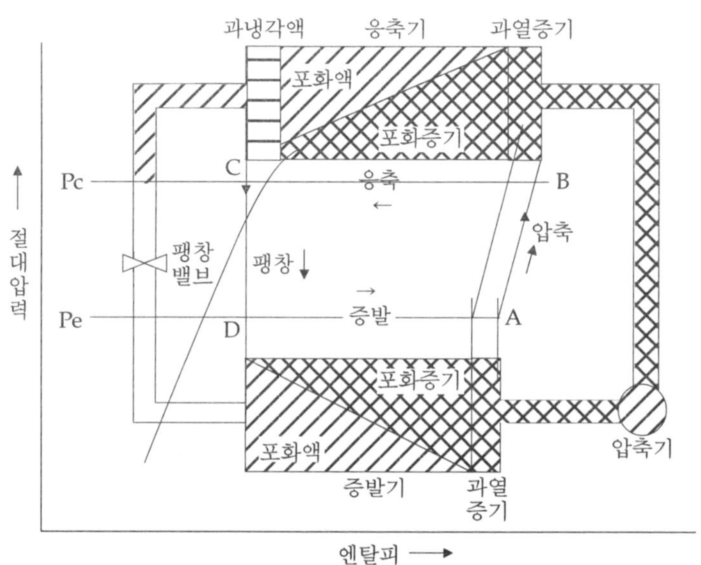

▶ 그림 4 · 9　냉매상태의 변화와 모리엘 선도 ◀

1. 압축과정(A → B)

　증발기에서 증발한 저온 저압의 기화 냉매는 압축기로 흡입되고, 흡입된 냉매 증기는 압축되어 상온의 냉각수 및 공기로서 쉽게 액화시킬 수 있는 고온 고압의 냉매가스로 된다. 일반적으로 이 과정을 단열 압축과정이라 가정하며, 압축변화는 등엔트로피선을 따라 응축압력에 도달하게 된다.

2. 응축과정(B → C)

압축기에서 고온 고압으로 압축된 냉매가스는 응축기에 보내지며, 여기서 냉각수 및 공기에 의하여 냉각되어 응축열을 방출하고 자신은 액화된다. 응축기에서 방출하는 열량은 냉매가 증발기에서 빼앗은 증발열과 압축하기 위하여 더해진 압축일량의 합이며, 이 열량을 냉각수 및 공기 중에 방출하게 된다.

3. 팽창과정(C → D)

팽창과정은 냉매가 팽창밸브를 통과할 때에 냉매의 상태변화를 말하며, 외부와의 열출입이 없는 단열팽창으로 엔탈피의 변화가 없다. 응축기에서 액화된 고압의 냉매액은 모세관 또는 팽창 밸브를 통과하는 사이에 저압으로 되어 증발하기 쉬운 상태로 된다. 여기서 팽창 밸브는 감압작용과 동시에 냉매액의 유량을 제어한다.

4. 증발과정(D → A)

팽창밸브를 통과하면서 압력이 낮은 상태로 증발기에 유입된 저온 저압의 액냉매는 냉장고 내의 열을 빼앗아 비등 증발하여 자신은 냉매 가스로 되면서 냉장고 내를 냉각시킨다.

제 3 절 냉동사이클 작성법

냉동사이클은 항상 일정하게 정해진 것이 아니고, 냉각매체의 온도변화, 피냉각물의 부하 및 온도 변화 등에 따라 변화하게 된다. 따라서 p-h선도 위에 냉동사이클을 나타내는 데에는 다음과 같은 가정 하에서 이루어진다.

① 증발기나 응축기 내의 냉매변화는 정압변화로 간주하여 등압선으로 나타내고, 엔탈피의 증감은 가감된 열량과 같다.

② 압축기에서 증기를 압축할 때의 변화는 단열압축으로 간주하여 압축 전후의 엔트로피 값에 변동이 없고, 따라서 등엔트로피선으로 표시되며, 압축과정에 소비된 일량은 변화 전후의 엔탈피 차이와 같다.

③ 냉매가 팽창밸브를 통과할 때의 변화과정에서는 외부에 대해 열의 출입이 없다고 보아 이 변화 전후의 엔탈피 값에 변동이 없다고 본다. 따라서, 이 변화는 등엔탈피선으로 표시된다.

④ 증발기와 응축기를 제외한 다른 부분에서는 냉매와 주위의 외기 사이에 열의 출입이 없으며, 또한 장치 내의 유동저항으로 인한 압력손실이 없다고 본다.

이와 같은 가정 하에서 냉동 사이클의 작성법을 보다 상세하게 설명하기 위하여 다음의 운전조건에서 살펴보기로 한다.

운전 조건 : 냉매 R-22, 응축온도 30℃, 증발온도 -15℃, 가스 과열도 5℃, 팽창 밸브 직전의 온도 25℃

1. 증발온도와 응축온도

① 모리엘 선도 상에서 증발온도 -15℃의 선을 찾아 표시하고, 이의 등압력(3.03 kg / cm^2)선을 찾아 일직선으로 긋는다.

② 모리엘 선도 상에서 응축온도 30℃의 선을 찾아 표시하고, 이의 등압력(12.26 kg / cm^2)선을 찾아 일직선으로 긋는다.

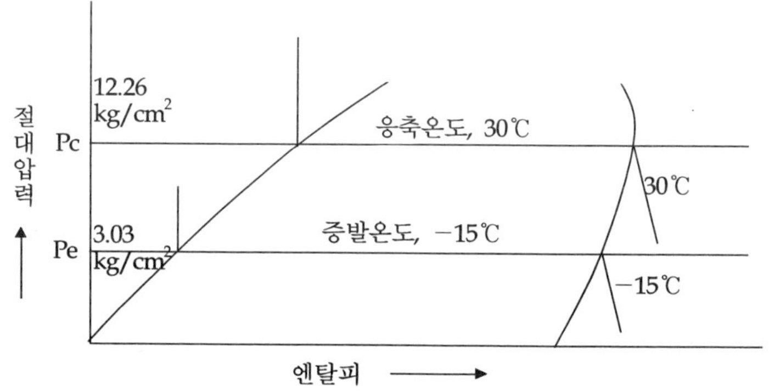

▷ 그림 4·10 모리엘 선도 상에서 증발온도와 응축온도 찾기 ◁

2. 압축기의 흡입 가스 상태점

위의 운전조건에서 증발온도가 −15℃이나 압축기 흡입부의 과열도가 5℃이므로 압축기 흡입부의 가스온도는 자연히 −10℃(−15℃+5℃=−10℃)이다. 따라서, 모리엘 선도 상의 압축기 흡입 가스 상태를 나타내는 점은 습증기 −15℃의 압력선(3.03 kg/cm^2)과 과열증기 −10℃선과의 교점(압력 3.03 kg/cm^2, 온도 −10℃, 엔탈피 148.5 kcal/kg, 엔트로피 1.187 kcal/kg·K)이 된다.

3. 압축기 출구(응축기 입구)의 상태점

압축기에서의 압축은 단열압축으로 간주되므로 엔트로피가 일정한 변화라고 생각할 수 있다. 따라서, 응축온도 30℃의 압력선과 엔트로피 선의 교점(그림 4·10의 B점)이 압축기 출구(응축기 입구)의 상태점(압력 12.26 kg/cm^2, 온도 59℃, 엔탈피 156.5 kcal/kg, 엔트로피 1.187 kcal/kg·K)이다.

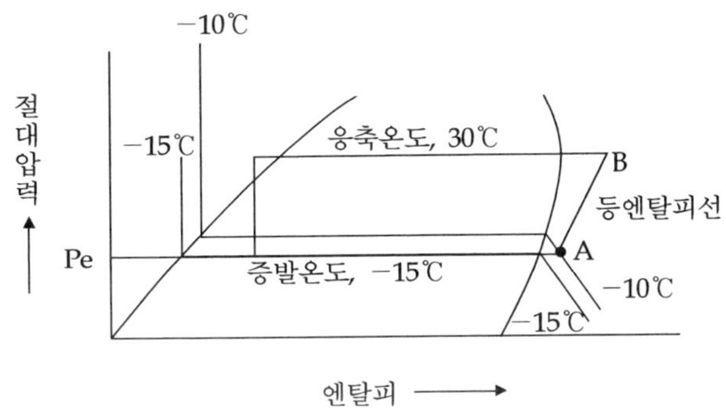

■ 그림 4·11 모리엘 선도 상에서 압축기의 흡입과 출구의 상태 ■

4. 응축기 출구(팽창밸브 입구)의 상태점

팽창 밸브 직전의 냉매 온도는 25℃이므로 응축온도 30℃의 압력선과 25℃ 등온선의 교점(그림 4·11의 C점)이 응축기 출구(팽창밸브 입구)의 상태점(압력 12.26 kg/cm^2, 온도 25℃, 엔탈피 107.76 kcal/kg)이다.

5. 팽창밸브 출구(증발기 입구)의 상태점

팽창밸브에서는 열의 출입이 전혀없고, 엔탈피가 일정하므로, 엔탈피(107.76 kcal / kg) 선과 증발온도($-15℃$) 선과의 교점(그림 4 · 11의 D점)이 증발기 입구의 상태점 (압력 : 3.03 kg / cm^2, 온도 : $-15℃$, 엔탈피 : 107.76 kcal / kg)이다.

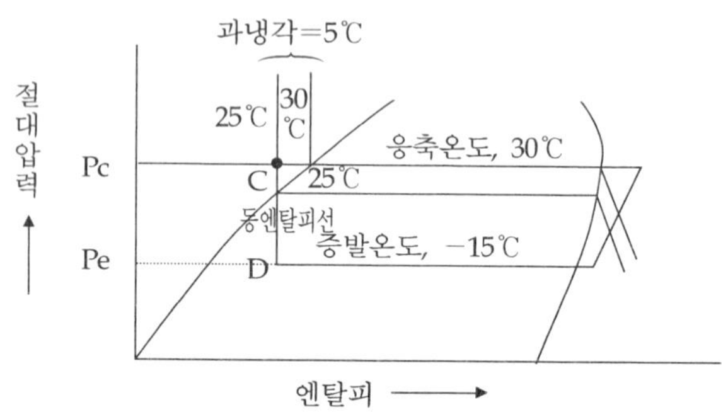

■ 그림 4 · 12   모리엘 선도 상에서 팽창밸브 입구와 출구의 상태 ■

예제 : 다음과 같은 운전 조건을 이용하여 모리엘 선도를 그려보아라.

풀 이 ┃ 운전조건

냉매 R−22, 응축온도 30℃, 증발온도 −15℃, 압축기 흡입 가스 과열도 5℃, 팽창밸브 직전의 온도 25℃

예제 : 다음과 같은 운전 조건을 이용하여 모리엘 선도를 그려보아라.

풀 이 ┃ 운전조건

냉매 R−22, 응축온도 25℃, 증발온도 −10℃, 압축기 흡입 가스 과열도 5℃, 팽창밸브 직전의 온도 20℃

제4절 1단 압축 냉동사이클

증발기에서 나오는 냉매가스를 한 대의 압축기로 압축하는 냉동사이클이며, 식품 냉동, 소형 공기 조화 및 냉장고 등에 널리 사용되고 있다. 이는 일반적으로 −25℃ 이상의 냉동설비에 가장 많이 사용하는 사이클이다.

1. 표준 냉동사이클

냉동 장치의 냉동능력 및 소요동력의 크기는 응축온도, 증발온도, 액의 과냉각도, 흡입증기의 과열도 등에 따라 달라진다. 따라서 냉동기의 성능을 비교하기 위하여 법령에서는 기준으로 되는 온도조건을 정하여 이 온도조건에서의 성능을 비교하도록 정하고 있다. 이와같이 기준이 되는 온도조건에 의한 냉동사이클을 표준 냉동사이클이라 하며, 그 조건 및 모리엘 선도는 그림 4·13과 같다.

◗ 표 4·1 표준 냉동사이클의 조건 ◖

냉동기 위치	온 도
응축온도	30℃
증발온도	−15℃
압축기 흡입가스 온도	−15℃(과열도 0℃)
팽창밸브 직전 액온도	25℃(과냉각도 5℃)

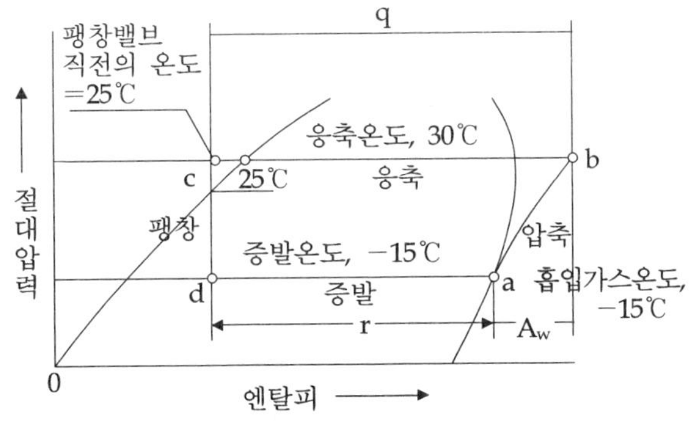

◗ 그림 4·13 표준 냉동사이클의 모리엘 선도 ◖

2. 냉동사이클을 이용한 여러 가지 계산

1) 냉동 효과(refrigerating effect, kcal / kg)

증발기 내에 흐르는 냉매는 항상 습증기이지만, 출구에서는 건조 포화증기 또는 과열증기 등이 될 수 있다. 그림 4·14의 4에서 1(혹은 1a, 1b)로 가는 과정이 바로 증발기에서 냉매의 증발과정을 나타낸 것이며, 이 때 외부에서 열량(r 혹은 r_a, r_b)을 흡수한다. 이와 같이 모리엘 선도 상에서 냉매 1 kg이 1−2−3−4−1의 사이클을 마쳤을 때, 증발기에서 냉매 1 kg이 흡수하는 열량을 냉동효과라하며, 냉동효과는 엔탈피의 차로써 구하여진다. 그림 4·14로부터 1의 상태에서 압축기로 흡입될 때를 과열압축, 1_a의 상태에서 흡입될 때를 건조 포화압축, 1_b의 상태에서 흡입될 때를 습압축이라 한다. 냉매 1 kg이 증발기에서 흡수하는 열량, 즉 냉동효과(r, r_1, r_b)는 다음과 같다.

$$r = h_1 - h_4,$$

한편, 냉동효과와 혼돈하기 쉬운 **냉동능력**은 증발기에서 냉매가 시간당 흡수하는 **열량**을 말하는 것으로, 단위는 kcal / hr를 사용한다.

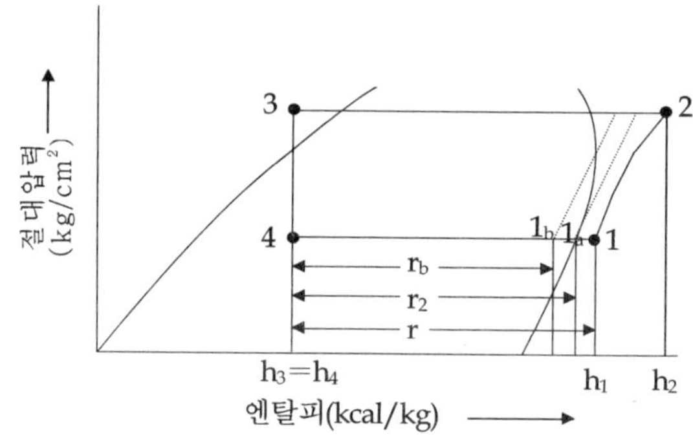

◧ 그림 4 · 14 냉동효과의 계산 ◧

예제 : 암모니아 냉동기에서 증발기 입구의 엔탈피가 89.5 kcal / kg, 출구 엔탈피가 378.5 kcal / kg, 응축기 입구 엔탈피가 430.0 kcal / kg이다. 이 냉동기의 냉동효과는 얼마인가?

풀이 ▌ 냉동효과 (r)＝증발기 출구 엔탈피−증발기 입구 엔탈피
    ＝378.5 kcal / kg−89.5 kcal / kg
    ＝289.0 kcal / kg

2) 압축 일량(Aw)

냉매증기를 압축하는 데에는 반드시 동력이 필요하다. 이 동력(kg·m/hr)을 열량으로 환산하기 위하여는 일의 열당량이라는 환산계수(1 kcal=427 kg·m)를 곱하여야 한다. 그러나 모리엘 선도 상에 그림 4·15와 같이 냉동사이클을 그리게 되면 일을 직접 열량으로서 구할 수가 있다. 즉, 압축기가 1kg의 냉매 가스를 압축하는 데에 소요되는 필요한 동력을 압축 일량이라 하며, 압축 일량은 압축행정 1−2 사이의 엔탈피의 차이와 같으므로 수식화하면 다음과 같다.

$$Aw = h_2 - h_1$$

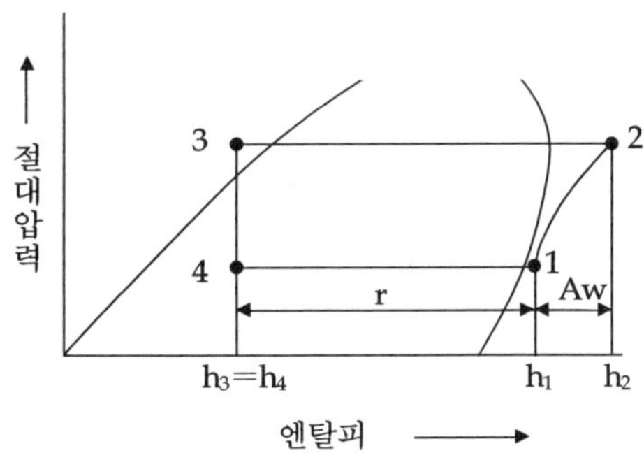

그림 4·15 압축 일량의 계산

3) 응축 열량(q)

응축 열량은 냉매 1 kg이 응축기에서 방출하는 열량으로 냉동 효과(r)와 압축할 때에 냉매에 주어진 압축 일량(Aw)과의 합계 또는 증발 냉동능력(Q)과 압축동력(W)과의 합계와 같고, 이를 수식화하여 나타내면 다음과 같다.

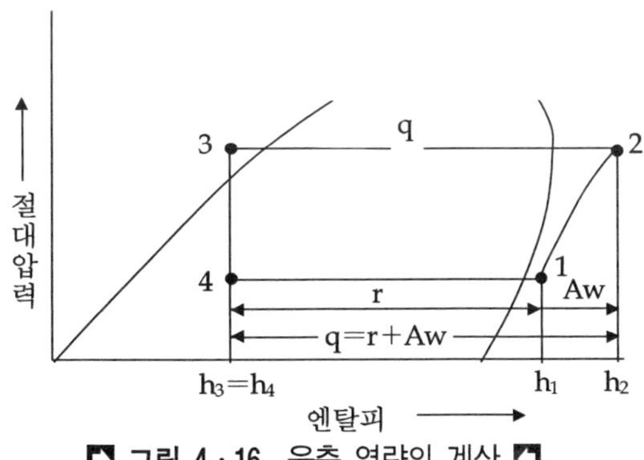

그림 4·16 응축 열량의 계산

$$q = r + Aw = (h_1 - h_4) + (h_2 - h_1)$$
$$= h_2 - h_4 = h_2 - h_3 \quad \text{또는}$$
$$q = Q + w$$

예제 : R-22 냉동장치에서 다음과 같은 조건으로 수냉식 응축기가 운전될 때에 응축열량 및 필요한 냉각수량(L/hr)은 얼마인가?

조건 : 응축온도 38℃, 증발온도 -15℃, 응축기의 냉각수 입구 온도 30℃, 응축기의 냉각수 출구 온도 34℃, 외기 습구온도 25℃, 증발 냉동능력 42,800 kcal/hr, 압축동력 20 kW

풀이 │ 응축 능력 $= 42,800 \, (\text{kcal/hr}) + 20 \, \text{kW} \times \dfrac{860 \, \text{kcal/hr}}{1 \, \text{kW}}$

$$= 60,000 \, \text{kcal/hr}$$

응축 열량 $q = m \times c \times \triangle t$ 와도 같으므로

냉각수량 $m = q / (c \times \triangle t)$

$$= \frac{60,000 \, \text{kcal/hr}}{1 \, (\text{kcal/kg} \cdot \text{℃}) \times (34 - 30) \, \text{℃}}$$
$$= 15,000 \, \text{kg/hr} = 15,000 \, \text{L/hr}$$

4) 냉매 순환량(G)

냉동기는 필요한 냉동능력을 얻기 위하여 반드시 적당량의 냉매를 증발기에 공급하여 증발시켜야 하므로 냉매 순환량을 반드시 속지하여야 한다. 여기서 냉매 순환량은 단위시간에 1 냉동톤의 효과를 얻기 위하여 증발기에 공급되는 냉매량을 말하며, 필요한 응축능력(q, kcal/hr), 냉동 효과(r, kcal/kg) 및 냉매 순환량(G, kg/hr) 간에는 다음과 같은 관계가 성립한다.

$$Q = Gr$$
$$G = \frac{Q}{r} = \frac{Q}{(h_1 - h_4)}$$

5) 피스톤 토출량(v)

냉동기를 제작하는 경우 냉매량을 소화할 수 있는 압축기의 크기를 결정하여야 한다. 냉매량을 소화할 수 있는 압축기의 크기를 결정할 목적으로 압축기의 피스톤 토출량을

산출하여야 하고, 압축기의 피스톤 토출량은 1냉동톤당 압축기의 냉매흡입체적을 말한
다. 압축기의 피스톤 토출량의 산출 방법은 다음과 같다. 압축기 입구의 냉매 증기 비
체적이 $v_1(m^3/kg)$, 압축기의 피스톤 압출량 $V(m^3/hr)$라 할 때 피스톤 압출량은 다
음과 같이 나타낼 수 있다.

$$V = G \times v_1 = \left(\frac{Q}{r} \right) \times = V_1 = \frac{(Q \times v_1)}{(h_1 - h_4)}$$

예제 : 유량 100(L/min)의 물을 15℃에서 9℃로 냉각하는 수냉각기가 있다. 이 냉동장
치의 냉동효과가 38 kcal/kg일 경우 냉매순환량은 얼마인가?

풀이 ┃ $G = Q/r = 냉동능력/냉동효과 = (m \times c \times \triangle t)/r$

$$= \frac{100 \ (L/min) \times 60(min/hr) \times 1(kcal/kg \cdot ℃) \times (15-9) \ ℃}{38(kcal/kg)}$$

$$= 947 \ kg/hr$$

6) 압축비

압축비는 $\dfrac{응축압력}{증발압력}$ 을 말하고, 이때 사용되는 압력은 절대 압력이다.

7) 성능계수(성적 계수, coefficient of performance, COP)

성능계수는 냉동사이클의 능률을 나타내는 지표로서 냉동 능력에 대한 압축기에 가
하여진 일량의 비를 말하며, 이는 다음과 같은 식으로 표현할 수 있다.

$$성능 \ 계수 = \frac{냉동효과}{압축일량} = \frac{r}{Aw} = \frac{h_1 - h_4}{h_2 - h_1}$$

성능계수는 압축일의 열당량에 비하여 큰 냉동효과가 얻어질수록 좋은 것이 되며 그
값이 클수록 성능이 좋다는 것을 의미한다.

이상의 냉동효과(r), 압축일량(Aw), 응축열량(q), 냉매순환량(G), 피스톤 토출량
(V), 성능계수(COP), 압축비를 정리하면 표 4 · 2와 같다.

◀ 표 4 · 2　냉동 사이클의 계산을 위한 요약 ▶

용어	단위	정　　　의	수　　식
냉동효과(r)	kcal / kg	증발기에서 냉매 1 kg이 흡수하는 열량	$r = h_1 - h_4$
압축일량(Aw)	kcal / kg	압축기가 냉매 1 kg을 압축하는 데에 소요되는 동력	$Aw = h_2 - h_1$
응축열량(q)	kcal / kg	응축기에서 냉매 1 kg이 방출하는 열량	$q = r + Aw$ $= (h_1 - h_4) + (h_2 - h_1)$ $= h_2 - h_4 = h_2 - h_3$
냉매 순환량(G)	kg / hr	단위시간에 1냉동톤의 효과를 얻기 위하여 증발기에 공급되는 냉매량	$G = Q / r$ $= q / (h_1 - h_4)$
피스톤 토출량(V)	㎥ / hr	1 냉동톤당 압축기의 냉매 흡입 체적	$V = G \times v_1$ $= (Q / r) \times v_1$ $= (Q \times v_1) / (h_1 - h_4)$ Q : 냉동능력(kcal / hr)
성능 계수(COP)		냉동효과 압축기에 가하여진 일량	$COP = r / Aw$ $= (h_1 - h_4) / (h_2 - h_1)$
압축비		증발압력에 대한 응축압력의 비	압축비 = 응축압 / 증발압

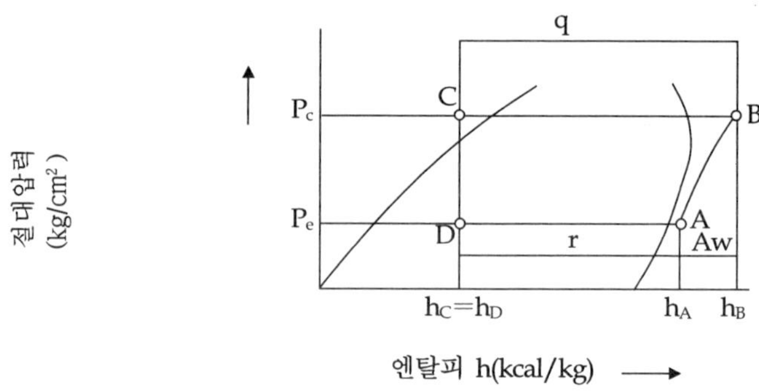

◀ 그림 4 · 17　냉동 사이클 요약을 위한 P – h선도 ▶

예제 : 다음의 모리엘 선도에서 성능 계수는 얼마인가?(단, 열손실은 무시한다)

풀 이

$$성능계수 = \frac{397\ kcal/kg - 128\ kcal/kg}{453\ kcal/kg - 397\ kcal/kg} = \frac{269\ kcal/kg}{56\ kcal/kg} = 4.9$$

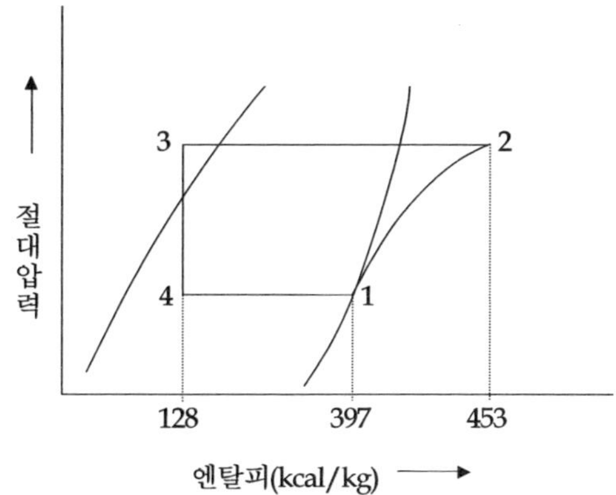

예제 : 다음과 같은 운전 조건을 이용하여 모리엘 선도를 그리고, 냉동 효과, 압축 일량, 응축 열량, 냉매 순환량, 피스톤 압출량, 성능 계수 및 압축비를 산출하시오.

운전조건 : 냉매 R-22, 응축온도 38℃, 증발온도 −15℃, 압축기 흡입 가스 과열도 5℃, 과냉각도 5℃

풀 이 ▌ 이 조건에서 모리엘 선도를 그려보면 다음과 같다.

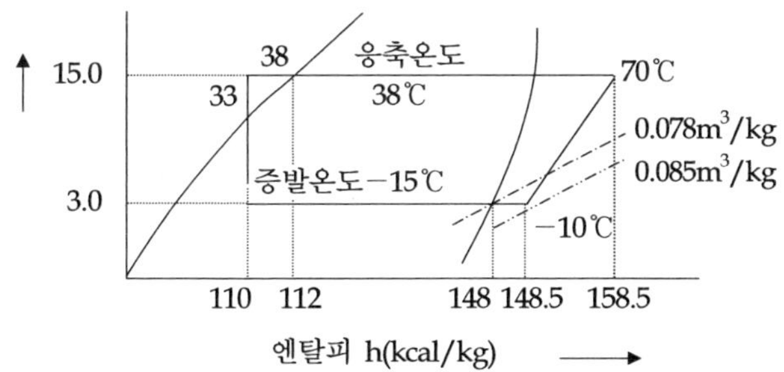

여기서 응축압력＝15 kg／cm^2, 증발압력＝3 kg／cm^2

엔탈피 h_4＝110.0 kcal／kg

$\quad\quad h_1$＝148.5 kcal／kg

$\quad\quad h_2$＝158.5 kcal／kg

압축기 흡입 상태의 비체적＝0.085 m^3／kg이다.

1) 압축비＝응축압력／증발압력＝15／3＝5

2) 냉동효과(r)＝h_1-h_4＝148.5 kcal／kg−110.0 kcal／kg＝38.5 kcal／kg

3) 압축일량(Aw)＝h_2-h_1＝158.5 kcal／kg−148.5 kcal／kg＝10.0 kcal／kg

4) 응축열량(q)＝r＋Aw＝$(h_1-h_4)+(h_2-h_1)$＝h_2-h_4＝h_2-h_3

$\quad\quad\quad\quad$＝158.5 kcal／kg−110.0 kcal／kg＝48.5 kcal／kg

5) 냉매 순환량$(G) = \dfrac{Q}{r} = \dfrac{3,320 \text{ kcal/hr}}{38.5 \text{ kcal/kg}} = 86.2 \text{kg} / \text{hr} \cdot \text{RT}$

6) 피스톤 압출량$(V) = \dfrac{Q}{r} \times v_1 = \dfrac{3,320 \text{ kcal/hr}}{38.5 \text{ kcal/kg}} \times 0.085 \text{ m}^3/\text{kg}$
$$= 7.33 \text{ m}^3 / \text{hr} \cdot \text{RT}$$

7) 성능 계수$(COP) = \dfrac{r}{Aw} = \dfrac{38.5 \text{ kcal/kg}}{10 \text{ kcal/kg}} = 3.85$

예제 : 표준 냉동 사이클에서 냉매 R-22, 압축비, 냉동효과, 압축일량, 응축열량, 냉매 순환량, 피스톤 압출량 및 성능 계수는 각각 얼마인가 ?

예제 : 냉매(암모니아) 증발온도 : -20℃, 응축온도 : 30℃, 압축기 흡입 가스과열도 : 5℃, 과냉각도 5℃인 조건으로 운전되고 있는 냉동사이클을 모리엘 선도 상에 나타내고, 압축비, 냉동효과, 압축일량, 응축열량, 냉매 순환량, 피스톤 압출량 및 성능 계수를 산출하시오.

예제 : 냉매(암모니아) 증발온도 : -27℃, 응축온도 : 35℃, 팽창밸브 직전온도 : 30℃, 과열도 5℃인 조건으로 운전되고 있는 냉동사이클을 모리엘 선도 상에 나타내고, 압축비, 냉동효과, 압축일량, 응축열량, 냉매 순환량, 피스톤 압출량 및 성능 계수를 산출하시오.

3. 냉동사이클을 이용하지 않은 여러 가지 계산

냉동기의 냉동능력, 응축부하 및 소요동력 간에는 응축부하=냉동능력+소요동력과 같은 관계가 있고, 이들의 각각은 다음과 같이 계산한다.

1) 응축부하

$$q_c(\text{kcal} / \text{hr}) = w \; (\ell / \text{min}) \times C(\text{kcal} / \ell \cdot ℃) \times 60(\text{min} / \text{hr}) \times \triangle t$$

(w : 냉각수량, C : 비열, $\triangle t$: 응축기 입출구의 냉각수 온도차)

$$= K \times A \times \triangle t$$

(K : 열통과율, A : 면적, $\triangle t$: 응축온도와 냉각수 평균수온과의 차이)

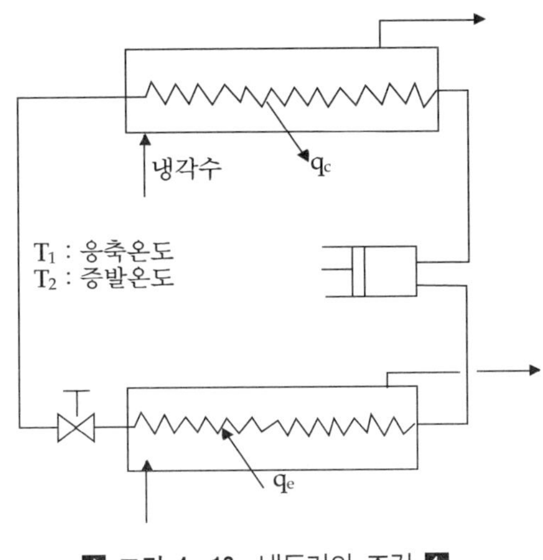

▶ 그림 4 · 18 냉동기의 조건 ◀

2) 소요동력

$$AW(kcal/hr)=860×kW(여기서 \ 1 \ kW=860 \ kcal/hr)$$

3) 냉동능력

냉동능력은 응축기 부위에서와 증발기 부위에 따라 다음과 같이 2가지로 분류하여 계산하는 것이 효율적이다.

(1) 응축기 부위

응축기에서의 온도 차이를 제시하는 경우 응축부하와 소요동력을 이용하여 다음과 같이 계산한다.

응축부하＝냉동능력＋소요동력

(2) 증발기 부위

증발기에서의 온도 차이를 계산하는 경우 다음과 같이 계산할 수 있다.

$$q_e=B \ (L/min)×60 \ (min/hr)×비중×비열×△t$$

（△t : 증발기의 입출구 브라인 또는 냉수 온도차）

$$=K×A×△t$$

（K : 열통과율, A : 단면적, △t : 증발기의 입출구 브라인 또는 냉수 온도차）

예제 : 응축기 냉각수량이 360L / min, 입구수온이 22℃, 출구수온이 28℃, 전동기가 38
kW로 운전 중일 때,
1) 냉동기의 응축부하는?
2) 냉동기의 소요동력은?
3) 냉동기의 냉동능력은?

풀 이 ┃ 1) 냉동기의 응축부하(q_c)는 다음과 같이 표현 가능하다.

$q_c(kcal / hr) = w\ (L / min) \times C\ (kcal / L \cdot ℃) \times 60\ (min / hr) \times \triangle t(℃)$

여기서 w : 360(L / min), C : 1 (kcal / L · ℃), $\triangle t$: 6℃이므로

$\quad = 360\ (L / min) \times 1\ (kcal / L \cdot ℃) \times 60\ (min / hr) \times 6(℃)$

$\quad = 129,600\ kcal / hr$

2) 냉동기의 소요동력(Aw)는 다음과 같이 표현 가능하다.

$\quad AW = 860 \times kW$

$$= 38\ kW \times \frac{860\ kcal/hr}{1\ kW}$$

$\quad = 32,680\ kcal / hr$

3) 냉동기의 냉동능력은 다음과 같이 표현 가능하다.

$\quad$ 응축부하 = 냉동능력 + 소요동력

$\quad$ 냉동능력 = 응축부하 − 소요동력

$\qquad = 129,600\ kcal / hr - 32,680\ kcal / hr$

$\qquad = 96,920\ kcal / hr$

예제 : -10℃의 브라인 (300L / min)을 −15℃로 냉각하는 경우 brine cooler의 냉동 부하
를 산출하시오. 이 때 브라인의 비중은 1.18, 비열은 0.73 kcal / kg · ℃이다.

풀 이 ┃ 냉동능력 $q_e = w\ (L / min) \times 60\ (min / hr) \times$비중$\times$비열$\times \triangle t$

$\quad = 300\ (L / min) \times 60\ (min / hr) \times 1.18 \times 0.73\ kcal / kg \cdot ℃ \times 5℃$

$\quad = 77,530\ kcal / hr$

제5절 여러 조건의 변화와 냉동사이클

냉동장치의 운전상태를 해명하는 데에는 모리엘 선도 상에 여러 가지 현상을 분석하
여 보면 정확하게 이해할 수 있다. 따라서 본 장에서는 기본적인 냉동장치의 운전상태
변화에 대하여 선도 상에서 해석하여 보고자 한다.

1. 흡입가스의 상태와 압축

증발온도, 응축온도 및 과냉각도가 일정한 냉동사이클에서 압축기에 흡입되는 상태가 변화할 때를 모리엘 선도 상에 나타내면 다음과 같다.

1) 건조압축

그림에서 ABCDA의 냉동사이클이며, 압축기에 흡입되는 냉매가스가 건조 포화 증기인 상태를 말하며, 이 때의 냉동효과는 r이다.

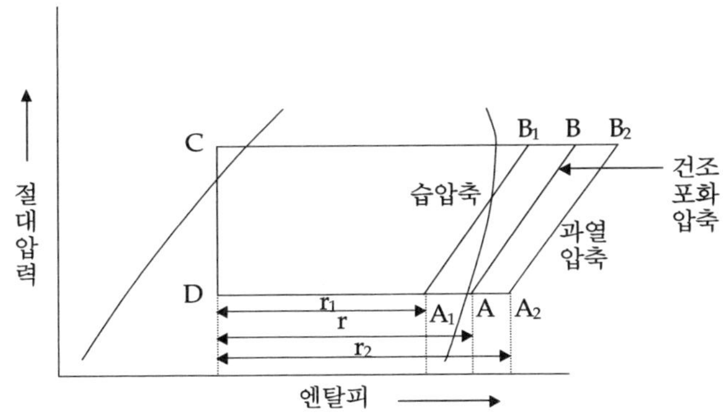

▶ 그림 4·19 흡입가스상태와 압축 ◀

2) 과열압축

부하가 증가하거나 또는 냉매 유량이 감소하여 과열증기의 상태로 압축기에 흡입되어 압축되는 것을 말하며, 이 때의 냉동효과는 r_2이다. 동일 압력 하에서 암모니아는 비열비(C_p / C_v)가 일반적으로 1보다 커서 사용하기 곤란하나, R−12와 같은 프레온을 냉매로 하는 소형 냉동기에는 자주 사용된다.

3) 습압축

부하가 감소되거나 냉매 유량이 증가되어 증발기 출구에서 완전히 증발하지 못하고 액이 남아 있는 상태로 압축기에 흡입되어 압축되는 상태를 말하며, 냉동효과는 r_1이다. 습압축은 흡입 가스 중에 액이 잔존하여 있는 상태이므로 냉동 사이클의 효율이 저하되고, liquid back이 심하여져 액압축의 위험이 따르므로 주의하여야 한다.

이상의 흡입가스 상태에 따른 냉동효과를 비교하여 보면 이론적으로는 $r_2 > r > r_1$의 순이지만, 실제로는 과열압축의 경우 비체적의 증대 및 송출가스의 온도상승 때문에 체적 효율이 감소되어 냉매 순환량이 적어지게 되므로, 냉동효과의 증가효과는 상실된다. 따라서 과열도는 일반적으로 5℃정도로 유지하는 것이 바람직하다.

습압축인 경우에는 냉동효과는 감소하지만 송출가스 온도가 낮아지므로 암모니아 냉동장치에 이용되고 있다.

2. 응축온도(응축압력)의 변화

증발온도를 일정하게 하고, 압축기의 흡입상태를 건조포화증기로 하였을 때에 응축온도가 변화하는 경우는 다음과 같다. 정상상태에서 냉동사이클이 $A \rightarrow B \rightarrow C \rightarrow D \rightarrow A$의 상태로 운전하고 있다면

① 응축기의 냉각상태가 나빠지는 경우 응축압력이 Pc에서 Pc_1으로 높아지고,
② 냉각상태가 좋아지면 Pc에서 Pc_2로 낮아지게 된다.

이와 같은 냉동사이클을 비교하여 보면

① 응축압력 상승은
    압축비를 증대시켜 송출가스 온도를 높게 하고,
    냉동효과를 감소시킴과 동시에
    압축일량이 증가하여 성능계수가 감소하며
② 응축압력 감소는
    이와 반대현상을 나타낸다.

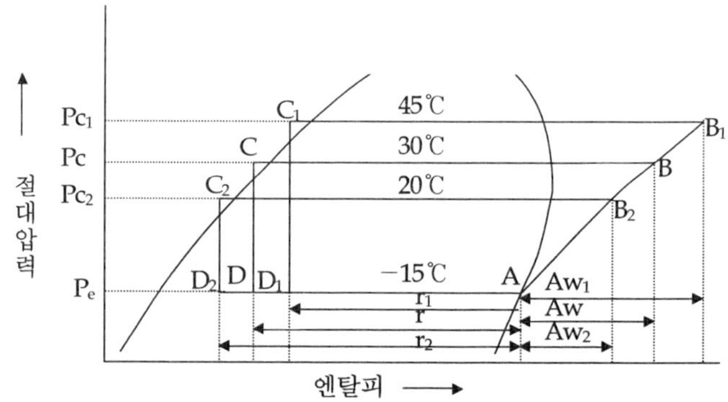

◪ 그림 4·20 응축온도의 변화 ◩

➡ 표 4·3 암모니아 냉동기의 응축온도 변화에 따른 영향(과냉각 : 5℃) ⬅

온도(℃)	압축비	냉동효과 (kcal / kg)	압축일량 (kcal / kg)	성능계수	송출가스 온도(℃)
20	3.63	280.4	42.88	6.54	73
30	4.93	269.0	55.88	4.81	98
45	7.54	251.6	73.88	3.41	135

3. 증발온도(증발압력)의 변화

응축온도를 일정하게 하고 증발온도가 변화하는 경우는 다음과 같다. 냉동사이클 A →B → C → D →A의 상태가 정상상태로 운전하고 있는 경우 냉각기의 온도가 저하하면 증발압력이 P_e에서 P_{e2}로 낮아지며, 냉각기의 온도가 상승하면 증발압력은 P_e에서 P_{e1}로 높아지게 된다.

이 3가지의 냉동 사이클을 비교하여 보면

① 증발압력의 감소는

압축비를 증대시켜 송출가스 온도가 높아지고,

압축일량은 커지며,

냉동효과가 감소되므로 성능계수가 저하한다.

② 증발압력의 상승은

이와 반대현상을 나타낸다.

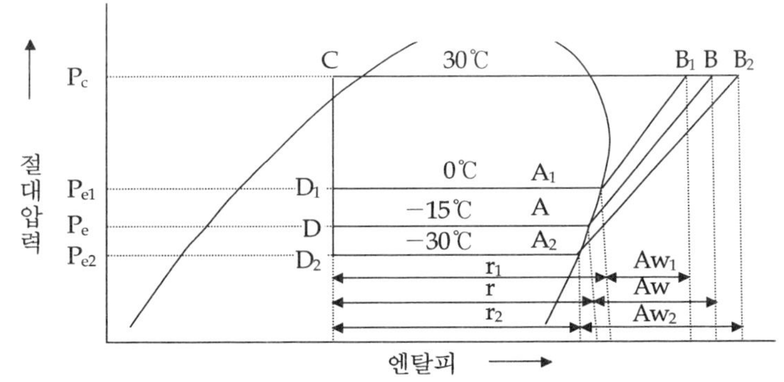

➡ 그림 4·21 증발온도의 변화 ⬅

▶ 표 4·4 암모니아 냉동기의 증발온도 변화에 따른 영향(과냉각 : 5℃) ◀

온도(℃)	압축비	냉동효과 (kcal / kg)	압축일량 (kcal / kg)	성능계수	송출가스 온도(℃)
0	2.72	273.43	33.48	8.17	70
− 15	4.93	269.03	55.88	4.81	98
− 30	9.76	263.82	83.88	3.18	135

4. 과냉각도의 변화

응축온도 및 증발온도가 일정할 때에 응축기 출구의 냉매액 상태가 변화하는 경우는 다음과 같다. 냉동사이클 $A \rightarrow B \rightarrow C \rightarrow D \rightarrow A$의 상태에서 운전하고 있는데, 응축기의 냉각능력이 증가되어 출구의 액온도가 내려가면 $A \rightarrow B \rightarrow C_1 \rightarrow D_1$의 냉동사이클이 된다. 이 두 냉동사이클을 비교하여 보면 과냉각도는 냉동효과를 증대시킴을 알 수 있다.

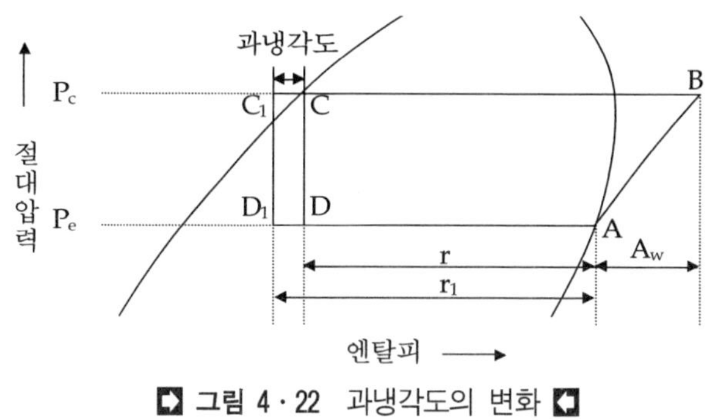

▶ 그림 4·22 과냉각도의 변화 ◀

제6 절 냉동사이클의 종류와 모리 엘 선도

냉동장치 내의 냉매는 포화증기상태로 압축기에 흡입되어 압축, 응축, 팽창, 증발의 4과정을 거치면서 다시 포화증기상태로 압축기에 흡입되는 냉동사이클 과정을 반복하면서 냉각작용을 한다.

이와 같은 냉각작용을 하는 냉동사이클에는 여러 종류가 있으나, 가장 많이 사용되는 것으로는 1단압축 냉동사이클, 2단압축 냉동사이클 및 2원압축 냉동사이클 등이 있다.

따라서 이들에 대하여 냉동사이클을 통하여 냉매의 상태 변화를 살펴보고자 한다.

1. 단단 압축 냉동사이클(signle stage refrigeration cycle)

단단 압축 냉동 사이클은 증발기에서 나오는 냉매가스를 한 대의 압축기로 압축하는 냉동사이클이며, 식품냉동, 소형 공기조화, 대소형 냉장고 등과 같이 일반적으로 −25℃ 이상의 고내 온도를 요구하는 냉동설비에 사용되고 있다. 그림 4·23에 있는 것처럼 증발기 출구 1에서 냉매액의 증발이 완료되고, 이것이 압축기에 압축되어 응축기 및 팽창밸브를 거쳐 다시 증발기 입구로 가는 사이클을 나타낸 것이다(사이클 1→2→3→4→1).

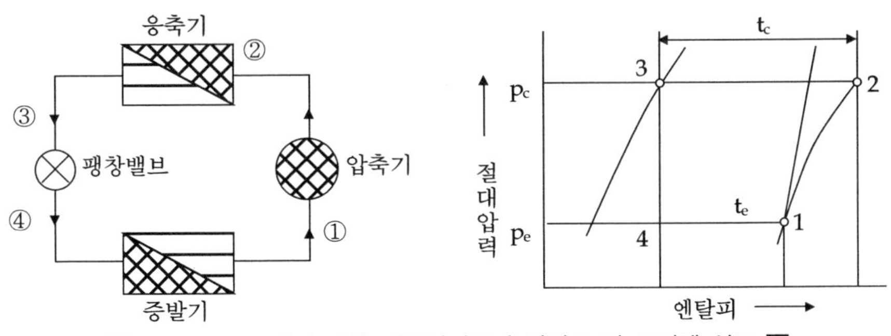

▶ 그림 4·23 단단 압축 냉동사이클의 장치도 및 모리엘 선도 ◀

2. 다단 압축 냉동사이클

냉동장치에서는 증발온도가 −30℃ 이하의 저온이 되면 흡입되는 냉매가 희박하여진다. 그리고, 1대의 압축기로 1단 압축을 하면 압축비가 커지고, 압축기의 체적효율이 점차 저하하여, 냉동능력은 적어지고 단위능력 당의 동력은 증가하여 냉동기의 효율은 저하한다. 또한, 압축기의 송출가스온도가 극단적으로 높아져서 실린더의 과열을 초래하게 되고, 나아가서 체적효율의 저하, 윤활유의 탄화, 압축기의 과열 등과 같이 문제점이 발생한다. 따라서 일반적으로 −30℃ 이하의 저온을 요하는 경우 압축을 2단으로 나누어 증발압력에서 중간압력까지를 저압압축기로, 중간압력에서 응축압력까지를 고압압축기로 압축하여 각 압축기에서의 압축비를 적게 하고, 체적효율의 저하와 실린더에서의 과열을 방지하고 있다. 그리고, 저압압축기의 출구에 중간냉각기를 설치하여 저압측의 송출가스를 냉각시켜서 고압측 압축기에 흡입되는 냉매온도를 내려 줌으로서 고단측 압축기의 송출가스온도를 크게 낮추어 주는 방법이 많이 사용되고 있다.

최근 2단 압축기는 저압 및 고압압축기를 한 대의 압축기로 조립한 컴파운드형(compound type)이 많이 사용되고 있는데, 이 형은 설비비 및 설치장소에 장점을 가지고 있다.

3단 이상은 특수한 경우에 사용하며, 일반 냉동공장에서는 2단 압축까지만 사용된다.

2단 압축 냉동사이클은 냉매액의 팽창방법에 따라 2단압축 1단팽창과 2단압축 2단팽창 사이클로 나눌 수 있다.

1) 2단 압축 1단 팽창

2단 압축 1단 팽창 사이클은 증발기에서 흡열작용을 하여 기화한 냉매를 저단압축기에서 압축하고, 이것을 중간 냉각기에서 냉각한 후 고단압축기로 보내는 방식이다. 고단 압축기 토출가스는 응축기에서 열을 방출하고, 액화한 고압냉매의 일부를 사용하여 중간냉각기에서 증발기로 가는 냉매를 냉각한 후에 증발기로 보내는 방식이다.

이 사이클은 선박용 암모니아 및 프레온 냉동설비에 잘 사용되고 있다.

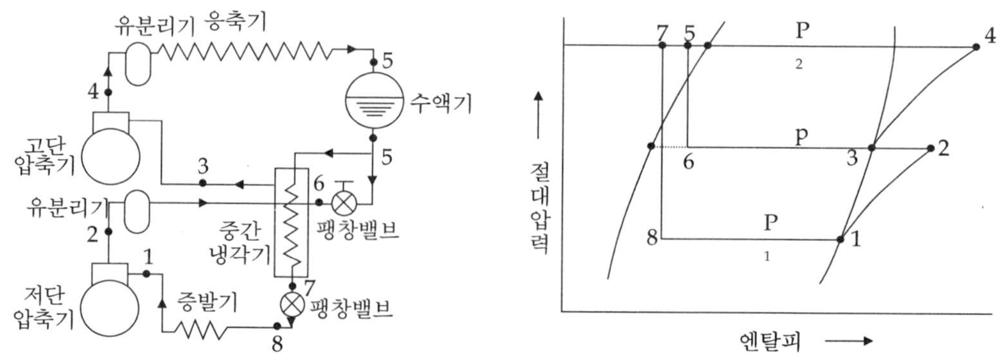

◆ 그림 4 · 24 2단압축 1단 팽창 냉동사이클의 장치도 및 모리엘 선도 ◆

2) 2단 압축 2단 팽창

2단 압축 2단 팽창 냉동사이클은 응축기에서 액화한 고압의 냉매액을 전부 제 1팽창밸브를 거쳐 중간냉각기로 보내어, 중간압력까지 감압한다. 그리고 중간냉각기에서 분리된 증기는 저단압축기 토출증기와 같이 고단압축기로 가고, 포화액은 제 2팽창밸브를 거쳐 증발기로 보내는 방식이다.

1단 팽창식에서는 응축된 냉매액을 중간 냉각액 내의 냉각관을 통하여 과냉각 시키므로 냉매온도를 중간 증발온도까지 내리지 못하기 때문에 팽창밸브 직전온도가 2단 팽창식보다 약간 높다.

그런데 2단 팽창식은 밸브의 조정 등이 세밀하여야 하므로 운전이 까다로워서 1단 팽창식을 사용하는 경우가 많다.

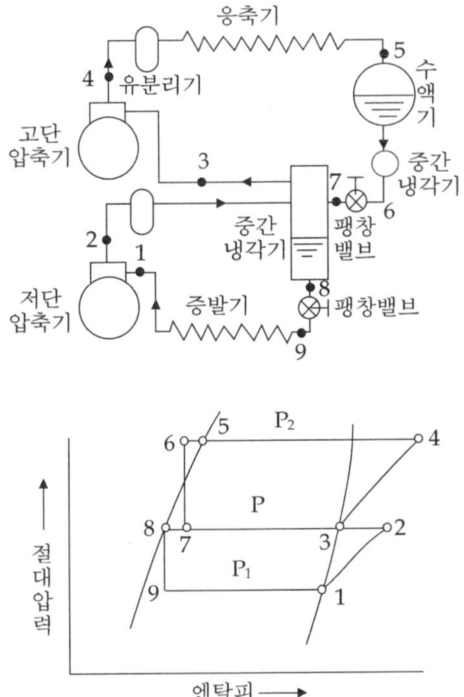

❏ 그림 4 · 25 2단압축 2단 팽창 냉동사이클의 장치도 및 모리엘 선도 ◀

3. 2원 냉동사이클

초저온(−70℃ 이하) 장치가 되면 다단 압축 방식으로는 초저온의 실현이 곤란하다. 즉, 다단 압축 방식에서는 고온부와 저온부에 동일한 냉매를 사용하므로 초저온이 되면 냉매의 증발압력이 매우 낮아져서, 압축비가 증대되어 체적효율이 감소 될 뿐만이 아니라, 비체적이 증대하므로 압축기가 대형으로 되어야 하기 때문에 다원 냉동 방식이 채택된다.

　2원 냉동장치는 각각 독립된 고온측과 저온측 냉동 사이클을 조합시킨 냉동 장치이며, 여기서 저온측의 열을 고온측으로 이동시키기 위한 열교환기를 casecade condenser라고 한다. 일반적으로 고온측과 저온측에서는 서로 다른 냉매가 사용되는데, 고온측에서는 응축압력이 낮은 R-12 또는 R-22가 사용되고, 저온측에는 끓는점이 낮으며, 저온에서 우수한 특성을 갖는 R-13, R-14 및 R-503 등이 사용된다. 효율적으로 저온을 얻기 위해서는 -100℃까지는 2원 냉동사이클이, 그 이하의 저온에서는 3원 냉동 사이클(R-12+R-13+R-14)이 사용된다.

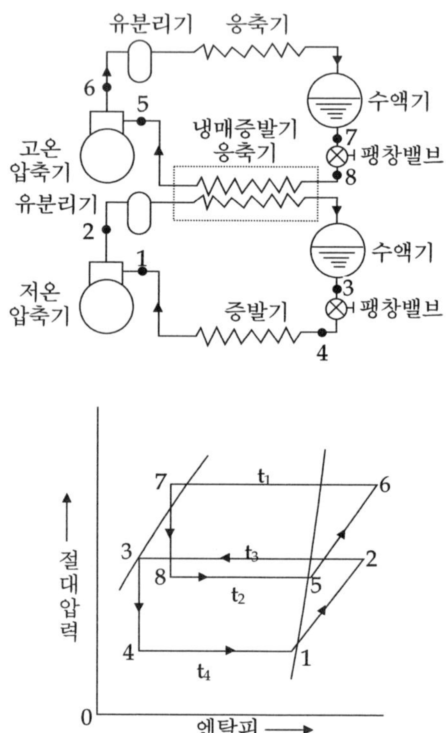

그림 4 · 26　2원 냉동식 냉동 사이클의 장치도 및 모리엘 선도

▶ 표 4·5 프레온 12 열물성값 ◀

온 도	절대압력	비 용 적		비 중		엔 탈 피		증발잠열	엔 트 로 피	
t	P	액체 v′	증기 v″	액체 r′	증기 r″	액체 i′	증기 i″	r	액체 s′	증기 s″
℃	kg/cm²abs	1/kg	m³/kg	kg/1	kg/m²	kcal/kg	kcal/kg	kcal/kg	kcal/kg°k	kcal/kg°k
−70	0.1258	0.6234	1.1259	1.604	0.888	85.84	128.88	42.99	0.94050	1.15219
−69	0.1341	0.6246	1.0605	1.601	0.943	86.02	128.95	42.93	0.94139	1.15173
−68	0.1429	0.6258	0.9998	1.598	1.000	86.20	129.06	42.86	0.94230	1.15130
−67	0.1521	0.6270	0.9437	1.595	1.060	86.39	129.19	42.80	0.94322	1.15087
−66	0.1618	0.6281	0.8911	1.592	1.122	86.57	129.30	42.73	0.94411	1.15044
−65	0.1721	0.6289	0.8413	1.590	1.189	86.75	129.41	42.66	0.94500	1.15001
−64	0.1829	0.6301	0.7954	1.587	1.257	86.94	129.54	42.60	0.94589	1.14961
−63	0.1941	0.6313	0.7528	1.584	1.328	87.12	129.65	42.53	0.94678	1.14920
−62	0.2059	0.6325	0.7125	1.581	1.403	87.31	129.77	42.46	0.94769	1.14883
−61	0.2183	0.6337	0.6749	1.578	1.482	87.50	129.89	42.39	0.94858	1.14806
−60	0.2315	0.6349	0.6394	1.575	1.564	87.68	130.00	42.32	0.94946	1.14806
−59	0.2451	0.6361	0.6064	1.572	1.649	87.87	130.12	42.25	0.95034	1.14769
−58	0.2595	0.6373	0.5752	1.569	1.738	88.06	130.24	42.18	0.95122	1.14731
−57	0.2744	0.6386	0.5461	1.566	1.831	88.25	130.36	42.11	0.95212	1.14698
−56	0.2900	0.6394	0.5188	1.564	1.927	88.44	130.48	42.04	0.95300	1.14663
−55	0.3065	0.6406	0.4930	1.561	2.028	88.63	130.59	41.96	0.95387	1.14627
−54	0.3236	0.6418	0.4687	1.558	2.134	88.01	130.71	41.89	0.95474	1.14595
−53	0.3414	0.6431	0.4461	1.555	2.242	89.01	130.83	41.82	0.95561	1.14562
−52	0.3602	0.6443	0.4246	1.552	2.355	89.20	130.95	41.75	0.95650	1.14531
−51	0.3797	0.6456	0.4043	1.549	2.473	89.39	131.06	41.67	0.95737	1.14500
−50	0.3999	0.6468	0.3854	1.546	2.595	89.59	131.18	41.59	0.95824	1.14468
−49	0.4212	0.6481	0.3673	1.543	2.723	89.78	131.30	41.52	0.95910	1.14438
−48	0.4432	0.6493	0.3504	1.540	2.854	89.97	131.42	41.45	0.95997	1.14410
−47	0.4662	0.6502	0.3344	1.538	2.990	90.17	131.54	41.37	0.96084	1.14381
−46	0.4900	0.6515	0.3193	1.535	3.132	90.36	131.65	41.29	0.96170	1.14352
−45	0.5150	0.6527	0.3050	1.532	3.279	90.56	131.77	41.21	0.96256	1.14324
−44	0.5409	0.6540	0.2914	1.529	3.432	90.76	131.89	41.13	0.96342	1.14297
−43	0.5678	0.6553	0.2787	1.526	3.588	90.95	132.01	41.06	0.96428	1.14271
−42	0.5958	0.6566	0.2665	1.523	3.752	91.15	132.13	40.98	0.96515	1.14247
−41	0.6247	0.6579	0.2551	1.520	3.920	91.35	132.24	40.89	0.96600	1.14220
−40	0.6551	0.6592	0.2441	1.517	4.097	91.55	132.36	40.81	0.96685	1.14193
−39	0.6865	0.6605	0.2337	1.514	4.279	91.75	132.48	40.73	0.96770	1.14170
−38	0.7189	0.6618	0.2239	1.511	4.466	91.95	132.60	40.65	0.96855	1.14146
−37	0.7523	0.6631	0.2146	1.508	4.660	42.15	132.72	40.57	0.96941	1.14124
−36	0.7875	0.6645	0.2057	1.505	4.862	92.35	132.83	40.48	0.97026	1.14101
−35	0.8238	0.6658	0.1973	1.502	5.069	92.55	132.95	40.40	0.97110	1.14078
−34	0.8610	0.6671	0.1894	1.499	5.280	92.16	133.07	40.31	0.97194	1.14055
−33	0.9000	0.6684	0.1818	1.496	5.501	92.96	133.19	40.23	0.97278	1.14034
−32	0.9400	0.6698	0.1747	1.493	5.724	93.16	133.30	40.14	0.97364	1.14014
−31	0.9818	0.6711	0.1678	1.490	5.960	93.37	133.43	40.06	0.97448	1.13993
−30	1.0245	0.6725	0.1613	1.487	6.200	93.57	133.54	39.97	0.97532	1.13975

<표 4 · 5 계속>

온도	절대압력	비용적		비중		엔탈피		증발잠열	엔트로피	
		액체	증기	액체	증기	액체	증기		액체	증기
t	P	v'	v''	r'	r''	i'	i''	r	s'	s''
℃	kg/cm²abs	1/kg	m³/kg	kg/1	kg/m²	kcal/kg	kcal/kg	kcal/kg	kcal/kg°k	kcal/kg°k
-29	1.0688	0.6739	0.1551	1.484	6.447	93.78	133.66	39.88	0.97616	1.13954
-28	1.1149	0.6752	0.1492	1.481	6.702	93.98	133.77	39.79	0.97699	1.13934
-27	1.1622	0.6766	0.1436	1.478	6.964	94.19	133.90	39.71	0.97783	1.13417
-26	1.2109	0.6780	0.1382	1.475	7.236	94.40	134.01	39.61	0.97867	1.13899
-25	1.2616	0.6793	0.1331	1.472	7.513	94.61	134.13	39.52	0.97950	1.13879
-24	1.3140	0.6807	0.1282	1.469	7.800	94.81	134.24	39.43	0.98033	1.13862
-23	1.3678	0.6821	0.1235	1.466	0.097	95.02	134.36	39.34	0.98116	1.13845
-22	1.4227	0.6835	0.1190	1.463	8.403	95.23	134.47	39.24	0.98200	1.13829
-21	1.4805	0.6854	0.1147	1.459	8.718	95.44	134.59	39.15	0.98283	1.13814
-20	1.5396	0.6868	0.1107	1.456	9.034	95.65	134.47	39.06	0.98365	1.13798
-19	1.6005	0.6882	0.1067	1.453	9.372	95.87	134.83	38.96	0.98448	1.13783
-18	1.6627	0.6897	0.1030	1.450	9.709	96.08	134.95	38.87	0.98531	1.13768
-17	1.7275	0.6911	0.09938	1.447	10.06	96.29	135.06	38.77	0.98614	1.13753
-16	1.7940	0.6925	0.09597	1.444	10.42	96.50	135.17	38.67	0.98696	1.13738
-15	1.8622	0.6940	0.09268	1.441	10.79	96.72	135.29	38.57	0.98778	1.13723
-14	1.9321	0.6954	0.08952	1.438	11.17	96.93	135.40	38.47	0.98860	1.13709
-13	2.0050	0.6973	0.08650	1.434	11.56	97.15	135.52	38.37	0.99442	1.13695
-12	2.0793	0.6988	0.08361	1.431	11.96	97.36	135.63	38.27	0.99025	1.13682
-11	2.1555	0.7003	0.08082	1.428	12.37	97.58	135.75	38.17	0.99107	1.13668
-10	2.2342	0.7018	0.07813	1.435	12.80	97.80	135.87	38.07	0.99188	1.13657
-9	2.3148	0.7032	0.07558	1.422	13.23	98.02	135.98	37.96	0.99270	1.13644
-8	2.3984	0.7047	0.07313	1.419	13.68	98.23	136.09	37.86	0.99351	1.13633
-7	2.4833	0.7062	0.07078	1.416	14.13	98.45	136.20	37.75	0.99432	1.13620
-6	2.5712	0.7077	0.06852	1.413	14.60	98.67	136.32	37.65	0.99514	1.13609
-5	2.6602	0.7092	0.06635	1.410	15.08	98.89	136.43	37.54	0.99595	1.13598
-4	2.7531	0.7107	0.06427	1.407	15.57	99.11	136.54	37.43	0.99676	1.13586
-3	2.8479	0.7127	0.06226	1.403	16.07	99.33	136.65	37.32	0.99757	1.13575
-2	2.9439	0.7143	0.06028	1.400	16.59	99.56	136.77	37.21	0.99839	1.13566
-1	3.0446	0.7158	0.05844	1.397	17.11	99.78	136.88	37.10	0.99919	1.13555
0	3.1465	0.7173	0.05667	1.394	17.65	100.00	136.99	36.99	1.00000	1.13546
+ 1	3.2511	0.7189	0.05496	1.391	18.20	100.22	137.10	36.88	1.00081	1.13535
+ 2	3.3583	0.7205	0.05330	1.388	18.76	100.45	137.21	36.76	1.00322	1.13506
+ 3	3.4676	0.7220	0.05168	1.385	19.35	100.67	137.32	36.65	1.00242	1.13515
+ 4	3.5804	0.7241	0.05012	1.381	19.95	100.90	137.43	36.53	1.00322	1.13506
+ 5	3.6959	0.7257	0.04863	1.378	20.56	101.12	137.54	36.42	1.00402	1.13497
+ 6	3.8135	0.7273	0.04721	1.375	21.18	101.35	137.65	36.30	1.00483	1.13488
+ 7	3.9348	0.7289	0.04583	1.372	21.82	101.58	137.76	36.18	1.00563	1.13480
+ 8	4.0582	0.7310	0.04450	1.368	22.47	101.80	137.86	36.06	1.00643	1.13471
+ 9	4.1853	0.7326	0.04323	1.365	23.13	102.03	137.97	35.94	1.00723	1.13462
+ 10	4.3135	0.7342	0.04204	1.362	23.79	102.26	138.07	35.82	1.00803	1.13455

〈표 4 · 5 계속〉

온도	절대압력	비용적		비중		엔탈피		증발잠열	엔트로피	
		액체	증기	액체	증기	액체	증기		액체	증기
t	P	v′	v″	r′	r″	i′	i″	r	s′	s″
℃	kg/cm²abs	1/kg	m³/kg	kg/1	kg/m²	kcal/kg	kcal/kg	kcal/kg	kcal/kg°k	kcal/kg°k
+ 11	4.4466	0.7358	0.04086	1.359	24.48	102.49	138.18	35.69	1.00883	1.13446
+ 12	4.5828	0.7380	0.03970	1.355	25.19	102.72	138.29	35.57	1.00963	1.13439
+ 13	4.7209	0.7396	0.03858	1.352	25.92	102.95	138.39	35.44	1.01042	1.13430
+ 14	4.4621	0.7413	0.03751	1.349	26.66	103.18	138.49	35.31	1.01122	1.13422
+ 15	5.0076	0.7435	0.03648	1.345	27.41	103.42	138.61	35.19	1.01201	1.13414
+ 16	5.1550	0.7452	0.03547	1.342	28.19	103.65	138.70	35.05	1.01281	1.13407
+ 17	5.3067	0.7468	0.03449	1.339	28.99	103.88	138.81	34.93	1.01361	1.13400
+ 18	5.4605	0.7491	0.03354	1.335	28.87	104.12	138.91	34.79	1.01440	1.13392
+ 19	5.6172	0.7507	0.03263	1.332	30.65	104.35	139.01	34.66	1.01519	1.13385
+ 20	5.7786	0.7524	0.03175	1.329	31.50	104.59	139.12	34.54	1.01598	1.13378
+ 21	5.9432	0.7547	0.03089	1.325	32.38	104.82	139.21	34.39	1.01678	1.13372
+ 22	6.1112	0.7570	0.03005	1.321	33.28	105.06	139.31	34.25	1.01757	1.13364
+ 23	6.2825	0.7587	0.02925	1.318	34.19	105.29	139.40	34.11	1.01835	1.13356
+ 24	6.4584	0.7605	0.02848	1.315	35.11	105.53	139.50	33.97	1.01914	1.13350
+ 25	6.6363	0.7628	0.02773	1.311	36.07	105.77	139.61	33.84	1.01993	1.13344
+ 26	6.8175	0.7645	0.02700	1.308	37.04	139.70	139.70	33.69	1.02072	1.13337
+ 27	7.0020	0.7669	0.02629	1.304	38.04	139.79	139.79	33.54	1.02151	1.13329
+ 28	7.1933	0.7692	0.02560	1.300	39.06	139.89	139.89	33.40	1.02229	1.13322
+ 29	7.3863	0.7710	0.02494	1.297	40.10	139.98	139.98	33.25	1.02307	1.13315
+ 30	7.5810	0.7734	0.02433	1.293	41.11	140.08	140.08	33.11	1.02387	1.13310
+ 31	7.7826	0.7758	0.02371	1.289	42.18	140.16	140.16	32.95	1.02465	1.13301
+ 32	7.9897	0.7782	0.02309	1.285	43.31	140.25	140.25	32.80	1.02543	1.13294
+ 33	8.2003	0.7800	0.02250	1.282	44.45	140.34	140.34	32.65	1.02620	1.13286
+ 34	8.4087	0.7825	0.02192	1.278	45.62	140.43	140.43	32.49	1.02699	1.13280
+ 35	8.6264	0.7849	0.02136	1.274	46.81	108.18	140.51	32.33	1.02778	1.13273
+ 36	8.8475	0.7874	0.02083	1.270	48.01	108.43	140.61	32.18	1.02856	1.13266
+ 37	9.0726	0.7893	0.02030	1.267	49.25	108.67	140.69	32.02	1.02934	1.13258
+ 38	9.2989	0.7918	0.01980	1.263	50.51	108.92	140.77	31.85	1.03011	1.13250
+ 39	9.5351	0.7943	0.01931	1.259	51.79	109.16	140.85	31.69	1.03089	1.13243
+ 40	9.7707	0.7968	0.01882	1.255	53.13	109.41	140.94	31.53	1.03167	1.13236
+ 41	10.014	0.7994	0.01835	1.251	54.49	109.66	140.02	31.36	1.03246	1.13229
+ 42	10.257	0.8019	0.01789	1.246	55.90	109.91	141.10	31.19	1.03324	1.13222
+ 43	10.511	0.8045	0.01744	1.243	57.34	110.16	141.18	31.02	1.03400	1.13212
+ 44	10.763	0.8071	0.01700	1.239	58.83	110.41	141.25	30.84	1.03478	1.13204
+ 45	11.023	0.8104	0.01656	1.234	60.38	110.66	141.33	30.67	1.03556	1.13197
+ 46	11.283	0.8130	0.01614	1.230	61.95	110.91	141.40	30.49	1.03634	1.13188
+ 47	11.553	0.8157	0.01573	1.226	63.57	111.16	141.47	30.31	1.03712	1.13180
+ 48	11.828	0.8190	0.01533	1.221	65.24	111.41	141.54	30.13	1.03788	1.13170
+ 49	12.108	0.8217	0.01494	1.217	66.94	111.66	141.60	29.94	1.03865	1.13161
+ 50	12.386	0.8244	0.01459	1.213	68.56	111.91	141.66	29.75	1.03943	1.13151
					75.98					

〈표 4 · 5 계속〉

온도	절대압력	비용적		비중		엔탈피		증발잠열	엔트로피	
		액체	증기	액체	증기	액체	증기		액체	증기
t	P	v'	v''	r'	r''	i'	i''	r	s'	s''
℃	kg/cm²abs	1/kg	m³/kg	kg/1	kg/m²	kcal/kg	kcal/kg	kcal/kg	kcal/kg°k	kcal/kg°k
+ 55	13.868	0.8410	0.01316	1.189	75.98	113.25	142.13	28.88	1.04346	1.13148
+ 60	15.481	0.8568	0.01167	1.167	85.69	114.57	142.49	27.92	1.04736	1.13177
+ 65	17.216	0.8741	0.01036	1.114	96.52	115.92	142.82	26.90	1.05126	1.13082
+ 70	19.096	0.8936	0.00919	1.119	108.81	117.29	143.09	25.80	1.05519	1.13038
+ 75	21.125	0.9149	0.000814	1.093	122.85	118.69	143.31	24.62	1.05912	1.12984
+ 80	23.290	0.9398	0.00723	1.064	138.31	120.13	143.46	23.33	1.06310	1.12917
+ 85	25.620	0.9680	0.00639	1.033	156.49	121.61	143.51	21.90	1.06708	1.12823
+ 90	28.107	1.0009	0.00564	0.999	177.30	123.12	143.41	20.29	1.07115	1.12702
+ 95	30.771	1.0416	0.00497	0.960	201.20	124.69	143.11	18.42	1.07529	1.12533
+ 100	33.614	1.0952	0.00437	0.913	228.83	126.36	142.51	16.15	1.07955	1.12282
+ 105	36.654	1.1736	0.00359	0.852	278.48	128.13	141.51	13.38	1.08407	1.11945
+ 110	39.874	1.3513	0.00266	0.742	374.93	131.44	138.89	7.45	1.09168	1.11112

◪ 표 4 · 6 프레온 22 열물성값 ◪

온 도	절대압력	비 체 적		비 중		엔 탈 피		증발잠열	엔 트 로 피	
		액체	증기	액체	증기	액체	증기		액체	증기
t	P	v'	v''	r'	r''			L	S'	S''
℃	kg/cm²abs		1/kg	m³/kg	kg/1	kg/m³	kcal/kg	kcal/kg	kcal/kg°k	kcal/kg°k
−100	0.0210	0.6409	8.340	1.560	0.1199	74.12	137.92	63.80	0.8828	1.2512
−98	0.0243	0.6429	6.980	1.555	0.1433	74.63	138.16	63.53	0.8858	1.2485
−96	0.0292	0.6450	5.890	1.550	0.1868	75.14	138.40	62.99	0.8886	1.2457
−94	0.0348	0.6470	4.985	1.545	0.2006	75.63	138.62	62.72	0.8914	1.2430
−92	0.0410	0.6490	4.250	1.540	0.2353	76.12	138.84	62.46	0.8942	1.2404
−90	0.0480	0.6510	3.634	1.536	0.2752	76.64	139.10	62.20	0.8970	1.2380
−88	0.0575	0.6530	3.117	1.531	0.3208	77.14	139.34	61.93	0.8997	1.2356
−86	0.0670	0.6550	2.709	1.526	0.3691	77.65	139.58	61.93	0.9024	1.2333
−84	0.0781	0.6570	2.330	1.522	0.4292	78.15	139.81	61.66	0.9051	1.2311
−82	0.0910	0.6592	2.030	1.517	0.4926	78.65	140.05	61.40	0.9078	1.2290
−80	0.1050	0.6612	1.775	1.512	0.5634	79.14	140.29	61.15	0.9104	1.2270
−78	0.1213	0.6632	1.547	1.507	0.6464	79.65	140.54	60.89	0.9130	1.2250
−76	0.1400	0.6653	1.363	1.503	0.7337	80.14	140.77	60.63	0.9155	1.2230
−74	0.1605	0.6675	1.206	1.498	0.8292	80.64	141.01	60.37	0.9180	1.2211
−72	0.1832	0.6693	1.060	1.494	0.4434	81.15	141.26	60.11	0.9206	1.2194
−70	0.2088	0.6714	0.940	1.489	0.164	81.66	141.49	59.85	0.9230	1.2176
−68	0.2370	0.6735	0.885	1.484	0.130	82.15	141.74	59.59	0.9254	1.2159
−66	0.267	0.6756	0.746	1.480	0.341	82.64	141.96	54.32	0.9278	1.2141
−64	0.303	0.6778	0.661	1.475	0.513	83.15	142.21	59.06	0.9302	1.2126
−62	0.341	0.6801	0.592	1.470	1.689	83.65	142.44	58.79	0.9325	1.2109
−60	0.382	0.6824	0.535	1.465	1.869	84.15	142.68	58.53	0.9348	1.2094
−58	0.429	0.6849		1.460	2.079	84.65	142.91	58.26	0.9372	1.2082
−56	0.479	0.6874	0.481	1.455	2.304	85.16	143.16	58.00	0.9396	1.2067
−54	0.534	0.6897	0.434	1.450	2.545	85.67	143.40	57.73	0.9419	1.2053
−52	0.593	0.6923	0.393	1.444	2.817	86.18	143.65	57.47	0.9442	1.2041
−50	0.660	0.6950	0.355	1.439	3.096	86.70	143.90	57.20	0.9465	1.2028
−48	0.730	0.6977	0.323	1.433	3.413	87.21	144.15	56.94	0.9488	1.2017
−46	0.807	0.7005	0.293	1.427	3.745	87.72	144.39	56.67	0.9512	1.2007
−44	0.891	0.7030	0.267	1.422	4.098	88.25	144.63	56.38	0.9534	1.1994
−42	0.970	0.7058	0.244	1.416	4.484	88.75	144.85	56.10	0.9557	1.1984
−40	1.076	0.7086	0.205	1.411	4.878	89.27	145.12	55.85	0.9579	1.1974
−38	1.182	0.7113	0.188	1.405	5.314	89.77	145.29	55.52	0.9602	1.1963
−36	1.295	0.7142	0.173	1.400	5.780	40.32	145.56	55.24	0.9624	1.1953
−34	1.411	0.7173	0.158	1.394	6.329	40.85	145.79	54.24	0.9646	1.1943
−32	1.542	0.7205	0.146	1.388	6.849	41.37	146.02	54.65	0.9668	1.1934
−30	1.679	0.7235	0.135	1.382	7.407	41.90	146.25	54.35	0.9640	1.1192
−28	1.824	0.7270	0.125	1.375	8.000	42.45	146.48	54.03	0.9712	1.1916
−26	1.978	0.7304	0.116	1.369	8.621	93.00	146.71	53.71	0.9733	1.1906
−24	2.14	0.7337	0.108	1.363	9.254	93.51	146.91	53.40	0.9754	1.1897
−22	2.32	0.7370	0.100	1.356	10.00	94.04	147.12	53.08	0.9775	1.1888
−20	2.51	0.7405	0.0929	1.350	10.76	94.58	147.35	52.77	0.9796	1.1880

<표 4 · 6 계속>

온 도	절대압력	비 체 적		비 중		엔 탈 피		증발잠열	엔 트 로 피	
t	P	액체 v′	증기 v″	액체 r′	증기 r″	액체	증기	L	액체 S′	증기 S″
℃	kg/cm²abs		1/kg	m³/kg	kg/1	kg/m³	kcal/kg	kcal/kg	kcal/kg°k	kcal/kg°k
-18	2.70	0.7737	0.0864	1.344	11.57	95.12	147.58	52.46	0.9817	1.1873
-16	2.92	0.7472	0.0805	1.338	12.42	95.65	147.80	52.15	0.9837	1.1865
-14	3.14	0.7508	0.0751	1.331	13.32	86.18	148.02	51.84	0.9857	1.1857
-12	3.37	0.7545	0.0700	1.325	14.289	46.70	148.23	51.53	0.9878	1.1851
-10	3.63	0.7582	0.0654	1.318	15.29	97.25	148.45	51.20	0.9898	1.1844
-8	3.89	0.7620	0.0611	1.312	16.367	97.78	148.63	50.85	0.9918	1.1836
-6	1.17	0.7658	0.0572	1.305	17.48	98.31	148.83	50.52	0.9938	1.1829
-4	4.46	0.7697	0.0536	1.299	18.656	98.87	149.03	50.13	0.9959	1.1823
-2	4.77	0.7739	0.0502	1.292	19.92	99.43	149.23	40.80	0.9979	1.1816
0	5.10	0.7785	0.0471	1.285	21.23	100.00	149.43	49.43	1.0000	1.1810
+ 2	5.44	0.7823	0.0443	1.278	22.57	100.58	149.63	49.05	1.0022	1.1805
+ 4	5.82	0.7867	0.0416	1.271	24.04	101.16	149.81	48.65	1.0043	1.1798
+ 6	6.18	0.7912	0.0390	1.264	25.64	101.77	150.01	48.24	1.0064	1.1792
+ 8	6.57	0.7957	0.0367	1.257	27.25	102.40	150.20	47.80	1.0086	1.1786
+ 10	6.99	0.8004	0.0346	1.249	28.90	103.00	150.36	47.36	1.0107	1.1780
+ 12	7.42	0.8050	0.0326	1.242	30.67	103.60	150.52	46.92	1.0128	1.1773
+ 14	7.87	0.8096	0.0307	1.235	32.57	104.25	150.72	46.47	1.0150	1.1768
+ 16	7.34	0.8145	0.0289	1.228	34.60	104.87	150.87	46.00	1.0172	1.1763
+ 18	8.83	0.8194	0.0273	1.220	36.63	105.50	151.00	45.50	1.0143	1.1756
+ 20	9.35	0.8244	0.0258	1.213	38.76	106.13	151.13	45.00	1.0214	1.1740
+ 22	9.89	0.8294	0.0243	1.206	41.15	106.78	151.27	44.49	1.0236	1.1743
+ 24	10.15	0.8345	0.0230	1.148	43.48	107.42	151.38	43.96	1.0258	1.1737
+ 26	11.03	0.8398	0.0217	1.190	46.08	108.10	151.54	43.44	1.0280	1.1732
+ 28	11.63	0.8455	0.0206	1.183	48.54	108.75	151.65	42.90	1.0302	1.1726
+ 30	12.26	0.8501	0.0194	1.176	51.55	109.44	151.78	42.34	1.0323	1.1720
+ 32	12.92	0.8570	0.0184	1.167	54.34	110.10	151.87	41.77	1.0344	1.1713
+ 34	13.60	0.8632	0.0174	1.158	57.47	110.77	151.97	41.20	1.0365	1.1706
+ 36	14.30	0.8695	0.0165	1.150	60.61	111.43	152.03	40.60	1.0386	1.1699
+ 38	15.02	0.8760	0.0156	1.141	64.10	112.10	152.07	39.97	1.0408	1.1693
+ 40	15.79	0.8830	0.0148	1.132	67.57	112.77	152.12	39.35	1.0429	1.1686
+ 42	16.58	0.8900	0.0140	1.123	71.43	113.45	152.19	38.79	1.0451	1.1680
+ 44	17.39	0.8972	0.0133	1.114	75.19	114.13	152.23	38.10	1.0472	1.1673
+ 46	18.23	0.9049	0.0126	1.105	79.37	114.82	152.26	37.44	1.0493	1.1666
+ 48	19.10	0.9132	0.0120	1.095	83.33	115.51	152.29	38.78	1.0514	1.1659
+ 50	20.03	0.9225	0.0113	1.084	85.50	116.23	152.33	36.10	1.0535	1.1652

▶ 표 4 · 7 암모니아 열물성값 ◀

온 도 (t) ℃	절대압력 (P) kg/cm²,abs	비 체 적		엔 탈 피		증 발 열 (r) kcal/kg	엔 트 로 피	
		액체 (v') ℓ/kg	증기 (v'') m³/kg	액체 (h') kcal/kg	증기 (h'') kcal/kg		액 (s') kcal/kgK	증기 (s'') kcal/kgK
−75	0.0765	1.3680	12.890	20.9	373.5	352.6	0.6633	2.4431
−70	0.1114	1.3788	9.009	25.9	375.7	349.8	0.6878	2.4101
−68	0.1187	1.3832	7.870	27.9	376.6	348.7	0.6975	2.3976
−66	0.1485	1.3876	6.882	29.0	377.4	347.5	0.7074	2.3853
−64	0.1706	1.3920	6.044	32.0	378.3	346.3	0.7173	2.3734
−62	0.1954	1.3965	5.324	34.0	379.1	345.1	0.7270	2.3618
−60	0.2233	1.4010	4.699	36.0	380.0	344.0	0.7366	2.3507
−58	0.2543	1.4056	4.161	38.1	380.8	342.7	0.7461	2.3393
−56	0.2889	1.4103	3.693	40.2	381.7	341.5	0.7555	2.3285
−54	0.3272	1.4150	3.288	42.2	382.5	340.3	0.7648	2.3180
−52	0.3697	1.4197	2.933	44.2	383.3	339.1	0.7741	2.3078
−50	0.4168	1.4245	2.623	46.3	384.1	337.8	0.7882	2.2978
−48	0.4686	1.4293	2.351	48.4	384.9	336.6	0.7931	2.2808
−46	0.5256	1.4342	2.112	50.4	385.7	335.3	0.8021	2.2785
−44	0.5882	1.4392	1.901	52.5	386.5	334.0	0.8112	2.2692
−42	0.6568	1.4442	1.715	54.6	387.3	332.7	0.8203	2.2600
−40	0.7318	1.4493	1.550	56.8	388.1	331.3	0.8295	2.2510
−39	0.7719	1.4519	1.4752	57.82	388.49	330.67	0.8340	2.2465
−38	0.8137	1.4545	1.4045	58.88	388.88	329.99	0.8385	2.2421
−37	0.8573	1.4571	1.3377	59.94	389.27	329.31	0.8430	2.2378
−36	0.9028	1.4597	1.2746	61.01	389.65	328.63	0.8475	2.2336
−35	0.9503	1.4623	1.2151	62.08	390.03	327.95	0.8560	2.2294
−34	0.9999	1.4649	1.1589	63.15	390.41	327.26	0.8565	2.2252
−33	1.0515	1.4676	1.1058	64.21	390.79	326.57	0.8610	2.2211
−32	1.1052	1.4703	1.0555	65.28	391.17	325.88	0.8654	2.2170
−31	1.1620	1.4730	1.0080	66.35	391.54	325.19	0.8698	2.2130
−30	1.2190	1.4757	0.9630	67.42	391.91	324.49	0.8742	2.2090
−29	1.279	1.4784	0.9204	68.49	392.28	323.79	0.8786	2.2050
−28	1.342	1.4811	0.8801	69.56	392.64	323.08	0.8880	2.2011
−27	1.407	1.4839	0.8418	70.63	393.00	322.37	0.8874	2.1972
−26	1.475	1.4867	0.8056	71.71	393.26	321.66	0.8917	2.1934
−25	1.546	1.4895	0.7712	72.78	393.72	320.94	0.8960	2.1869
−24	1.619	1.4923	0.7386	73.86	394.07	320.22	0.9003	2.1858
−23	1.695	1.4951	0.7076	74.93	394.42	319.49	0.9046	2.1821
−22	1.774	1.4980	0.6782	76.01	394.77	318.76	0.9089	2.1784
−21	1.856	1.5008	0.6502	77.09	395.12	318.03	0.9132	2.1747
−20	1.940	1.5037	0.6236	78.17	395.46	317.20	0.9175	2.1710
−19	2.027	1.5066	0.5983	79.25	395.80	316.55	0.9217	2.1674
−18	2.117	1.5096	0.5742	80.33	396.13	315.80	0.9259	2.1638
−17	2.211	1.5125	0.5513	81.41	396.46	315.05	0.9301	2.1602
−16	2.309	1.5155	0.5295	82.50	396.79	314.29	0.9343	2.1567
−15	2.410	1.5185	0.5087	83.59	397.12	313.53	0.9385	2.1532
−14	2.514	1.5215	0.4889	84.68	397.44	312.76	0.9427	2.1498

〈표 4 · 7 계속〉

온 도 (t) ℃	절대압력 (P) kg/cm²,abs	비 체 적		엔 탈 피		증 발 열 (r) kcal/kg	엔 트 로 피	
		액체 (v) ℓ/kg	증기 (v″) m³/kg	액체 (h′) kcal/kg	증기 (h″) kcal/kg		액체 (s′) kcal/kgK	증기 (s″) kcal/kgK
−13	2.621	1.5245	0.4700	85.76	397.75	311.99	0.9469	2.1464
−12	2.732	1.5276	0.4520	86.85	398.06	311.21	0.9511	2.1430
−11	2.847	1.5307	0.4348	87.94	398.37	310.43	0.9552	2.1396
−10	2.966	1.5338	0.4184	89.03	398.67	309.64	0.9593	2.1362
−9	3.089	1.5369	0.4028	90.12	398.97	308.85	0.9634	2.1320
−8	3.216	1.5400	0.3878	91.21	399.27	308.06	0.9675	2.1296
−7	3.347	1.5432	0.3735	92.30	399.56	307.25	0.9716	2.1263
−6	3.481	1.5464	0.3599	93.40	399.85	306.45	0.9757	2.1231
−5	3.619	1.5496	0.3469	94.50	400.14	305.64	0.9798	2.1191
−4	3.761	1.5528	0.3344	95.59	400.42	304.83	0.9839	2.1167
−3	3.908	1.5561	0.3225	96.69	400.70	304.01	0.9880	2.1135
−2	4.060	1.5594	0.3111	97.79	400.98	303.19	0.9920	2.1103
−1	4.217	1.5627	0.3002	98.89	401.25	302.36	0.9960	2.1072
0	4.379	1.5660	0.2897	100.00	401.52	301.52	1.0000	2.1041
1	4.545	1.5694	0.2797	101.10	401.78	300.68	1.0040	2.1010
2	4.716	1.5727	0.2700	102.21	402.04	299.84	1.0080	2.0979
3	4.892	1.5761	0.2608	103.32	402.30	298.99	1.0120	2.0949
4	5.073	1.5796	0.2520	104.43	402.55	298.13	1.0160	2.0919
5	5.259	1.5831	0.2435	105.54	402.80	297.26	1.0200	2.0889
6	5.450	1.5866	0.2353	106.65	403.04	269.39	1.0240	2.0859
7	5.647	1.5901	0.2275	107.76	403.27	295.51	1.0280	2.0829
8	5.849	1.5936	0.2200	108.87	403.50	294.63	1.0319	2.0799
9	6.057	1.5972	0.2128	109.99	403.73	293.74	1.0358	2.0770
10	6.271	1.6008	0.2058	111.11	403.95	292.84	1.0397	2.0741
11	6.490	1.6045	0.1992	112.23	404.17	291.94	1.0436	2.0712
12	6.715	1.6081	0.1927	113.35	404.38	291.03	1.0475	2.0683
13	6.946	1.6118	0.1886	114.47	404.59	290.12	1.0514	2.0654
14	7.183	1.6156	0.1806	115.59	404.79	289.20	1.0553	2.0626
15	7.427	1.6193	0.1749	116.72	404.99	288.27	1.0592	2.0598
16	7.677	1.6231	0.1694	117.85	405.19	287.34	1.0631	2.0570
17	7.933	1.6270	0.1642	118.98	405.38	286.40	1.0670	2.0542
18	8.196	1.6308	0.1591	120.11	405.57	285.46	1.0709	2.0514
19	8.465	1.9347	0.1542	121.24	405.75	284.51	1.0747	2.0486
20	8.741	1.6386	0.1494	122.38	405.93	283.55	1.0785	2.0459
21	9.024	1.6426	0.1449	123.52	406.10	282.58	1.0824	2.0432
22	9.314	1.6466	0.1405	124.66	406.27	281.61	1.0862	2.0405
23	9.611	1.6507	0.1363	125.80	406.43	280.63	1.0900	2.0378
24	9.915	1.6546	0.1322	126.94	406.59	279.65	1.0938	2.0351
25	10.225	1.6588	0.1283	128.09	406.75	278.66	1.0976	2.0324
26	10.554	1.6630	0.1245	129.24	406.89	277.66	1.1014	2.0297
27	10.870	1.6672	0.1209	130.39	407.03	276.65	1.1052	2.0270
28	11.204	1.6714	0.1174	131.54	407.17	275.64	1.1090	2.0243
29	11.546	1.6757	0.1140	132.69	407.30	274.62	1.1128	2.0217
30	11.895	1.6800	0.1107	133.84	407.43	273.59	1.1165	2.0191
31	12.252	1.6844	0.1075	135.00	407.55	272.55	1.1203	2.0165

〈표 4 · 7 계속〉

온 도 (t) ℃	절대압력 (P) kg/cm²,abs	비 체 적		엔 탈 피		증 발 열 (r) kcal/kg	엔 트 로 피	
		액체 (v′) ℓ/kg	증기 (v″) m³/kg	액체 (h′) kcal/kg	증기 (h″) kcal/kg		액체 (s′) kcal/kgK	증기 (s″) kcal/kgK
32	12.617	1.6888	0.1045	136.16	407.67	271.50	1.1241	2.0139
33	12.991	1.6932	0.1015	137.32	407.78	270.45	1.1278	2.0113
34	13.374	1.6977	0.0986	138.48	407.88	269.39	1.1315	2.0087
35	13.765	1.7023	0.0959	139.65	407.97	268.32	1.1352	2.0061
36	14.165	1.7069	0.0932	140.82	408.06	267.24	1.1390	2.0035
37	14.573	1.7115	0.0906	141.99	408.15	266.15	1.1427	2.0000
38	14.990	1.7162	0.0881	143.16	408.23	265.06	1.1464	1.9984
39	15.415	1.7209	0.0857	144.34	408.30	263.96	1.1501	1.9958
40	15.850	1.7257	0.0833	145.52	408.37	262.85	1.1538	1.9933
41	16.294	1.7305	0.0810	146.70	408.43	261.73	1.1575	1.9908
42	16.747	1.7354	0.0788	147.88	408.49	260.60	1.1612	1.9882
43	17.210	1.7404	0.0767	149.06	408.54	259.47	1.1649	1.9857
44	17.682	1.7454	0.0746	150.42	408.58	258.33	1.1686	1.9832
45	18.165	1.7504	0.0726	151.43	408.61	257.18	1.1722	1.9807
46	18.685	1.7555	0.0707	152.62	408.64	256.02	1.1759	1.9781
47	19.161	1.7607	0.0688	153.81	408.64	254.85	1.1796	1.9638
48	19.673	1.7659	0.0670	155.00	408.68	253.67	1.1832	1.9731
49	20.195	1.7712	0.0652	156.20	408.70	252.48	1.1868	1.9706
50	20.727	1.7775	0.0635	157.38	408.72	251.34	1.1905	1.9683
52	21.83	1.788	0.0602	159.8	408.7	248.9	1.1985	1.9638
54	22.97	1.800	0.0572	162.2	408.8	246.6	1.2056	1.9590
56	24.15	1.812	0.0543	164.6	408.8	244.2	1.2130	1.9542
58	25.37	1.825	0.0515	167.1	408.7	241.6	1.2205	1.9494
60	26.66	1.838	0.0489	169.6	408.6	238.0	1.2280	1.9445
62	27.98	1.851	0.0464	172.2	408.5	236.3	1.2354	1.9396
64	29.36	1.864	0.0441	174.8	408.3	233.5	1.2428	1.9317
66	30.77	1.877	0.0420	177.4	408.0	230.6	1.2502	1.9297
68	32.25	1.891	0.0399	180.0	407.7	227.7	1.2576	1.9247
70	33.77	1.905	0.0379	182.7	407.3	224.6	1.2650	1.9196
80	42.26	1.9835	0.029493	196.11	404.96	208.85	1.3024	1.8938
85	47.05	2.0277	0.026023	203.08	403.31	200.23	1.3215	1.8806
90	52.24	2.0764	0.022956	210.23	401.30	191.07	1.3407	1.8668
95	57.84	2.1305	0.020239	217.43	398.76	181.33	1.3600	1.8525
100	63.87	2.1915	0.017826	224.94	395.87	170.93	1.3794	1.8375
105	70.36	2.2616	0.015674	232.82	392.63	159.81	1.3992	1.8218
110	77.32	2.3442	0.013753	241.17	389.04	147.87	1.4199	1.8058
115	84.79	2.4447	0.011945	250.12	383.73	133.71	1.4419	1.7864
120	92.79	2.5747	0.010223	259.98	376.68	116.70	1.4661	1.7629
125	101.33	2.7654	0.008469	271.66	366.04	94.38	1.4931	1.7301
130	110.47	3.1584	0.006389	287.44	345.10	57.70	1.5320	1.6751
132.4	115.21	4.2553	0.004255	313.79	313.79	0.00	1.5958	1.5959

냉 매

냉매는 냉동사이클 내를 순환하면서 저온측 증발기에서 흡수한 열을 응축기를 통하여 고온측으로 열을 운반하는 유체로, 이 중에서 장치 내에서 상태 변화가 있는 냉매를 1차 냉매(primary refrigerant) 또는 냉매라 하고, 상태 변화가 없는 냉매를 2차 냉매(secondary refrigerant) 또는 브라인(brine)이라고 한다.

제1절 1^{차} 냉매

1. 냉매의 구비 조건

냉매는 다음의 조건을 구비하여야 하나, 이들 조건 모두를 구비하는 이상적인 냉매는 없고, 냉동기의 냉동능력, 운전조건, 압축기의 형식 및 설치 장소 등을 고려하여 적절히 선택하여야 한다.

(1) 소정의 온도에서 응축압력은 가능한 한 낮아야 한다.

냉매의 응축압력이 너무 높게 되면 냉매가 배출될 우려가 있어 장치를 구성하는 내압 강도가 커야 할 뿐만이 아니라, 연결부, shaft seal 등에서 누설이 일어나기 쉬워진다.

주요 냉매의 응축압력의 크기는 R−502>R−22>암모니아>R−12>R−11 순이다.

(2) 소정의 온도에서 증발압력은 대기압보다 조금 높아야 한다.

일정한 온도조건에서 냉매의 대기압보다 조금 높아야 한다. 증발압력이 대기압보다 낮아지는 경우 운전 중에 공기가 장치 내에 쉽게 혼입되어 여러 가지 부작용을 일으키게 된다.

(3) 증발잠열이 커야 한다.

냉매가 증발열이 크면 적은 양의 냉매로 큰 냉동능력을 낼 수 있어 효율적이다. 증발열은 암모니아 > 프레온계이고, 암모니아가 프레온계에 비해 약 9배 크다.

(4) 증기의 비체적이 작아야 한다.

냉매 증기의 비체적이 작으면 압축기를 소형화시킬 수 있다. 냉매의 비체적은 암모니아 >프레온계 냉매이므로 증발열에서 불리한 점을 크게 보완해 주고 있다.

(5) 성능계수가 커야 한다.

냉매의 성능계수는 일반적으로 커야 하나, 대체로 냉매의 성능계수는 냉매의 종류에 따라 큰 차이가 없다.

(6) 전열률(전도율과 열전달률)이 커야 한다.

냉매의 열전달률은 증발기나 응축기의 크기를 결정하는 데에 중요하다. 증발 및 응축면에서의 열전달률은 냉매의 종류에 따라 다르며, 일반적으로 암모니아 > 프레온계 냉매로 프레온계 냉매에 비하여 암모니아가 훨씬 크다.

(7) 전기 절연 재료를 침식하지 않고, 전기 절연성이 커야 한다.

냉매의 전기 절연성은 프레온계 냉매>암모니아보다 우수하다. 이러한 이유로 가정용 냉장고 등에는 프레온계 냉매를 사용한다.

(8) 응고점은 냉동 장치의 사용온도 범위보다 낮아야 한다.

냉매의 응고점이 낮은 경우 증발온도가 응고점에 접근하고 냉매가 응고되면 냉매로서의 기능을 잃어버리므로 냉매의 응고점은 냉동장치의 사용온도 범위보다 반드시 낮아야 한다.

(9) 임계온도는 냉동장치의 사용온도 범위보다 높아야 한다.

가스는 현재 온도가 임계온도보다 높은 경우 아무리 압력을 높여도 액화되지 않는다.

따라서 임계온도가 응축온도에 가까운 냉매(이산화탄소, R-13)는 냉각수 온도가 조금만 높아도 액화가 잘 되지 않고, 성능계수가 낮아진다.

암모니아, R-12, R-22 등과 같은 주요 냉매의 임계점은 충분히 높으므로 냉동장치의 사용온도 범위에서는 아무런 지장이 없다.

(10) 불활성이고, 금속 등과 반응하지 않으며 화학적으로 안정하여야 한다.

냉매는 불활성이고, 금속 등과 반응하지 않으며 화학적으로 안정하여야 한다. 그러나 실제로 냉매로 많이 사용되고 있는 암모니아 및 프레온 가스의 경우 그렇지 못하다.

암모니아는 구리 및 그 합금을 부식시키므로 암모니아 냉동장치에는 구리 및 그 합금을 사용할 수 없고, 강철 및 주철을 사용한다.

프레온계 냉매는 일반 금속에 대한 부식성은 없으나, 마그네슘 및 그 합금을 부식시키고, 천연고무나 수지를 용해시키므로, 전기절연 재료나 패킹류의 재질을 선정할 때에는 주의하여야 한다.

(11) 독성이나 자극성이 없고, 가연성 및 폭발성이 없어야 한다.

암모니아는 독성이 강하며, 공기 중에 체적비로 13~27%가 혼입하면 연소되고, 때로는 폭발한다. 암모니아는 공기 중에 0.5~0.6%정도로 혼입되어도 인체에 유해하며, 53 ppm정도면 냄새를 느낄 수 있고, 700 ppm이면 자극성을 느낀다.

프레온계 냉매는 무독, 불연성이나 염소원자 수가 많아지면 독성이 약간 있고, 에테르와 유사한 냄새가 나지만 불쾌한 정도는 아니다. 또한, 프레온계 냉매는 800℃ 이상의 불꽃에 접촉되면 열분해되어 자극성이 있는 할로겐화 수소가스와 미량의 일산화탄소와 같은 독성가스를 발생한다.

프레온계 냉매는 전혀 폭발의 위험이 없으나, 암모니아는 공기와의 혼합비율이 어느 범위에 달하면 폭발하므로 주의하여야 한다.

(12) 수분의 침입이 없어야 한다.

냉동장치 내에 수분이 침입하면 냉매와 작용하여 냉동장치의 운전에 여러 가지 장애가 일어난다. 즉, 침입한 수분이 팽창밸브에서 빙결하거나, 냉매나 금속과의 화학반응을 일으켜서 냉매계통의 부식, 윤활유의 변질 등을 일으킨다. 이러한 현상은 냉매의 종류, 침입한 수분의 양, 공기의 공존 여부에 따라 차이가 있다.

암모니아는 물에 대한 용해성이 크므로 장치 내에 수분이 소량 침입하여도 암모니아수로서 장치 내를 순환하므로 운전에는 별로 지장이 없으나, 부분적인 전열방해나 부식

촉진 작용이 있을 수도 있다.

프레온은 물에 대한 용해성이 매우 작으므로 냉동장치 내에 수분이 침입하면 빙결하여 팽창밸브를 막으므로 장치의 정상적인 운전이 불가능하게 된다. 또한 냉매의 일부를 가수분해시켜서 산성물질을 생성시켜, 금속을 부식시킨다. 따라서 프레온계 냉동장치에서는 건조제를 사용하여 반드시 수분을 제거하여야 한다.

(13) 기타

이상의 구비 조건 외에도, 냉매는 값이 저렴하고, 누설 탐지가 용이하여야 하며, 유체의 점성이 작아야 한다.

2. 냉매의 종류

현재, 일반적으로 사용되고 있는 냉매는 암모니아와 각종 프레온계 냉매이다.

1) 암모니아

암모니아는 냉매로서 가장 오래 전부터 사용되어 왔고, 열역학적 성질이나 전열성이 우수하면서, 취급도 용이하여 일반적으로 제빙, 냉장, 동결 등의 대형 공업용 냉동장치에 많이 사용되고 있다.

일반적으로 냉매로서 암모니아의 장단점은 표 5·1과 같다.

▶ 표 5·1 냉매로서 암모니아의 특징 **◀**

장 점	단 점
· 가격 저렴	· 독성 크고, 폭발, 가연성으로, 근년에 사용 제한
· 증발압력, 응축압력, 임계온도 적당	
· 냉매 중에서 증발열이 가장 큼	· 강한 자극성 냄새로 직접 접하면 코, 목, 기관지 등의 점막 장해
· 냉매 중에서 냉동효과가 큼	
· 점도 적당하고, 전열작용 양호	· 아연, 구리, 주석 등의 부식
· 물에 잘 용해되나, 기름에 난용	· 전기 절연성 불량으로 밀폐식 압축기에 부적당
· 이산화황과 접하면 흰 연기발생으로 누설탐지 용이	· 누설되는 경우 냉장품 오염
	· 공기(13~27%)와 혼합되는 경우 폭발 위험

2) 프레온계 냉매

1930년대에 미국 Dupont사가 개발하여 프레온이라는 상품명으로 특허를 받았기 때문에 일반적으로 프레온계 냉매라고 불리어지고, 현재에는 다른 업체에서도 제조하여 Korflon, Genetron, Isotron, Acrton, Flon 등의 명칭으로 판매되고 있다.

▶ 표 5·2 각종 냉매의 기본 특성 ◀

		R-11	R-12	R-22	R-502	암모니아
화 학 식		CCl_3F	CCl_2F_2	$CHClF_2$	R-22+R-115	NH_3
끓는점($^\circ$C)		23.8	-29.8	-40.8	-46.7	-33.3
어는점($^\circ$C)		-111	-158	-160	-	-77.7
임계온도($^\circ$C)		193	112	96	90.1	133
표준조건	증발압력(kg/cm^2)	0.206	1.862	3.03	3.584	2.410
	응축압력(kg/cm^2)	1.285	7.581	12.26	13.47	11.895
	냉동효과($kcal/kg$)	38.56	29.52	40.15	26.65	269
	성능계수	5.0	4.7	4.7	4.5	4.8
	비체적(m^3/kg)	0.772	0.0195	0.0788	0.0507	0.5087
	비열비(C_p/C_v)	1.136	1.137	1.184	1.132	1.31
용해성	용매 : 물	거의 없음	거의 없음	거의 없음	거의 없음	매우 큼
	용매 : 냉동기유	큼	큼	매우 큼	매우 큼	거의 없음
부식금속		Mg, Al 합금	Mg, Al 합금	Mg, Al 합금	Mg, Al 합금	Cu 및 합금
가연성		없음	없음	없음	없음	있음
독 성		거의 없음	거의 없음	거의 없음	거의 없음	매우 큼
이용		공기조화	냉동공업, 공기조화, 소형냉동기	쇼케이스	밀폐식 냉동장치	산업용제빙, 냉장, 동결

(1) 정 의

프레온계 냉매는 한 개 또는 여러 개의 플루오르 원자(F) 및 염소원자(Cl)를 가진 할로겐화 탄화수소계 냉매이다.

(2) 특 징

프레온계 냉매의 일반적인 특성은 다음과 같다.

① 전열 작용이 암모니아보다 나쁘다.

② 액체의 비중이 암모니아 및 기름보다 크다.

③ 기름에는 용해성이 크나, 물에는 난용성이다.

④ 독성이 거의 없고, 무색, 무취, 무미로 누설 발견이 어렵다.

⑤ 공기보다 무거워서 산소 결핍에 의한 질식 사고가 생기기 쉽다.

⑥ 전기 절연성이 좋아서 밀폐식 압축기에 적합하다.

⑦ 가격이 비싸다.

⑧ 누설되는 경우 오존층 파괴에 의해 환경오염을 야기한다.

(3) 종 류

프레온계 냉매는 R−12, R−22, R−11, R−13, R−21, R−113, R−114 등이 있다.

(4) 이 용

제빙, 동결, 냉장 등의 대형공업용 냉동장치에 사용되는 암모니아와는 달리 소형공업용 냉동장치에 사용된다.

3) 혼합냉매

(1) 정 의

혼합냉매는 두 종류의 프레온계 냉매를 혼합한 것이며, 냉매 번호는 500단위로 표시한다.

(2) 특 성

혼합냉매는 두 종류의 프레온계 냉매 혼합물이면서 단일 냉매처럼 작용하며, 조성에 따라 끓는점의 변화가 없는 특수한 성질이 있다.

(3) 종 류

혼합냉매는 R−500 및 R−502 등이 있다.

◨ 표 5 · 3 암모니아와 프레온계 냉매의 특성 비교 ◧

조　건	암모니아	프레온계
가격	저렴	비쌈
상용 증발 압력, 응축 압력	적당	적당
동일 냉동 능력에 대하여 소요 경비	저렴	저렴
임계온도	높음	높음
응고온도	높음	낮음
잠열	큼	작음
액체비열	작음	큼
피스톤 토출량($V, m^3/RT$)	작음	작음
안정도	큼	큼
금속 부식성	큼	적음
패킹에 대한 영향	작음	많음
전기 절연물	손상	불손상
윤활유와 냉매의 작용으로 냉동작용에 영향	없음	있음
인화성 및 폭발성	있음	없음
인체에 무해하며, 누설에 의한 저장품 손상	있음	없음
악취	있음	없음
점도	낮음	높음
누설발견	용이	어려움
수분이 냉매에 혼입되어 냉동작용에 미치는 영향	적음	큼
자동운전	불량	용이
인체에 대한 해의 유무	있음	없음
전열 작용	양호	불량

3. 냉매의 누설 검사

1) 암모니아

(1) 관능적 검사

암모니아는 자극성의 독특한 냄새가 있어 누설되는 경우 관능적으로 쉽게 감지할 수 있다.

(2) 리트머스 시험지에 의한 검사

암모니아수는 알칼리성이므로 페놀프탈레인 시험지를 붉게 변화시키고, 붉은 리트머스 시험지를 푸르게 변화시킨다.

(3) 황에 의한 검사

황 심지에 불을 붙여 누설되는 곳에 가까이 하면 흰 연기가 난다.

2) 프레온계 냉매

(1) 비눗물 검사

프레온은 암모니아와는 달리 색과 냄새가 없어 관능적으로 감지하기에는 어렵다. 따라서 별다른 장비없이 하는 검사로는 일반 가정용 가스검사와 같이 비눗물 검사가 용이하다.

누설이 의심되는 곳에 비누물을 바르면 누설되는 경우 거품이 일어난다.

(2) 핼라이드 토치(halide torch)

핼라이드 토치를 프레온이 누설되는 곳에 가까이 하면, 혼합통 가운데의 흡기관에 공기와 프로판 또는 알코올과 같은 연료가 혼합되어 불꽃 고리 부분에서 청백색의 불꽃을 내면서 연소한다. 이 때에 누설된 할로겐 가스가 혼입되면 타면서 불꽃고리에 닿아 할로겐화 구리를 생성하므로 불꽃의 색깔이 변한다.

누설의 정도에 따라 옅은 녹색에서 짙은 자색의 여러 가지 색깔의 불꽃을 낸다.

(3) 전자식 검지기

가열된 2극관식의 백금전극에 할로겐 화합물의 증기가 접촉하면 순간적으로 큰 양이온 전류가 흐르므로 할로겐계 가스의 누설을 감지할 수 있다.

4. 프레온계 냉매의 공해와 대책

프레온은 냉장고 및 자동차 에어컨 등의 산업분야에서 광범위하게 이용되고 있다. 그러나 대기 중에 방출된 프레온 중의 일부가 대기권 내에서는 거의 분해되지 않고, 성층권에 도달하여 자외선에 의하여 분해되어 염소원자를 방출한다. 이 방출염소원자에 의하여 성층권의 오존층이 파괴되고, 이로 인하여 지표에 도달하는 유해 자외선의 양이 증가하여 피부암의 발생 뿐 만이 아니라, 지구상의 온실효과를 증가시킬 우려가 있다.

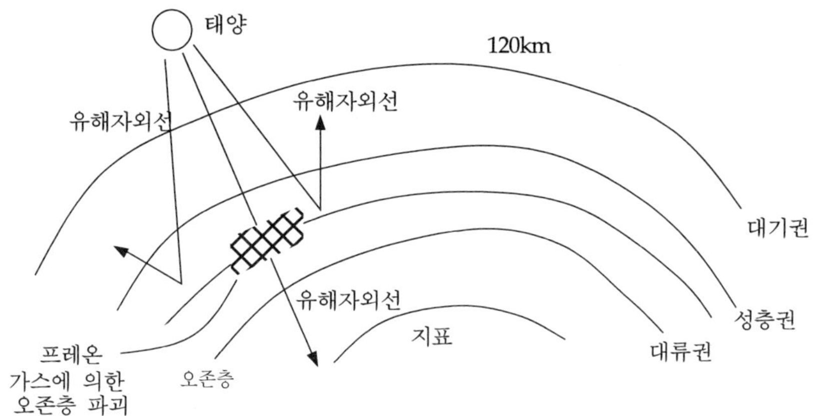

▶ 그림 5 · 1 프레온 가스의 오존층 파괴 ◀

　따라서 국제적으로 프레온 사용의 규제 및 대체품의 개발에 주력하고 있으며, 규제 대상이 되고 있는 프레온계 냉매에는 오존 파괴율이 높은 R−11, R−12, R−113 등이 있다.

　이러한 프레온계 냉매의 공해에 대한 대책으로 대체품의 개발, 누설 및 사용 억제, 회수 및 재생처리에 의한 재이용, 다른 프레온으로 대체 등이 제안되고 있다.

5. 냉매의 호칭법

1) 프레온계 냉매의 기호

　프레온계 냉매는 탄소(C), 수소(H), 염소(Cl) 및 플루오르(F) 등의 원소 화합물이며, 다음과 같이 기호를 정한다.

　프레온계 냉매의 기호는 R−○○○을 기본으로 한다.

　여기에 100자리수는 탄소 원자수 −1을,

　10자리수는 수소 원자수 +1을,

　1자리수는 플루오르 원자수를 의미한다.

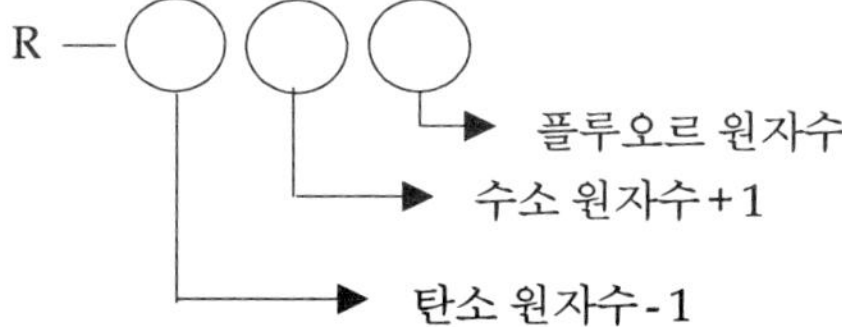

예제 : R − 22의 분자식은?

이들로부터 탄소 원자수, 수소 원자수, 플루오르 원자수를 산출한 다음 이 화합물의 구조식을 그려 최종원자수를 판단한다.

풀 이 ▌ R−22는 R−O22와 같으므로

　1) 탄소 원자수 : C−1=100자리 수

　　즉, C−1=0이므로 탄소 원자수 C=1이 된다.

　2) 수소 원자수 : H+1=10자리 수

　　즉, H+1=2이므로 수소 원자수 H=1이 된다.

　3) 플루오르 원자수 : F=1자리 수

　　즉, F=2이므로 플루오르 원자수 F=2가 된다.

　4) 염소 원자수 : 구조식을 그려 판단한다.

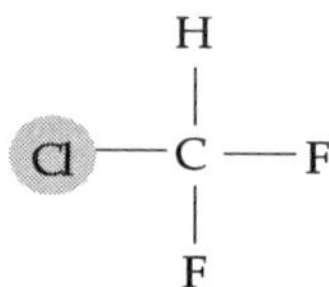

1), 2) 및 3)을 기준으로 분자 구조식을 그려보면 염소원자수도 자연히 1개가 된다.

따라서 R−22의 분자식은 $CHClF_2$가 된다.

예제 : R−113의 분자식은?

풀 이 ▌

　1) C−1=1　 C=2

　2) H+1=1　 H=0

　3) F=3

$CCl_2F-CClF_2$

2) 무기 냉매의 기호

암모니아 등의 무기질 냉매는 숫자 7 다음에 그 냉매의 분자량을 표시한다.

예제 : 암모니아 및 물 냉매의 기호는?

풀 이 ▌ 암모니아의 분자식은 NH_3이고 분자량이 17이며 물의 분자식은 H_2O이고 분자량이 18이므로 이들의 냉매 기호는 각각 R−717 및 R−718로 된다.

제2절 2^{차} 냉매(브라인)

브라인(brine)이란 증발기 내에서 증발하는 냉매의 냉동력을 피 냉각물로 전달하여 주는 부동액을 말하며, 간접 냉매 또는 2차 냉매라고도 한다.

1차 냉매가 잠열을 이용하는 반면 브라인은 현열을 이용한다.

1. 브라인의 구비 조건

브라인의 구비 조건은 다음과 같다.

① 끓는점이 높아야 한다.
② 공정점이 낮아야 한다.
③ 비중이 적당하여야 한다.
④ 점도가 높아야 한다.
⑤ 비열이 커야 한다.
⑥ 전열작용이 좋아야 한다.
⑦ 안전성이 높아야 한다.
⑧ 열안정성이 커야 한다.
⑨ 부식성이 없어야 한다.
⑩ 가격이 저렴하여야 한다.
⑪ 구입 및 취급이 쉬워야 한다.

2. 브라인의 종류

1) 무기질 브라인

(1) 염화칼슘(CaCl₂)

염화칼슘은 브라인으로서 일반적으로 널리 사용되고 있는 브라인이다.

① 장점

염화칼슘은 공정점(−55℃)이 매우 낮아서, 제빙, 동결, 냉장에 널리 이용할 수 있고, 농도에 따라 적당한 동결온도의 용액을 만들 수 있어서 편리하다.

② 단점

염화칼슘은 식품의 동결에 사용하는 경우 쓴맛이 있으므로 식품을 포장하여 동결에 사용하여야 한다.

(2) 식 염(NaCl)

식염은 23.1% 농도에서 공정점이 −21.1℃이므로 저온용으로는 부적당하고, 또한 액체 침지식의 경우에도 실제 사용 온도 범위는 −15∼−18℃범위에 불과하다.

2) 유기질 브라인

(1) 에탄올(C₂H₅OH)

에탄올은 어는점이 −114.5℃, 끓는점이 78.5℃, 비중이 0.8(15℃), 점도, 열전도율 등이 적당하고 부식성이 없으므로, 식품의 초저온 동결(−100℃)에 사용할 수가 있으나, 마취성이 있고, 인화점이 15.8℃이므로 위험성이 높다.

(2) 에틸렌글리콜 (HOCH₂CH₂OH)

에틸렌글리콜은 어는점이 −12.6℃, 끓는점이 197.2℃, 비중이 1.1(20℃)이며, 점성이 크고, 무색으로 단맛이 있는 액체이다. 저온에서도 점도가 높으며, 식품 위생법상 식품과의 접촉을 금하고 있다.

(3) 프로필렌글리콜(HOC₂H₃(CH₃)OH)

프로필렌글리콜은 어는점이 −59.6℃, 끓는점이 188.2℃, 비중이 1.04(20℃)이며, 부식성이 없고, 무색, 무독의 액체로 식품의 분무 또는 침지동결에 약 50% 수용액이 사용된다.

3) 혼합 브라인

(1) 정 의

혼합 브라인은 각각 단독으로 사용하는 경우 그 한계가 있는 무기질 브라인과 유기질 브라인을 용도에 맞게 적절히 혼합하여 이용하는 브라인을 말한다.

(2) 종 류

혼합 브라인으로는 프로필렌 글리콜+식염, 프로필렌 글리콜+에탄올+식염 등이 있다.

제3절 냉동기유

1. 정 의

냉동기유는 압축기에 사용되는 윤활유를 말한다. 일반적으로 냉동기유는 광물유를 정제한 기름을 사용한다.

2. 사용목적

냉동기유의 사용목적은 다음과 같다.
① 압축기의 축수와 sealing, 피스톤과 실린더 사이의 마찰 및 마멸 감소
② 마찰에 의하여 발생하는 열을 흡수 냉각
③ 피스톤 링 등의 밀봉
④ 녹 발생 방지

3. 선정조건

냉동기유는 사용하는 온도가 영상에서 영하까지 넓으며, 또한 프레온 냉매가 냉동기유에 녹아서 냉동기유의 성질이 변화하는 등의 복잡한 현상이 있다.

따라서 적절한 냉동기유를 선정하는 데에는 장시간 기계의 운전 경험을 필요로 하며, 간단히 규격 상의 수치만으로는 판정이 곤란하므로 압축기 제조업자가 지정하는 냉동기유를 사용하는 것이 좋다.

제 6 장

냉동장치의 구성

현재 많이 사용하고 있는 증기 압축식 냉동장치는 증발기(냉동작용을 하는 장치), 압축기(증발된 냉매증기를 응축하기 쉽도록 압력을 높이는 장치), 응축기(냉매 증기를 응축하는 장치) 및 팽창밸브(냉매액이 증발하기 용이하도록 갑압함과 동시에 냉매량을 조절하는 장치)를 기본 구성 장치로 한다.

제1절　압축기

압축기는 냉동기의 심장부로서 증발기에서 증발한 냉매가스를 흡입하여 필요 응축압력까지 압축하여 송출하는 역할을 하며, 냉동사이클 내의 냉매 순환의 원동력이 되는 냉동기의 심장부라 할 수 있다.

압축기는 압축기구, 형상, 회전속도 및 냉매가스에 따라 분류할 수 있고 이에 따라 분류한 것이 표 6-1이다.

즉, 압축기는 가스를 흡입, 압축 기구(mechanism)에 따라 분류하면 체적 압축식과 원심식으로 크게 나눌 수 있다. 체적 압축식은 흡입한 가스의 체적을 압축시켜 가스의 압력을 높이는 방식이며, 원심식은 고속도로 회전하는 임펠러(impeller)로써 생성되는 원심력에 의하여 가스를 압축하는 방식이다.

압축기를 형상에 따라 분류하면 입형, 횡형 및 다기통형으로 분류 가능하다. 처음에는 저속의 수직형이나 수평형이 많이 사용되었으나, 점차 소형 고속의 가벼운 다기통식 압축기로 발달되었다.

압축기를 회전속도에 따라 분류하면 저속, 중속 및 고속으로 분류 가능하고, 사용 냉매에 따라 압축기를 분류하면 암모니아식 압축기 및 프레온식 압축기로 분류된다.

▶ 표 6·1 압축기의 종류 ◀

압축방식에 의한 분류	체적식 압축기	왕복동식	단동식
			복동식
		회전식 (로터리식)	회전 날개형
			고정 날개형
		스크류식(screw type)	
		스크롤식(scroll type)	
	원심식 압축기	단단압축식	
		다단압축식	
압축기 형상에 의한 분류	입형 압축기	소규모 공급	
	횡형 압축기	거의 보급 중단	
	다기통형 압축기	가장 많이 보급	
회전속도에 의한 분류	저속 압축기	700 rpm 이하	
	중속 압축기	700~1,000 rpm	
	고속 압축기	1,000 rpm 이상	
냉매가스에 의한 분류	암모니아 압축기		
	프레온 압축기		

1. 압축기의 종류

1) 왕복식 압축기

왕복식 압축기는 피스톤의 왕복운동에 의하여 실린더의 체적을 감소시키는 방식으로 가스를 압축하는 압축기이다.

(1) 수직형(입형) 압축기(vertical type compressor)

수직형 압축기는 압축기의 실린더를 수직으로 배열한 것으로 실린더 수가 소형은 2개, 중형 또는 대형은 4개로 구성된다. 회전수는 일반적으로 350~550 rpm정도의 저속이 보통이며, 수냉식이다.

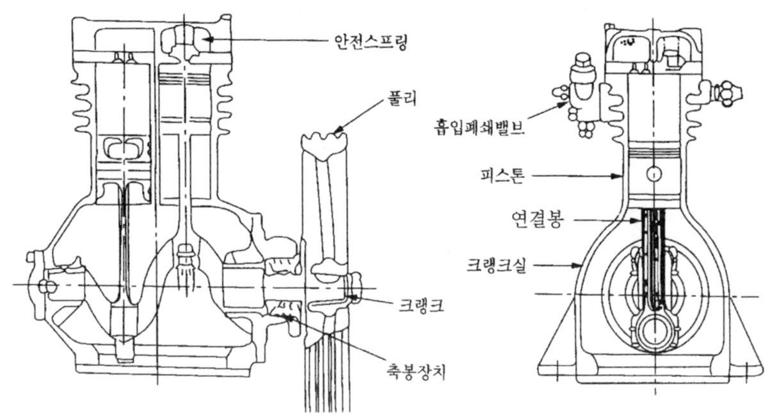

▶ 그림 6·1 수직형(입형) 압축기의 구조 ◀

▶ 표 6·2 수직형 압축기의 특징 ◀

장 점	단 점
·체적 효율이 비교적 큼	·대형으로 무거움
·윤활유 소모량이 적음	·진동이 심함
·구조가 간단하여 취급 용이	·용량 제어나 자동 운전이 어려움
	·대량 생산이 어려워 고가

(2) 고속 다기통 압축기(high speed multicylinder compressor)

고속 다기통 압축기는 실린더가 4~8개 정도로 구성되어 있어 고속(900~1,800 rpm)이며 개방형으로, 최근까지 가장 다양하게 사용되는 대표적인 왕복식 압축기이다.

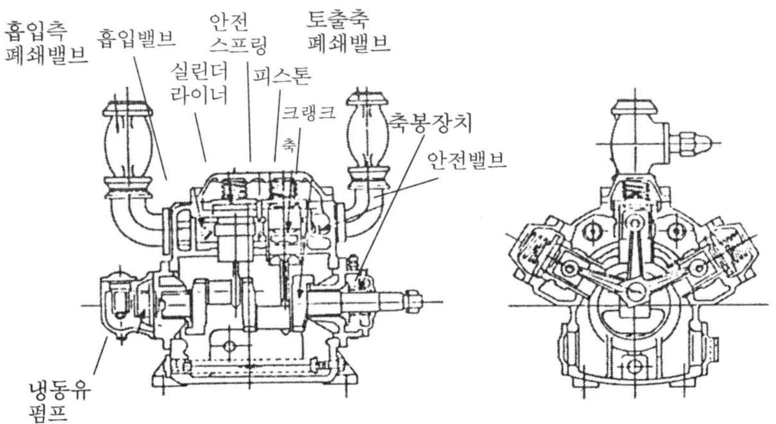

▶ 그림 6·2 고속 다기통 압축기의 구조 ◀

▶ 표 6 · 3 고속 다기통 압축기의 특징 ◀

장　　점	단　　점
·소형으로 능력 큼	·소형으로 고속이어서 베어링 마멸 신속
·설치 면적 작음	·윤활유의 소모량이 많고, 노화 및 탄화가 심함
·진동이 적어 기초 간단	·체적 효율의 감소 큼
·용량 제어 간단	
·수리 및 교환작업 용이	
·대량 생산 가능	

2) 회전식 압축기

▶ 표 6 · 4 회전식 압축기의 특징 ◀

장　　점	단　　점
·구조가 간단하고 부품수 적음	·마멸에 의한 능력 감소 큼
·고속회전이 가능해 능력에 비해 소형화 가능	
·체적효율의 감소 없음	

　회전식 압축기는 원통형으로 생긴 회전자의 회전으로 가스를 흡입, 압축하는 압축기이다.

　회전식 압축기에는 회전 날개가 고정되어 있지 않은 회전 날개형과 고정되어 있는 고정날개형이 있고, 그 구조는 그림 6-3과 같다.

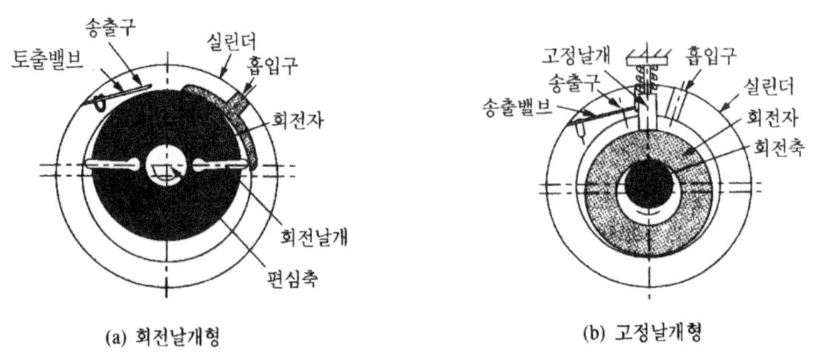

▶ 그림 6 · 3 회전 압축기의 구조 ◀

3) 스크롤 압축기

스크롤 압축기는 모기향과 같이 생긴 두 개의 스크롤이 서로 접촉하면서 회전 운동을 하여 가스를 흡입, 압축하는 압축기로, 고정 스크롤과 선회 스크롤의 사이에 생기는 초승달 모양의 압축 공간이 외부로부터 내부로 갈수록 연속적으로 작아지면서 냉매가 스를 압축하는 방식이다.

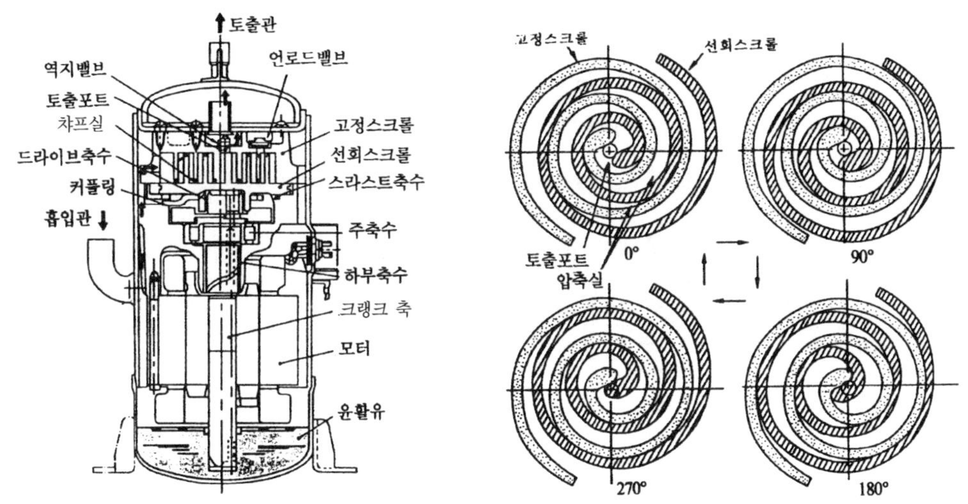

▶ 그림 6 · 4 스크롤 압축기의 구조 및 가스 압축 과정 ◀

▶ 표 6 · 5 스크롤 압축기의 특징 ◀

장 점	단 점
·흡입, 토출밸브 없음	·제작 난이
·압축실 사이로부터 가스 누설 적음	
·부품수 적음	
·고효율, 저소음, 저진동 및 고신뢰성	

4) 스크류 압축기

스크류 압축기는 4줄 나사인 숫로우터와 6줄 나사인 암로우터가 서로 맞물려 회전하면서 그 치형 공간 내에서 가스의 흡입, 압축이 이루어지는 압축기이다.

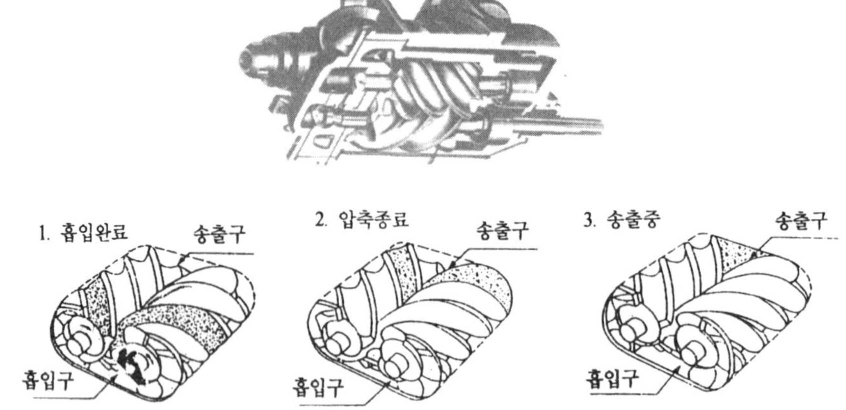

그림 6·5 스크류 압축기의 구조 및 가스 압축 기구

표 6·6 스크류 압축기의 특징

장 점	단 점
·진동 없어 강력한 기초공사 필요 없음	·유회수, 유냉각기 용량이 커야 함
·자동운전 용이하고, 부품 수명 길음	·유펌프를 따로 설치해야 함
·소형이며 가볍고, 설치면적 좁음	·분리 및 조립에 특수기술 요함

5) 터보 압축기

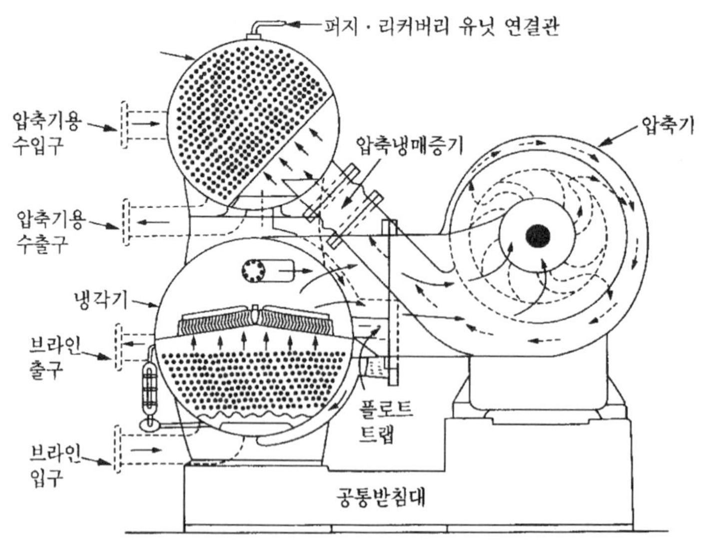

그림 6·6 터보 압축기의 구조

터보 압축기는 임펠러(impeller)의 고속 회전으로 가스를 연속적으로 흡입 및 압축하는 원심식 압축기이다.

가스는 축방향에서 임펠러의 중앙부에 흡입되고, 임펠러 내의 나선형의 날개사이에서 원심력에 의하여 속도가 증가되어 임펠러에서 나온다. 가속된 가스는 임펠러 주위에 있는 디퓨져(diffuser)에 들어가서 속도가 감소되면서 압력이 높아진다.

특징은 압축기에 피스톤이 없고, 팬이 고속도로 회전하며 주위의 공기를 냉각시킨다.

▶ 표 6·7 터보 압축기의 특징 ◀

장 점	단 점
· 능력 우수하여 소형	· 소형으로 되면 효율이 저하되어 비경제적
· 진동 적고, 베어링부 외에는 마멸 거의 없음	
· 저압 냉매(R-11 등)를 사용하므로 안전	· 압축비를 크게 낼 수 없음
· 용량 조절 다양하고 세밀	

2. 압축기의 용량

냉동장치에서 냉동능력의 정도는 압축기의 냉매가스 처리 능력에 좌우되는데, 이 압축기의 가스처리 능력을 피스톤 토출량(m^3/hr)이라 한다. 즉 피스톤 토출량은 시간당 압축기가 흡입하여 압축한 다음 송출하는 냉매가스의 이론적 체적 즉, 비체적을 고려한 냉매가스의 순환량을 말한다.

압축기의 시간당 피스톤 토출량은 냉매가 압축기를 순환할 수 있는 총 체적으로 환산하면 된다.

1) 왕복동식 압축기의 피스톤 토출량(V)

$$V (m^3/hr) = 60 \times (\pi/4) \times D^2 \times L \times n \times z$$

여기서 D : 실린더 내경(m), L : 실린더 행정(m),

n : 기통수, z : 압축기 회전수(rpm)

2) 회전식 압축기의 피스톤 토출량(V)

$$V(m^3/hr)=60\times(\pi/4)\times(D^2-d^2)\times t\times n\times z$$

여기서 D : 실린더 내경(m), d : 피스톤 외경(m),

t : 기통 두께(m), n : 기통수, z : 압축기 회전수(rpm)

예제 : 실린더 내경 75 mm, 피스톤 행정 75 mm, 실린더수 6, 회전수 1,450 rpm인 압축기 의 이론 피스톤 토출량은 얼마인가?

풀 이 ▌ 여기서 D : 실린더 내경=0.075 m, L : 실린더 행정=0.075 m,

n : 기통수=6, z : 압축기 회전수=1,450 rpm이므로

피스톤 토출량 V $(m^3/hr)=60\times(\pi/4)\times D^2\times L\times n\times z$

$$=60\times(\pi/4)\times(0.075\ m)^2\times0.075\ m\times6\times1,450\ rpm$$

$$=172.96\ (m^3/hr)$$

3. 왕복식 압축기의 구조

1) 본 체(body)

본체는 치밀한 조직의 고급 주철로 되어 있어, 운전 중이나 정지 중에 받는 높은 압력에 충분히 견딜 수 있는 정도의 강도를 지니고 있어야 한다.

본체는 저압실, 고압실 및 크랭크실로 구분된다.

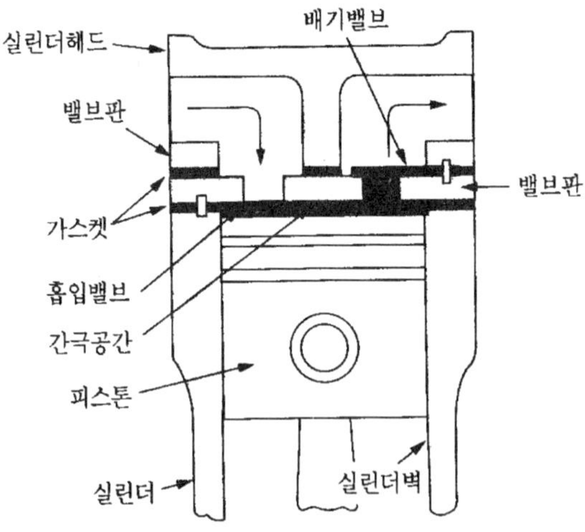

◪ 그림 6·7 왕복식 압축기의 기본구조 ◪

2) 실린더(cylinder)

직립형에서는 압축기 본체의 상부가 실린더로 되어 있으나, 고속 다기통에서는 마모되었을 때에 교환할 수 있는 실린더 라이너(liner)가 장치되어 있다. 실린더 라이너는 마멸에 견디는 특수 주철로 제작되어 있다. 실린더와 피스톤의 틈새는 직립형에서는 실린더 지름의 0.7 / 1,000~1 / 1,000이 기준이지만, 고속다기통에서는 0.8 / 1,000정도이며, 장기간 사용으로 2 / 1,000 이상이 되면 보링(boring)을 실시하여야 한다.

최근 마멸을 방지하기 위하여 실린더 라이너 내면에 경질의 크롬 또는 황동, 크롬도금을 한 것도 있다.

3) 피스톤(piston)

피스톤은 충분한 강도를 가진 특수 주철로 만드나 고속용은 알루미늄 등 경금속의 합금으로 만들기도 한다.

피스톤 둘레에는 대개 2~3개의 압축링(compressing ring)과 흡입가스 내에 윤활유가 실린더에 다량으로 흡입되는 것을 방지하는 1~2개의 오일링(oil ring)이 끼워져 있는데 이들을 피스톤링(piston ring)이라 한다.

피스톤과 연결봉(connecting rod)을 연결하기 위한 핀을 피스톤핀(piston pin)이라 하고, 이것은 큰 힘을 받는다.

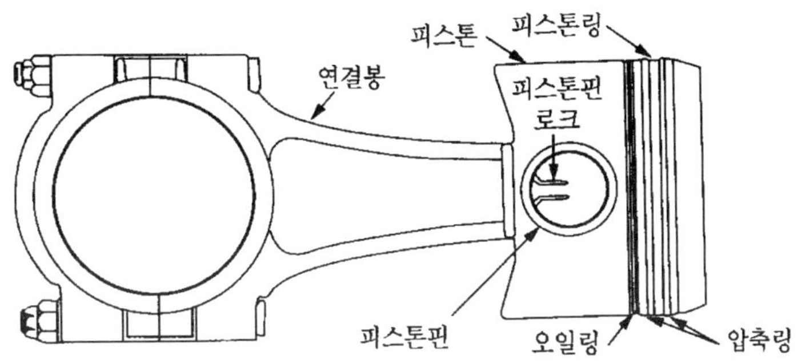

▶ 그림 6·8 왕복식 압축기의 피스톤과 연결봉 조립체 ◀

4) 연결봉(connecting rod)

연결봉은 크랭크 축의 회전운동을 피스톤의 직선 왕복운동으로 바꾸기 위하여 이들을 연결하여 주는 것이다.

5) 크랭크 축(crank shaft)

크랭크 축은 압축기 부품 중에서 가장 비싼 부품으로 마찰부는 담금질로 마멸에 견디게 하고, 축의 내부에는 기름 구멍을 뚫어 윤활유의 통로가 되게 하며, 동적 균형을 유지하기 위해 balance weight가 부착되어 있다.

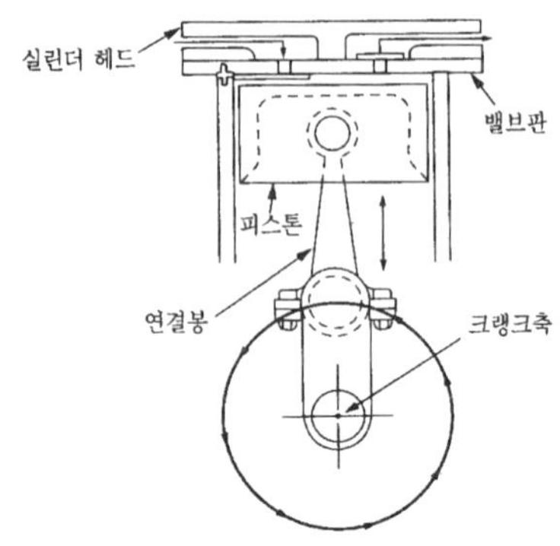

◧ 그림 6 · 9 왕복식 압축기의 크랭크 축 구조 ◨

6) 흡입밸브(suction valve)와 배출밸브(discharge valve)

이 두밸브의 동작은 냉동장치의 고, 저 압력, 체적효율, 압축효율 및 냉동능력에 영향을 주게 되므로 그 동작이 확실하고 가벼우며, 닫혔을 때에 누설이 없고, 가스의 흐름에 대하여 저항이 적으며, 마멸이나 파손에 강하여야 한다.

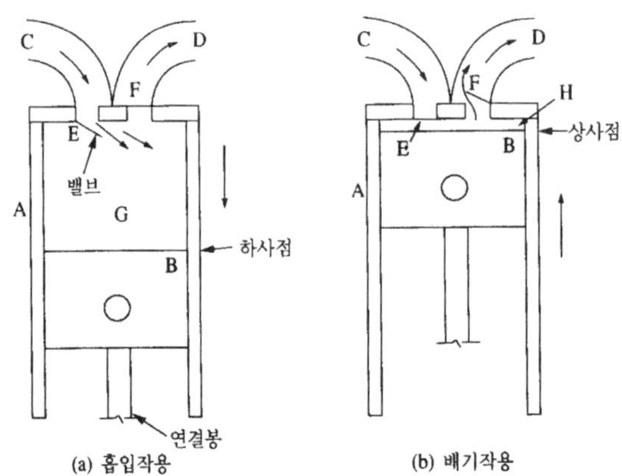

A : 실린더   B : 피스톤   C : 흡입관으로부터의 흡입통   D : 응축기로 가는 배출통
E : 흡입밸브   F : 배출밸브   G : 피스톤이 내려진 것 : 원통 속에 들어온 기체의 양
H : 압축작용 끝에 남은 공간

◧ 그림 6 · 10 왕복식 압축기의 흡입밸브 및 배출밸브 ◨

흡입밸브 및 배출밸브는 다음과 같은 조건을 충족하여야 한다.

① 조작이 원활하고 확실하며, 가스가 통과할 때에 저항이 적어야 한다.

② 밸브를 개폐하는 데에 필요한 가스 압력의 차이가 적어야 한다.

③ 밸브의 관성력이 적고 운동이 경쾌하여야 한다.

④ 밸브가 파손되거나 고장이 없어야 한다.

7) 축봉장치

축봉장치의 경우 개방형 압축기에서 크랭크축이 크랭크 케이스(case)의 외부로 관통하는 부분에서 냉매가스가 새기 쉬우므로 이를 방지하기 위한 여러개의 부품들을 말한다.

축봉장치에는 stuffing box type과 slip ring type이 있다.

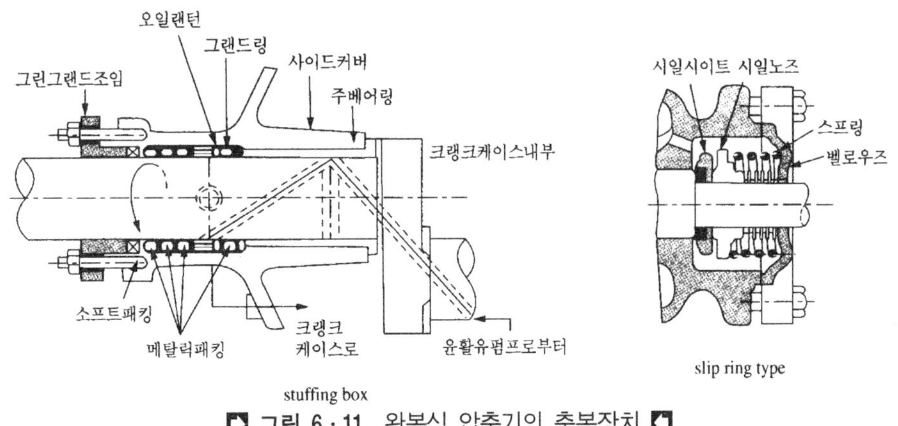

▶ 그림 6 · 11 왕복식 압축기의 축봉장치 ◀

8) 용량 조절 장치(unloader)

일반적으로 냉동부하는 여름과 겨울과 같은 계절에 따라 일정하지 않다. 따라서, 압축기는 여름철의 최대부하를 감당하고도 여유가 있는 크기의 것을 설치하여야 한다. 이러한 일면에서 용량 조절 장치는 운전 중에 압축기의 능력을 조절할 수 있으면 동력도 절약되고, 저장 식품의 품질유지에도 좋다.

입형 압축기는 효과적인 용량조절 기구가 없으므로 용량조절을 위하여는 단속 운전을 하여야 한다. 그러나 고속 다기통 압축기는 부하의 변동에 따라 압축기의 일부 실린더의 흡입밸브를 개방시킴으로써 압축기의 능력을 제한하는 용량 조절 장치가 있어 편리하며, 이것은 시동 때에 부하 경감 장치의 역할도 한다.

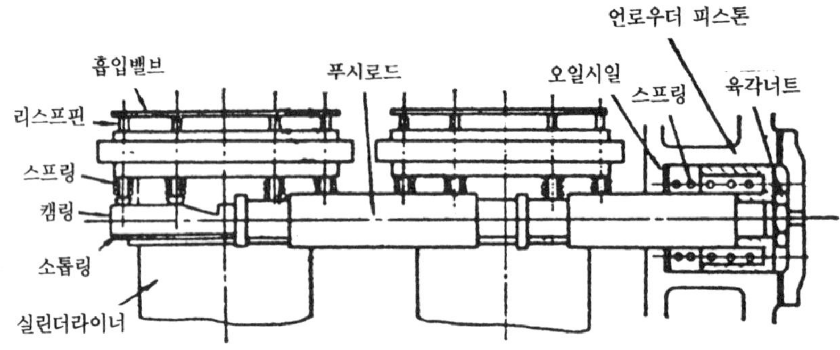

▶ 그림 6·12 왕복식 압축기의 용량 조절 장치 ◀

9) 윤활장치 및 윤활유

(1) 윤활장치

왕복형 냉동 장치도의 윤활유 계통도는 그림 6·13과 같다.

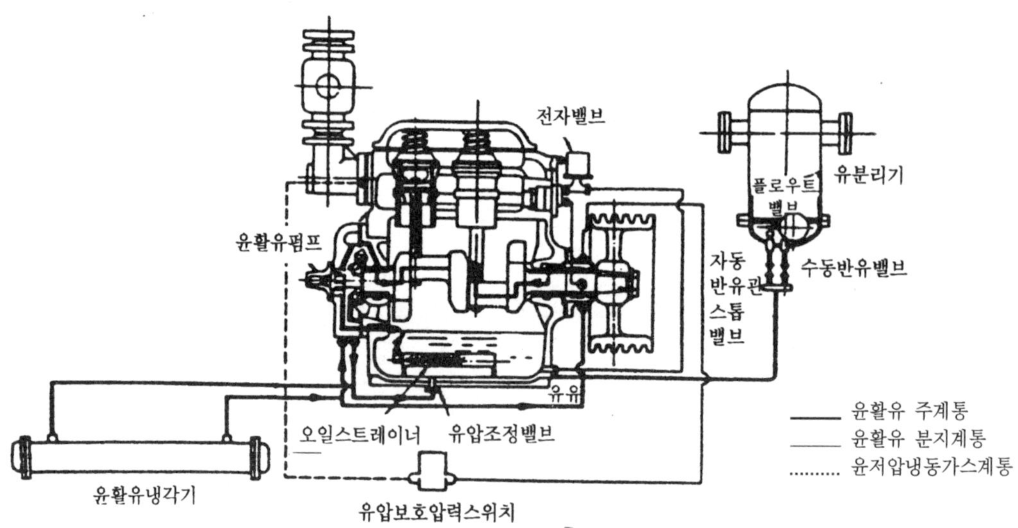

▶ 그림 6·13 왕복식 압축기의 윤활유 계통도 ◀

(2) 윤활유의 조건

압축기의 윤활유로 사용되기 위해서는 다음과 같은 조건을 충족하여야 한다.

① 저온에서도 응고하지 말아야 한다.

② 오랫동안 사용해도 변질되지 않아야 한다.

③ 수분이 없어야 한다.
④ 전기에 견디는 내성이 커야 한다.

(3) 윤활유의 종류
압축기의 윤활유 종류는 다음과 같이 분류할 수 있다.
① 암모니아 입형 압축기 및 프레온 냉동기 : 300번
② 암모니아 고속 다기통 압축기 : 150번을 사용
③ −100℃와 같은 초저온용 냉동기 : 주로 90번

(4) 윤활유 온도
압축기의 윤활유 온도는 다음의 조건을 충족하여야 한다.
① 입형 암모니아 압축기 : 40℃ 이하
② 고속 다기통 압축기 : 50~60℃
③ 전 밀폐식 냉동기 : 80~100℃ 정도

(5) 윤활유의 급유 목적
압축기의 윤활유 급유 목적은 다음과 같다.
① 운동부분의 표면에 유막을 형성시켜 마찰 및 마모 방지
② 피스톤, stuffing box 등에서 냉매가스 누출 방지
③ 열 제거 및 packing material 보호

제2절 응축기와 냉각탑

응축기는 압축기와 더불어 냉동장치에서 냉매를 회수하는 역할을 하는 장치이다. 액체 냉매가 증발기에서 열을 흡수하여 냉동능력을 상실하고 증기 상태로 변한 것을, 재사용하기 위하여 압축기에서는 압축을, 응축기에서는 냉각을 하여 액화시킨다.

증기를 액화시키기 위하여는 냉매가 증발기에서 흡수한 열량과 압축기의 압축과정에서 얻은 열량을 응축기에서 함께 제거하여야 한다.

이 열제거를 위하여는 값이 싼 냉각제가 필요하며, 보통 물과 공기를 사용한다.

물은 열전달율이 크므로 대형에서 사용하고, 공기는 소형에서 사용한다. 수냉이든 공냉이든 응축기는 전열이 효과적으로 이루어질 수 있는 구조와 재료로 만들어야 동력이 절약된다. 또한 응축액은 과냉각이 잘 되어야 냉동능력을 크게 할 수 있다.

응축기의 종류는 표 6·8과 같다.

▶ 표 6·8 응축기의 종류 ◀

응 축 기		특　　　　　징	냉각물질
수냉식	직립형 원통 다관식 (입형 셸 튜브식)	원통을 수직으로 세운 형식의 응축기로 냉각관 입구에 선회기(swirl, 냉각수가 냉각관 내에서 소용돌이를 일으켜 고르게 흐르게 하기 위한 장치)가 설치되어 있으며 주로 암모니아식에 사용	물
	수평형 원통 다관식 (횡형 셸 튜브식)	원통을 수평으로 설치한 응축기	
	7통로식	수평형 원통 다관식 응축기의 일종으로 원통 속에 냉각관이 7개 설치	
	2중관식	지름이 다른 2개의 관이 이중으로 되어 있는 응축기로 냉매와 냉각수가 다른 방향으로 흐름	
증발식		수냉식 및 공랭식 응축기의 중간 형식 응축기	물, 공기
공랭식		냉각제로 공기를 사용하는 응축기	공기

1. 수냉식 응축기

수냉식 응축기는 냉각수를 쉽게 얻을 수 있는 곳에서 사용된다. 전열률이 좋아 능력에 비하여 소형이므로 설치장소가 좁아도 되나, 물로 인한 부식이 심하고, 종류에 따라 냉각관의 청소가 곤란한 것이 많다.

1) 입형 원통 다관식 응축기

원통을 수직으로 세운 형식으로, 입형 원통 상하에 다수의 냉각관을 설치하여 최상부의 냉각수 입구로부터 물을 냉각관의 내면을 따라 자연 낙하시키면서 관의 외면과 접촉하는 냉매 증기를 응축시키는 구조로 냉각수가 관내 표면을 따라 선회하도록 냉각관 입구에는 선회기(swirl)가 부착되어 있다.

이 장치는 주로 냉각수가 풍부한 중형 이상의 암모니아 냉동기에 사용된다.

▶ 표 6·9 입형 원통 다관식 응축기의 특징 ◀

장　　　점	단　　　점
·설치 장소가 좁아도 가능하여 옥내에도 설치 가능	·냉각수 소비량이 많음
·수질에는 관계없고, 수량에만 관계	·냉매액의 과냉각 효과가 적음
·가격이 비교적 저렴	·냉각관의 부식이 심함
·운전 중에 청소 가능	

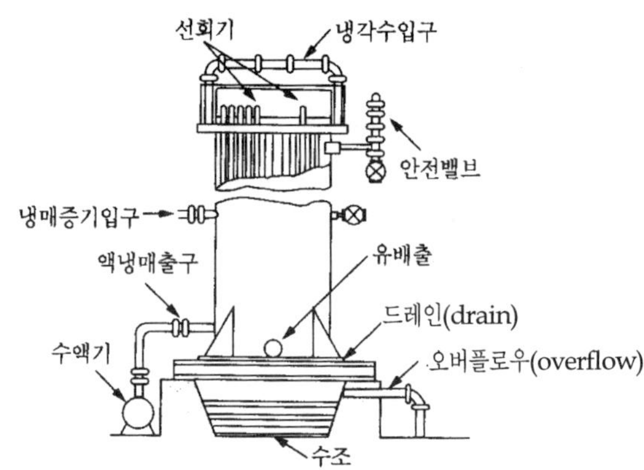

그림 6 · 14 입형 원통 다관식 응축기의 구조

2) 횡형 원통 다관식 응축기

횡형 원통 다관식 응축기는 일반적으로 널리 사용되는 표준적인 응축기이다. 횡형 원통 다관식 응축기는 원통을 수평으로 설치한 것으로 횡형 원통의 양단에 설치한 원판에 다수의 냉각관을 부착해서 그 내부에 냉각수를 펌프로 압송하여 냉각수는 이 여러개의 냉각관을 차례로 통과하면서 관 외면의 냉매를 냉각 액화시키는 것이다. 이 장치는 소형에서 대형까지 용량에 관계없이 암모니아, 프레온계 등의 냉동기용으로 사용된다.

표 6 · 10 횡형 원통 다관식 응축기의 특징

장 점	단 점
· 공간을 입체적으로 이용 가능	· 냉각관의 부식이 용이
· 입형에 비하여 소요 냉각수량이 적음	· 운전 중에 청소가 불가능
· 과냉각 효과가 우수	· 냉각수의 유동저항이 큼
· 수액기를 겸할 수 있음	· 입형에 비해 과부하에 견디기 어려움

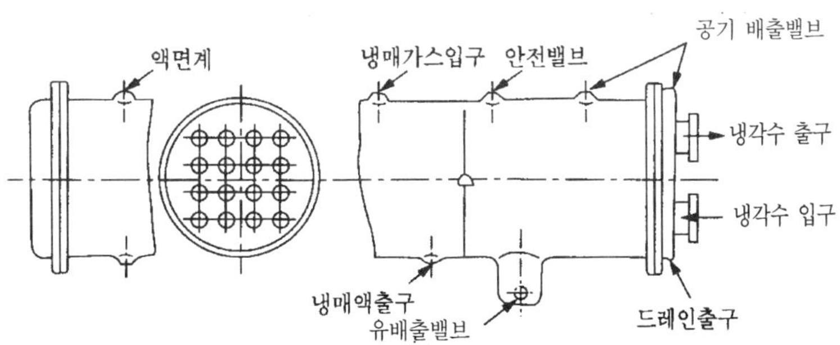

그림 6 · 15 횡형 원통 다관식 응축기의 구조

3) 이중관식 응축기

　이중관식 응축기는 열전도의 향류원리를 이용한 응축기이다. 이중관식 응축기는 이중으로 된 수평관의 내관을 냉각수가 흐르고 외관과 내관사이를 냉매가스가 반대로 흐르도록 되어 있어, 암모니용 뿐만이 아니라 소형인 경우에도 사용 가능하나, 현재로는 프레온계 소형 냉동기에 사용되고 있다.

▶ 표 6 · 11 이중관식 응축기의 특징 ◀

장　점	단　점
· 구조가 간단하고 저렴	· 냉각관 청소에는 화학제를 사용
· 과냉각도가 큼	· 냉각관의 부식 발견이 곤란
· 고압에 잘 견딤	· 냉각관의 교환이 불가능
· 수량이 적어도 됨	

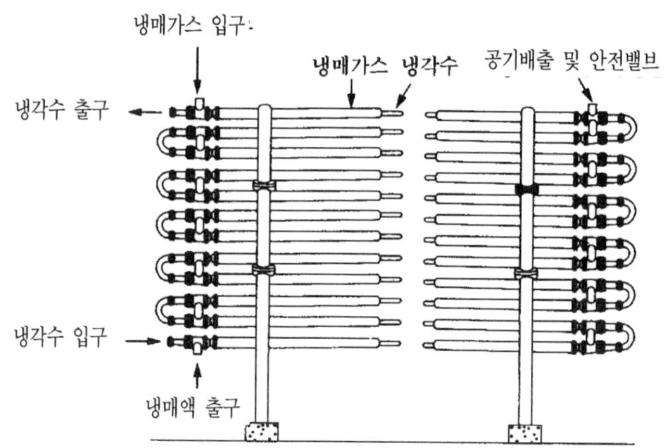

▶ 그림 6 · 16 이중관식 응축기의 구조 ◀

4) 7통로식 응축기

　7통로식 응축기는 수평형 원통 다관식 응축기의 지름을 작게 하고, 길이를 길게 한 구조의 응축기로 원통관 내에 냉각관을 7개 넣어서, 그 7개의 냉각관 내를 물이 순차적으로 흐르게 한 형식의 응축기이다.

　7통로식 응축기는 몇 가지 단점으로 인하여 근년에는 거의 사용되고 있지 않다.

◪ 표 6 · 12 7통로식 응축기의 특징 ◪

장 점	단 점
용량에 따라 조립 사용이 가능	1대로서 대용량의 것을 만들 수 없음
설치 면적이 작음	구조가 복잡
전열성이 양호하여 입형에 비해 냉각수량이 적어도 됨	냉각관의 청소가 곤란
	운전 중에 청소할 수 없음

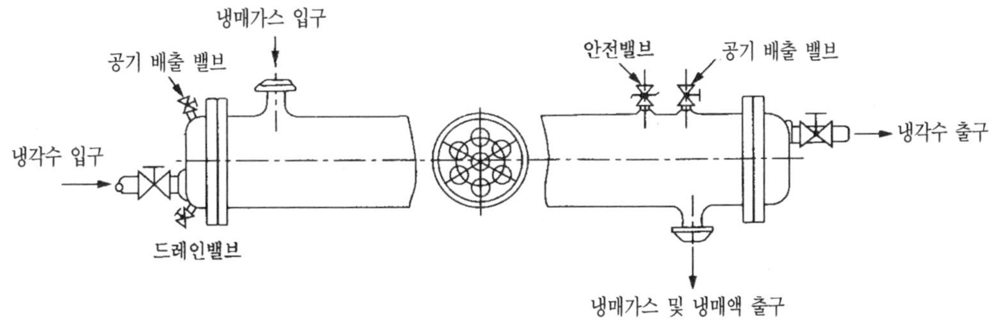

◪ 그림 6 · 17 7통로식 응축기의 구조 ◪

2. 공랭식 응축기

공랭식 응축기(air cooled condenser)는 냉각제로 공기를 사용하는 것으로, 냉각수를 얻을 수 없는 경우에 적합하다.

그러나 공기의 열전달 계수가 낮아 관외부에 핀을 부착하여 전열면적을 증가시킨다.

◪ 표 6 · 13 공랭식 응축기의 특징 ◪

장 점	단 점
·냉각수 배관, 펌프 등의 설비가 필요 없음	·전열율이 작으므로 고압 배관이 길어짐
·부식이 적음	·응축압력과 응축온도가 높음
	·계절에 따라 응축압력의 변동이 큼

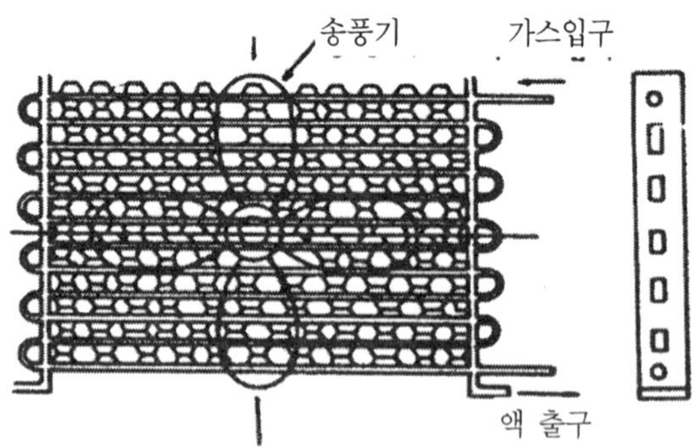

▶ 그림 6 · 18   공랭식 응축기의 구조 ◀

3. 증발식 응축기

증발식 응축기는 수냉식 응축기와 공랭식 응축기의 중간 형식이다.

증발식 응축기는 냉각관 표면에 물을 균일하게 뿌리고 여기에 공기를 불어넣어, 냉각관 표면에서 물이 증발하면서 냉각 작용을 갖게 된다. 이 때에 냉각수는 반복 사용하면서 소모된 양만 보충하여 주면 된다.

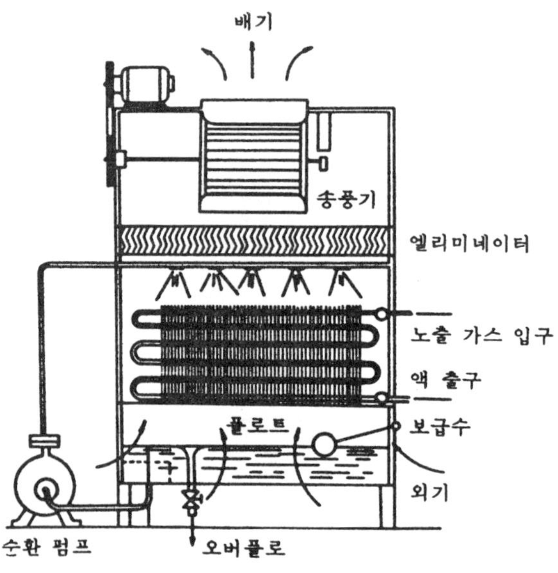

▶ 그림 6 · 19   증발식 응축기의 구조 ◀

▶ 표 6 · 14 증발식 응축기의 특징 ◀

장 점	단 점
·냉각수 소모량이 적어 수질이 좋은 물을 사용할 수 있으므로 부식이 적음	·수냉식에 비하면 응축압력과 응축온도도 높음
·공랭식에 비해 전열율이 10배정도 높음	·설치 장소의 선택이 까다로움
·겨울에는 공랭식으로 사용 가능	·공기의 관계습도에 따라 운전상태에 영향을 받음
	·설치 면적이 넓음

4. 냉각탑

냉각탑은 수냉식 응축기에서 수도물을 냉각수로 사용할 때에 냉매에서 열을 흡수하여 온도가 높아진 물의 온도를 낮추어 다시 사용하기 위한 장치이다. 따라서 그림 6·20과 같이 냉각탑은 증발식 응축기에서 냉각관 대신에 표면적이 큰 충전물로 바꾸어 놓은 구조의 장치로 냉각수 재생기의 역할을 한다.

냉각탑은 위에서 골고루 뿌려진 물이 표면적이 큰 충전물 사이로 흘러내리면서 바람으로 인해 일부가 증발하면서 남은 물의 온도를 낮추어 준다.

냉각탑에는 공기와 물의 유동 방향이 서로 반대인 역류형과 서로 직교하는 직교형이 있고, 송풍기가 공기의 출구에서 공기를 뽑아 내는 배기식과 탑의 공기 입구에서 바람을 밀어 넣는 송입식이 있다.

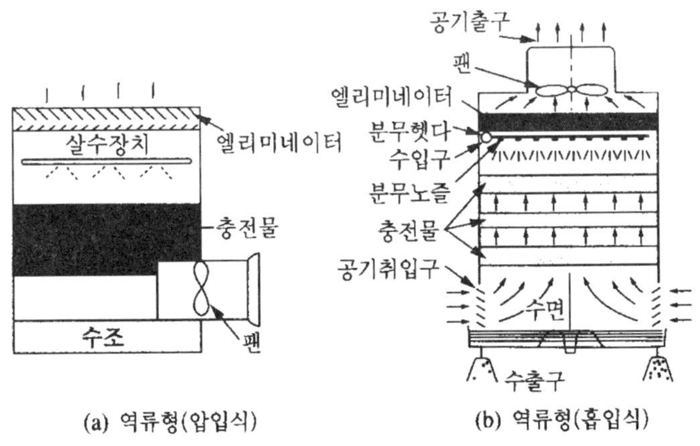

▶ 그림 6 · 20 냉각탑의 구조 ◀

5. 냉각관 오염의 영향

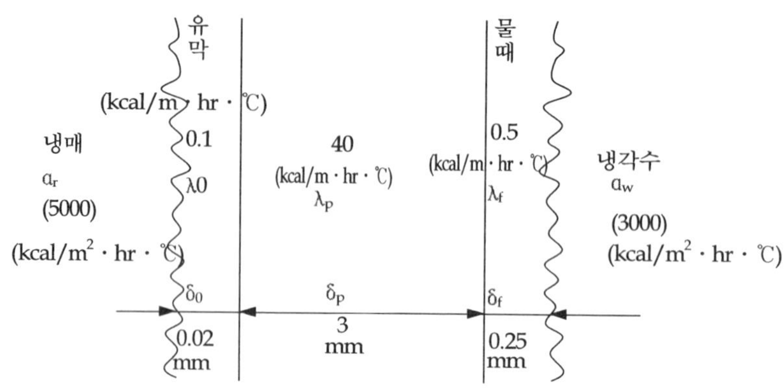

▶ 그림 6·21 응축전열의 형태 ◀

그림 6·21에서와 같이 두께 3 mm의 냉각관에 0.02 mm의 유막과 0.25 mm의 물때가 부착되어 있을 때에 열통과율 K값은 다음과 같이 산출된다.

총열량($Q=K\cdot A\cdot \triangle T$)을 계산하려면 우선 열통과율($K$)을 계산하여야 한다.

$$\frac{1}{K}=\frac{1}{\alpha_1}+\frac{\delta_0}{\lambda_0}+\frac{\delta_p}{\lambda_p}+\frac{\delta_f}{\lambda_f}+\frac{1}{\alpha_w}$$

$$=\frac{1}{5,000\ (\text{kcal/m}^2\cdot\text{hr}\cdot\text{℃})}+\frac{0.02\ \text{mm}}{0.1\ (\text{kcal/m}\cdot\text{hr}\cdot\text{℃})}+\frac{3\ \text{mm}}{40\ (\text{kcal/m}\cdot\text{hr}\cdot\text{℃})}$$

$$+\frac{0.25\ \text{mm}}{0.5\ (\text{kcal/m}\cdot\text{hr}\cdot\text{℃})}+\frac{1}{3,000\ (\text{kcal/m}^2\cdot\text{hr}\cdot\text{℃})}$$

$$=0.0002(\text{m}^2\cdot\text{hr}\cdot\text{℃}/\text{kcal})+0.0002(\text{m}^2\cdot\text{hr}\cdot\text{℃}/\text{kcal})$$

$$+0.000075(\text{m}^2\cdot\text{hr}\cdot\text{℃}/\text{kcal})+0.0005(\text{m}^2\cdot\text{hr}\cdot\text{℃}/\text{kcal})$$

$$+0.000333(\text{m}^2\cdot\text{hr}\cdot\text{℃}/\text{kcal})$$

$$=0.0013083(\text{m}^2\cdot\text{hr}\cdot\text{℃}/\text{kcal})$$

여기서 $K=764.4\ (\text{kcal}/\text{m}^2\cdot\text{hr}\cdot\text{℃})$이다.

따라서 전열 표면적 및 온도차만 알 수 있다면 자연히 총열량은 계산이 된다.

위 식에서 $\delta_f/\lambda_f=f$를 오염계수(fauling factor)라고 한다. 오염계수는 냉각수의 수질에 따라 차이가 있으며, 수돗물 및 우물물은 $0.0002\ \text{m}^2\cdot\text{hr}\cdot\text{℃}/\text{kcal}$, 하천수는 $0.0004\sim0.006\ \text{m}^2\cdot\text{hr}\cdot\text{℃}/\text{kcal}$의 값을 가진다.

제3절 증발기

증발기는 냉동장치에서 냉각작용을 하는 열교환기이다. 증발관 속에 공급된 냉매액이 저압에서 냉각 대상물인 공기, 물 또는 브라인으로부터 열을 뽑아 냉각 효과를 내는 것이다. 냉각에 필요한 만큼의 냉매액을 팽창밸브에서 공급 받고, 증발된 증기는 압축기로 보낸다.

따라서 증발기는 전열율이 좋고, 압축기에 액이 흡입되지 않는 구조로 제작되어야 한다. 증발기의 종류는 표 6·15와 같다.

◘ 표 6·15 증발기의 종류 ◘

분류 기준	증발기의 종류	
냉매 상태	건식 증발기	
	만액식 증발기	
	액순환식 증발기	
구조	관코일 증발기	
	핀 튜브 증발기	자연 대류식
		강제 대류식
	플레이트형 증발기	
	멀티피드멀티섹션	
	헤리본형 증발기	
	원통 다관식 증발기	
	보델로 증발기	

1. 냉매 상태에 따른 분류

1) 건식 증발기

(1) 정 의

건식 증발기는 강관이나 구리관을 코일 모양으로 연결한 긴 관형 증발기이다.

입구에서 냉매가 액과 가스의 혼합상태로 흡입되어 증발기 내로 흐르는 동안 증발되면서 출구에서는 냉매가 모두 가스로 된다. 이 때에 증발기 출구의 냉매는 과열상태가 되도록 하여 압축기에서 액압축이 되지 않도록 한다.

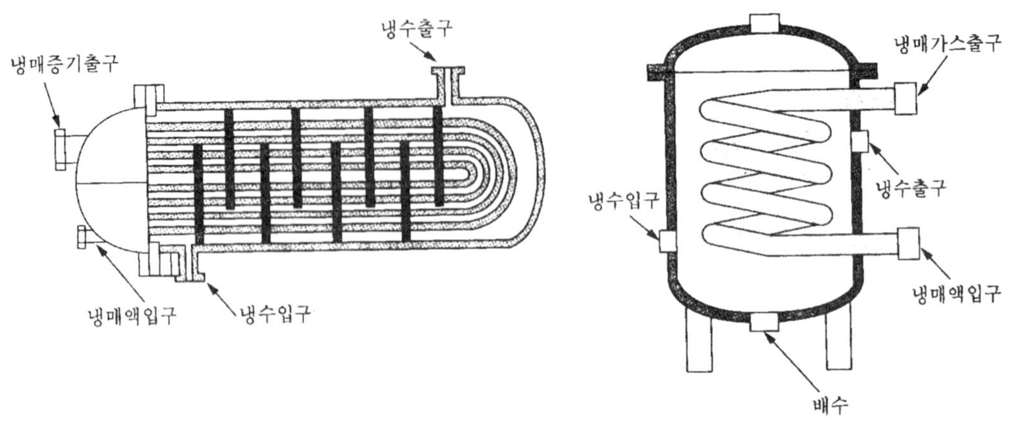

▶ 그림 6 · 22 건식 증발기의 구조 ◀

(2) 이 용

건식 증발기는 프레온과 같이 윤활유를 용해하거나 고가인 냉매에 사용된다.

(3) 액분리기 및 pump 설치 유무

건식 증발기는 액분리기와 pump가 설치되어 있지 않다.

▶ 표 6 · 16 건식 증발기의 특징 ◀

장 점	단 점
·윤활유가 증발기 내에 잔류 염려가 없음	·전열작용이 불량
·증발기 내의 냉매량이 적어도 됨	

2) 만액식 증발기

(1) 정 의

만액식 증발기는 팽창밸브에서 분출된 냉매를 액분리기 내에서 증기와 액체로 분리하여 증기는 압축기로 보내고, 냉매액 만을 증발기로 보내어 증발기 내부가 항상 액상태인 증발기이다.

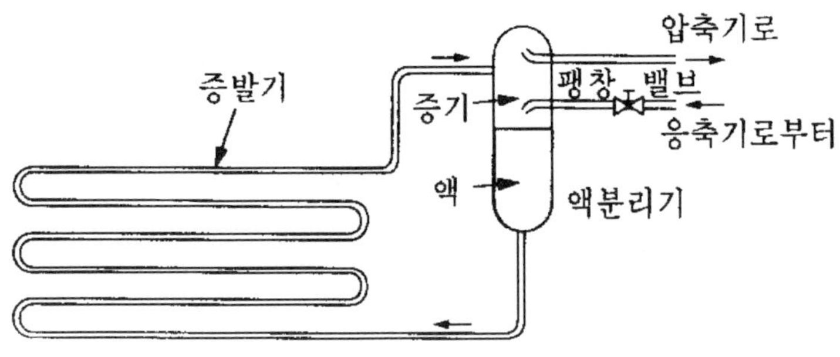

▶ 그림 6 · 23 만액식 증발기의 구조 ◀

▶ 표 6 · 17 만액식 증발기의 특징 ◀

장 점	단 점
·전열작용이 양호	·냉매량이 다량 필요
·능력이 우수해 전열면적이 적어도 됨	·프레온 냉매의 경우 기름이 냉매에 용해하는 경우가 많아 냉동능력이 감소
	·윤활유를 압축기로 보내는 특수장치가 필요

(2) 이 용

만액식 증발기는 암모니아 냉동기에서 많이 이용되고, 대표적인 만액식 증발기로는 핀 튜브식, 보델로, 멀티피드멀티섹션, 헤링본 증발기 등이 있다.

(3) 액분리기 및 pump설치 유무

만액식 증발기는 액분리기가 설치되어 있고, pump는 설치되어 있지 않다.

3) 액순환식 증발기

(1) 정 의

액순환식 증발기는 증발기에서 증발 가능한 4~6배의 냉매액을 액 펌프(pump)로서 강제적으로 순환시키고, 증발기에서 나온 냉매는 증기와 액의 혼합상태로 다시 저압 수액기로 돌아가는데, 여기서 증기는 압축기로 흡입되고, 액은 재순환하게 된다.

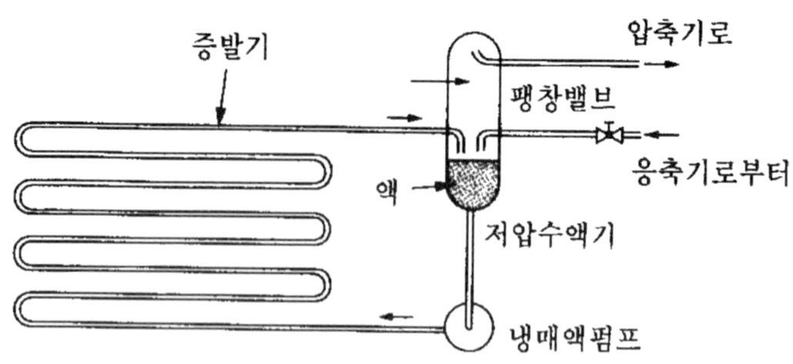

▶ 그림 6·24 액순환식 증발기의 구조 ◀

(2) 이 용

냉동능력이 좋아 많이 사용되는 방식이다.

(3) 액분리기 및 pump설치 유무

증발기 내에서 냉매액의 유동은 만액식 증발기의 증발된 증기는 기표부력에 의해 이루어지나 액순환식 증발기는 액펌프로 강제순환 시킨다. 즉 액분리기와 pump가 설치되어 있다.

▶ 표 6·18 액순환식 증발기의 특징 ◀

장 점	단 점
·열전달율이 좋음	·소요 증발량보다 4~5배 많은 냉매를 순환시
·증발기 내에 기름이 괴지 않음	키므로 동력의 소모가 많음
·제상작업이 간단하고 자동화 용이	·시설이 복잡

2. 구조에 의한 분류

1) 관 코일식 증발기 (pipe coil evaporator)

▶ 표 6·19 관 코일식 증발기의 특징 ◀

장 점	단 점
·구조가 간단하고 나관이므로 제상이 용이	·열전달률이 낮아 배관이 길어짐
·제작 용이	

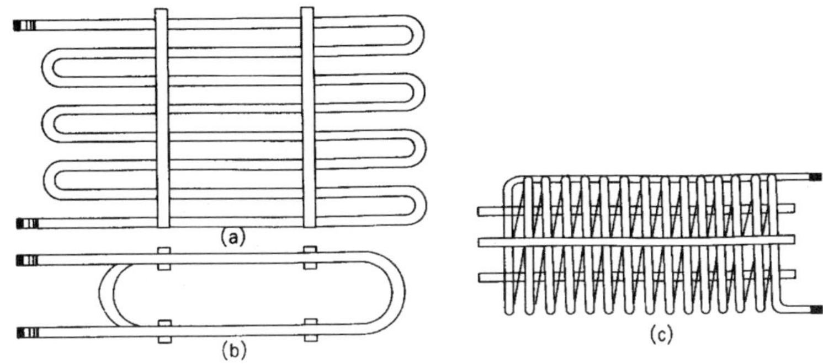

■ 그림 6·25 관코일식 증발기의 구조 ■

(1) 정 의

관 코일식 증발기는 대형 냉장고의 천정이나 냉동 냉장용 진열장에 설치하여 공기의 대류작용으로서 저장고 내 온도를 조절하는 증발기이며, 나관(裸管)을 U자형으로 구부려서 머리핀형으로 한 것이다.

(2) 이 용

저온용으로 사용되는 암모니아 증발기에서는 만액식으로 사용할 수도 있으나, 프레온용에서는 건식 또는 반만액식으로 사용한다.

2) 핀 튜브 증발기(finned tube evaporator)

(1) 정 의

핀 튜브 증발기는 증발기 표면에 구리판 또는 알루미늄 판의 핀을 부착하여 표면적을 크게 함으로서 전열작용을 양호하게 한 증발기이다.

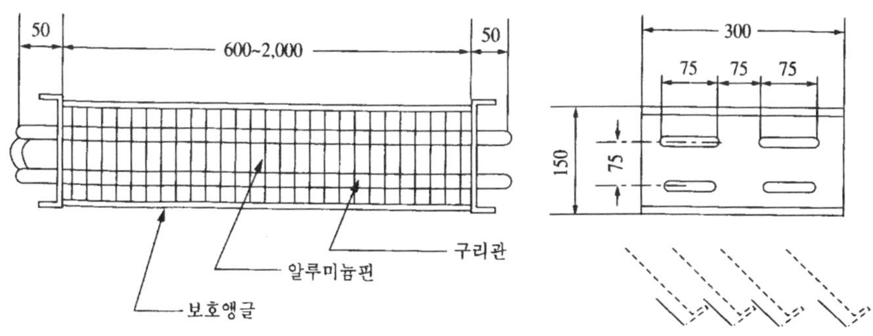

■ 그림 6·26 핀 튜브 증발기의 구조 ■

(2) 이 용

송풍기 사용 여부에 따라 자연 대류식과 강제 대류식이 있다. 일반적으로 냉각팬을 가지는 강제 통풍식 핀 튜브형 증발기를 unit cooler라고도 한다.

이 핀 튜브 증발기는 주로 건식 증발기로 사용된다.

▶ 표 6 · 20 핀 튜브 증발기의 특징 ◀

장　점	단　점
· 설치가 간단	
· 제상 작업시에 배수처리가 간단	
· 냉장고의 부하변동에 신속하게 대처 가능	· 강제 대류식의 경우 냉풍이 저장품에 닿아 건조가 심하여 냉동화상의 발생 용이
· 실내온도와 증발온도와의 차이가 적음	
· 효율적인 운전 가능	

3) 플레이트형 증발기

(1) 정 의

플레이트형 증발기는 2장의 알루미늄판 또는 스테인레스 강판을 압착한 뒤, 판에 굴곡을 주어 판 사이로 냉매액을 흐르게 함으로써 판의 외면에 접촉된 공기 또는 물, 브라인 등을 냉각한다.

(2) 이 용

가정용 냉장고의 동결실이나 쇼케이스의 냉각판 등에 사용되며, 대형에서는 접촉식 동결장치의 냉각판으로 사용되기도 한다.

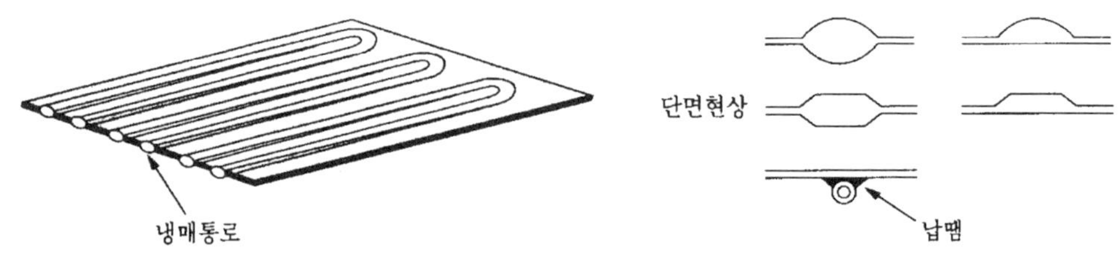

▶ 그림 6 · 27 플레이트형 증발기의 구조 ◀

4) 헤링본형 증발기

(1) 정 의

헤링본형 증발기는 상하 두 개의 헤드(header) 사이에 >모양의 냉각관을 다수 붙인 증발기이다.

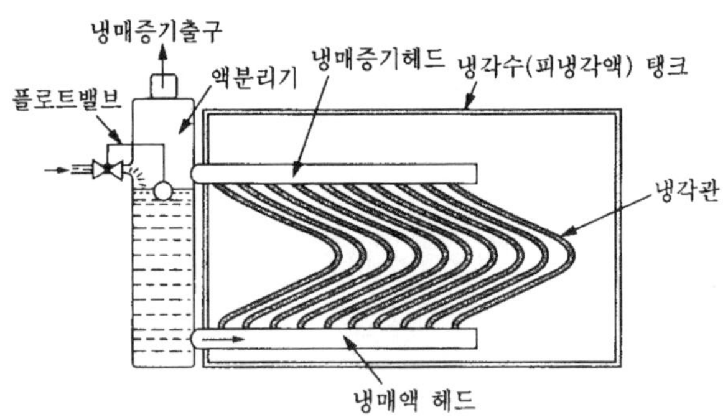

■▶ 그림 6 · 28 헤링본 증발기의 구조 ◀■

(2) 이 용

헤링본형 증발기는 대표적인 암모니아용 만액식 증발기이다.

■▶ 표 6 · 21 헤링본형 증발기의 특징 ◀■

장 점	단 점
· 액의 순환 양호	
· 가스와 액의 분리 용이	· brine속도에 의해 냉동 능력좌우
· 전열작용 양호	

5) 멀티피드멀티섹션 증발기

(1) 정 의

멀티피드멀티섹션 증발기는 액분리기 내부가 2~3개의 칸으로 구분되어, 이 칸 사이는 액 유하관과 입상관이 연결되어 아래로 흘러내리는 액냉매와 위로 빠져나가는 증기의 통로가 된다. 각 단에 부착된 상하 2개의 헤더(header)에 연결되는 다수의 증발관이 동결실의 선반을 구성한다.

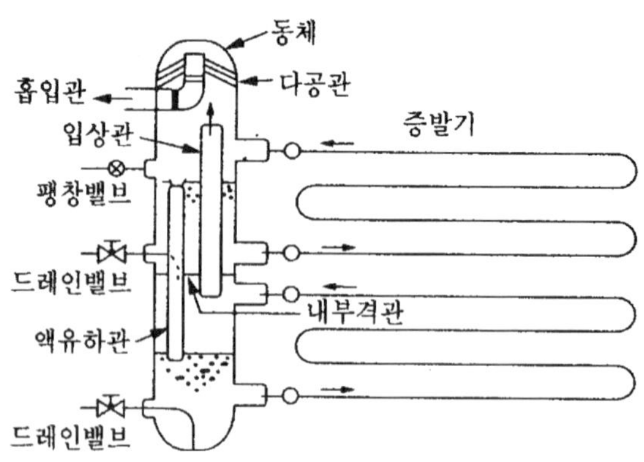

▶ 그림 6·29　멀티피드멀티섹션 증발기의 구조 ◀

(2) 이 용

멀티피드멀티섹션 증발기는 주로 선반식 동결장치의 암모니아용 만액식 증발기에 사용된다.

▶ 표 6·22　멀티피드멀티섹션 증발기의 특징 ◀

장　점	단　점
· 냉매액이 비교적 고르게 증발관에 분포되는 구조	· 구조가 복잡

6) 원통 다관식 증발기(셸 튜브식 증발기, shell and tube type evaporator)

(1) 정 의

원통 다관식 증발기는 수평으로 놓여진 원통 속에 다수의 증발관을 붙인 구조로 관 내에는 냉매가 흐르고, 관외에는 피냉각물(물, 브라인 등)이 흐르도록 되어 있는 증발기이다. 원통 내에는 냉각관을 지지함과 동시에 흐름의 구간을 만드는 판에 의해 관과 피 냉각물이 직교하도록 되어 있다. 이것은 유속을 증가시키고, 액체와 냉각관과의 접촉을 좋게 함으로서 열전달을 촉진시키기 위함이다.

(2) 종 류

원통 다관식 증발기는 건식과 만액식이 있다. 건식은 원통속에 피냉각 액체가, 튜브 속에는 냉매가 흐르는 증발기이고, 만액식은 원통 속에 냉매, 튜브 속에 피냉각 액체가 흐르는 증발기이다.

▶ 표 6 · 23 원통 다관식 증발기의 특징 ◀

냉 매	장 점	단 점
·만액식	·열 통과율 우수	·액의 동결로 동타 용이 ·증발기 내의 윤활유가 압축기에 들어가기 어려움 ·자동제어 난이
·건식	·액의 동결이 없어 동파 없음 ·증발기 내의 윤활유가 압축기에 들어가기 용이함 ·자동제어 용이	·열통과율 불량

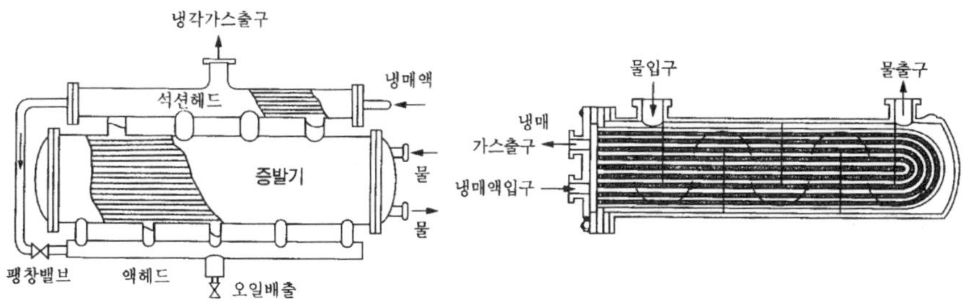

▶ 그림 6 · 30 원통 다관식 증발기의 구조 ◀

(7) 보델로 증발기(Baudelot evaporator)

1) 정의

보델로 증발기는 수평의 다단식 냉각관으로 되어 있고, 이 관내에 냉매가 순환하며, 관의 표면을 피냉각액이 막상으로 흘러내리면서 냉각된다.

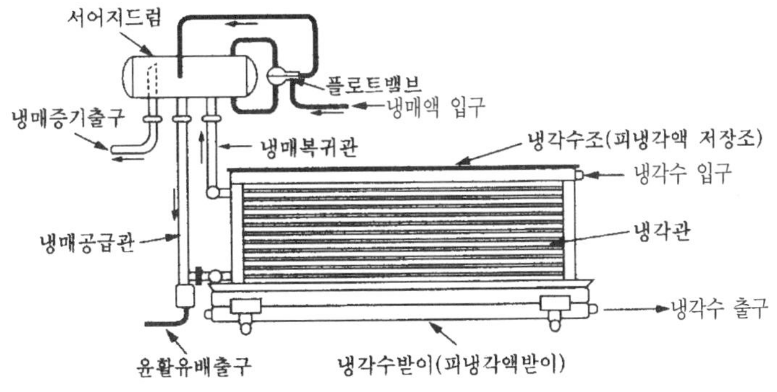

▶ 그림 6 · 31 보델로 증발기의 구조 ◀

(2) 이 용

보델로 증발기는 물이나 우유 등의 빙점에 가까운 2℃ 이하로 냉각하는 경우에 사용한다.

제4절　팽창밸브

1. 역 할

팽창밸브는 냉동사이클에서 가장 기본적인 제어기기로 다음과 같은 역할을 한다.

① 수액기에서 나온 고온 고압의 냉매액을 단열 팽창시켜 압력과 온도를 저하시킴
② 증발기로 유입되는 냉매량을 조절

2. 오작동에 의한 영향

1) 과다 개폐

팽창밸브의 열림이 과다하여 냉매량의 공급이 과다한 경우 압축기는 냉매액을 흡입, 압축하여 파손될 우려가 있다.

2) 과소 개폐

팽창밸브의 열림이 너무 작아 냉매의 공급량이 부족한 경우 다음과 같은 부작용이 발생한다.

① 압축기의 실린더 과열
② 송출가스 온도 상승
③ 증발기의 유효 전열 면적 축소

따라서 이와 같이 냉매의 과부족이 없이 정상적인 작동 상태를 유지하기 위하여는 적절한 팽창밸브를 선정하여 사용하여야 할 것이다.

3. 종 류

1) 수동 팽창밸브

수동 팽창밸브는 손으로 밸브를 돌려 유량을 조절하는 것으로 운전자가 항상 가까이 있어야 하며, 프레온계 냉매 장치에는 거의 사용되고 있지 않고, 과거에 암모니아 냉동 장치에 다소 사용되었으나, 이 마저도 냉동기의 자동화 추세에 밀려 잘 사용되고 있지 않은 실정이다.

수동식 팽창밸브의 조절은 손으로 하며, 조절봉을 반시계 방향으로 회전시키는 경우 냉매유량은 증가하고, 시계방향으로 회전시키는 경우 유량은 감소한다.

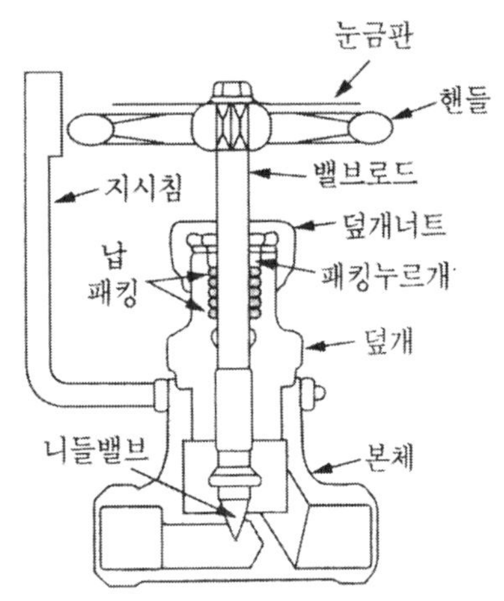

▶ 그림 6 · 32 수동 팽창 밸브 ◀

2) 자동 팽창밸브

(1) 정압 팽창밸브 (constant pressure expansion valve)

정압 팽창밸브는 증발압력을 일정하게 유지시켜 주는 자동 팽창밸브이다. 증발압력이 일정하게 유지되면 증발온도도 일정하게 유지된다.

정압 팽창밸브는 벨로우즈 (bellows) 아래에 밸브의 출구압력, 즉 증발압력이 작용하고, 벨로우즈의 위쪽에 조절 스프링의 압력이 작용하여 증발압력이 높아지면 밸브의 열림은 작아지고, 증발압력이 낮아지면 밸브의 열림은 커진다. 따라서 정상 운전상태일 때에 증발압력과 스프링 압력이 평형상태에 있게 된다.

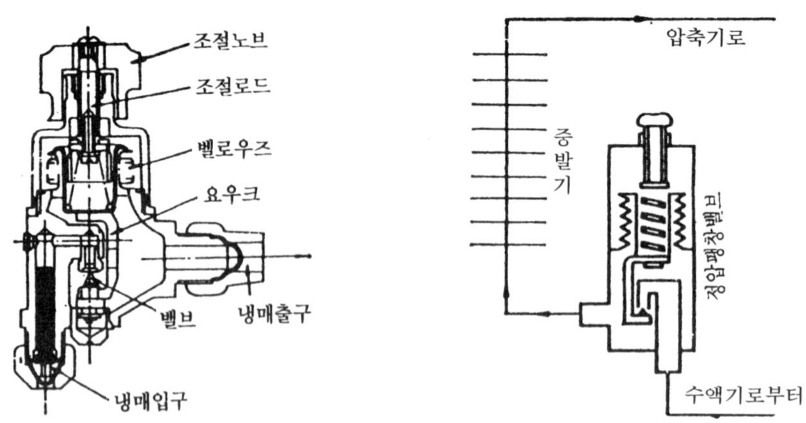

□ 그림 6 · 33 정압 팽창 밸브 □

(2) 감온 팽창밸브

감온 팽창밸브는 프레온 냉동기에 널리 사용되는 자동 팽창밸브로 온도식 팽창밸브라고도 한다. 이 밸브는 증발기에서 나가는 냉매가스의 과열도를 일정하게 유지시킴으로써 항상 변동하는 냉동장치의 운전조건 하에서도 증발기의 능력이 최대한으로 발휘되도록 냉매의 유량을 조절하여 준다.

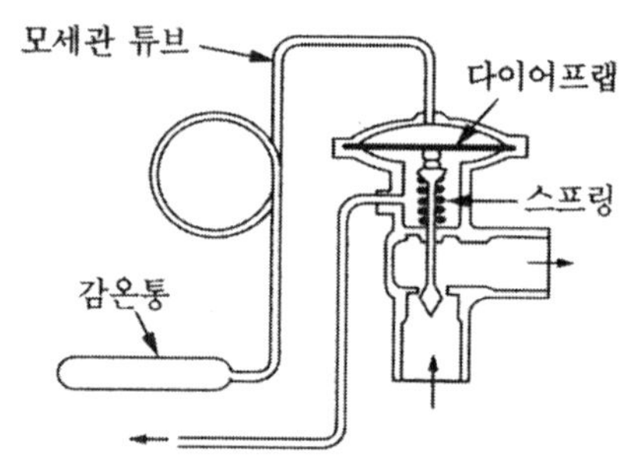

□ 그림 6 · 34 외부 균압형 감온 팽창 밸브 □

감온통 내에는 냉동장치에 사용하는 냉매가 들어 있고, 이 감온통은 증발기 출구에 부착시켜 증발기에서 나가는 냉매가스의 온도를 측정하는 역할을 한다. 따라서 벨로우즈(bellows) 위쪽에는 감온통 내의 가스압력이 작용하고, 벨로우즈(bellows) 아래쪽에는 증발압력과 조절 스프링 압력이 함께 작용하고 있다. 즉 이 세 힘 사이의 관계는 다음과 같다.

① 감온통 내의 가스 압력 = 증발압력 + 조절 스프링 압력의 관계가 성립할 때에 이 밸브는 냉동장치의 정상부하에 대하여 알맞은 유량을 공급하고 있다.

② 부하가 증가하면 증발기 출구의 냉매 가스 온도가 높아지고, 이에 따라 감온통 내의 압력도 높아져, 감온통 내의 가스 압력＞증발압력＋조절 스프링 압력의 관계가 되어 밸브의 열림이 커진다.

③ 반대로, 부하가 감소하면 밸브의 열림은 작게 된다. 이와 같은 구조의 감온 팽창 밸브를 내부 균압형이라 한다.

(3) 플로트 (float) 팽창밸브

만액식 증발기를 사용하는 냉동장치에서는 냉매의 대부분이 수액기와 증발기 내에 분포되어 있으므로, 이 중 하나의 액면을 조절하면 다른 쪽의 액면도 조절된다. 액면에 플로트를 띄워 액면 변동에서 오는 플로트의 움직임을 이용하여 팽창밸브를 개폐하는 것이 플로트 팽창밸브이다.

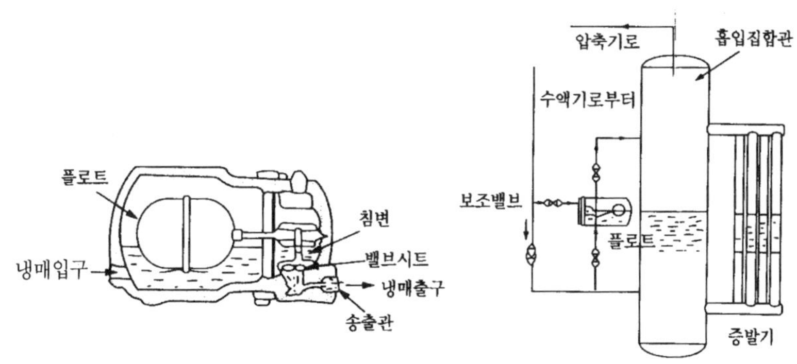

■ 그림 6 · 35 플로트 팽창밸브 ■

이것은 냉매의 대부분이 존재하는 수액기 또는 증발기에 설치한다. 이것을 수액기 쪽에 설치한 것이 고압측 플로트 팽창밸브이고, 증발기 쪽에 설치한 것이 저압측 플로트 팽창밸브이다.

(4) 모세관

증발기로 보내는 냉매유량을 팽창밸브로 조절하는 대신 소형 냉동기에서는 응축기와 증발기 사이에 내경이 0.4~2.0 mm 정도의 구리 모세관(capillary tube)을 알맞은 길이 만큼 연결하여 팽창밸브의 대용으로 사용하는 경우가 많다.

이 방법은 값이 싸고, 운전 정지 때에 고, 저압이 같게 되어 시동이 가볍게 이루어지는 장점이 있다. 그러나 인위적으로 유량 조절이 잘 안되고, 내경과 길이가 정확하고, 냉매 충전량이 정확해야 소정의 능력을 낼 수 있으며, 수분이나 고형물로 막히기 쉬운 단점이 있다.

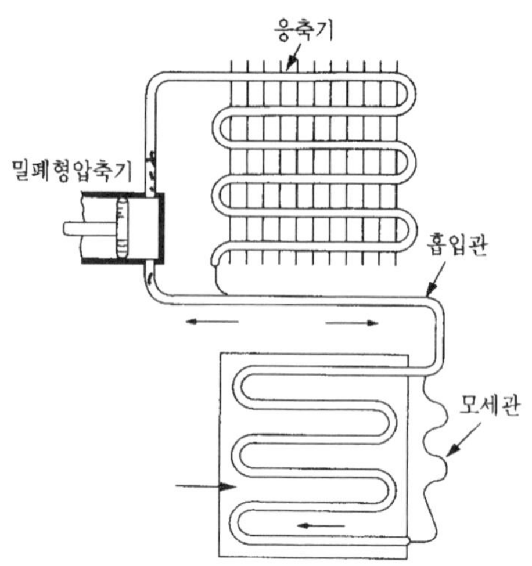

▶ 그림 6 · 36 모세관 냉동기 ◀

(5) 전자 팽창밸브

최근 냉동 공조장치의 고효율화에 의하여 팽창밸브의 냉매 유량 조절 특성 향상과 유량 제어 범위 확대 등을 목적으로 하여 각종의 전자 팽창밸브가 개발되어 실용화되고 있다. 이러한 전자 팽창밸브들은 모두 증발기 입구 냉각관 벽과 증발기 출구 관 벽에 온도 센서(sensor)를 설치하고, 이들 양쪽 센서의 검출 온도 차이에 의하여 증발기 출구의 냉매 가스의 과열도를 측정하여 이 신호에 의하여 밸브를 개폐하며, 증발기에 유입하는 냉매유량을 피드백 제어하고 있다. 따라서 제어 면에서는 온도 자동 팽창밸브와 동일한 제어 시스템이지만 온도 자동 팽창밸브에 비하여 냉매액을 정확하게 공급할 수 있는 매우 우수한 특징을 가지고 있다.

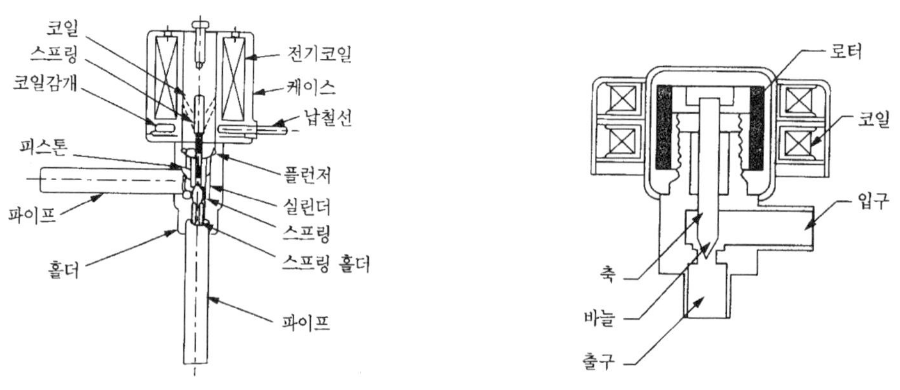

▶ 그림 6 · 37 전자 팽창밸브의 구조 ◀

제5절 부속기기

압축기, 응축기, 팽창밸브 및 증발기와 같은 4종류의 기기는 냉동장치를 구성하는 기본 기기이며, 아무리 소형의 것이라도 이 4종류는 갖추어야 냉동기의 기능을 한다. 그러나 냉동장치가 대형화하는 경우 이와 같은 기본 기기 이외에도 여러 가지 부속기기를 갖추어 냉동장치의 운전을 더욱 안전하고, 효율적으로 이루어지게 하고 있다.

1. 수액기(liquid receiver)

수액기는 응축기에서 액화한 냉매를 팽창밸브로 보내기 전에 일시적으로 저장하는 용기이다. 수액기는 냉동장치 중에서 가장 대량으로 냉매를 보유하는 기기이므로 구조나 설치 장소 등에 대하여 주의를 하여야 한다.

수액기는 기능면에서 크게 두가지로 나눌 수 있다.

1) 고압수액기

고압수액기는 응축기의 하류 측에 연결하여 응축 압력에 해당하는 고압의 응축액을 저장하는 수액기이다.

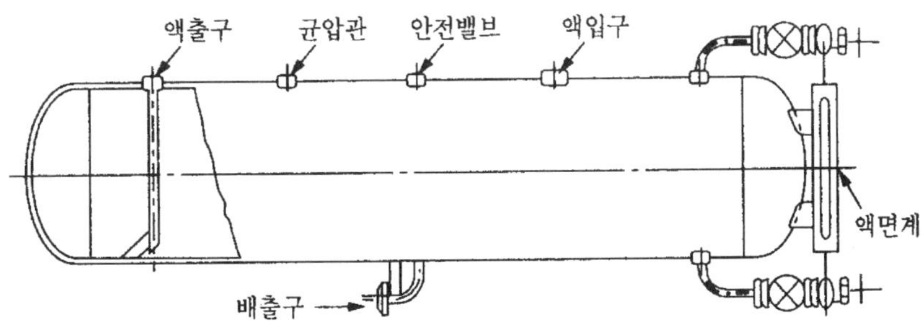

◪ 그림 6·38 고압 수액기의 구조 ◪

2) 저압수액기

저압수액기는 냉매액 순환방식의 냉동장치에서 증발기에 연결하여 증발압력에 해당하는 저압의 냉매액을 저장하는 수액기이다.

2. 유분리기(oil separater)

압축기에서 송출된 가스에는 윤활유도 포함되어 나온다. 이 윤활유는 응축기나 증발기까지 넘어 가서 전열면을 덮어 열전달률을 저하시키므로 압축기와 응축기 사이에 유분리기를 설치하여 윤활유를 분리시킨다.

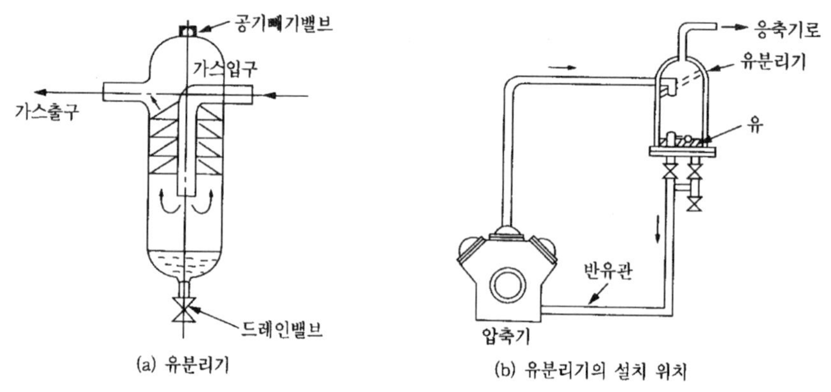

◪ 그림 6·39 유분리기의 구조 ◪

3. 액분리기(accumulator)

증발기와 압축기 사이의 흡입 가스 배관에 고정시켜 흡입 가스 속에 냉매액이 혼입되어 있을 때에 이것을 분리하여서, 증기만을 압축기에 흡입시켜 액 압축을 방지하여 압축기를 보호하는 역할을 한다.

따라서 냉동부하 변경이 심한 제빙 장치, 대형 냉장고, 동결장치 등에서는 액분리기를 반드시 설치하여야 한다.

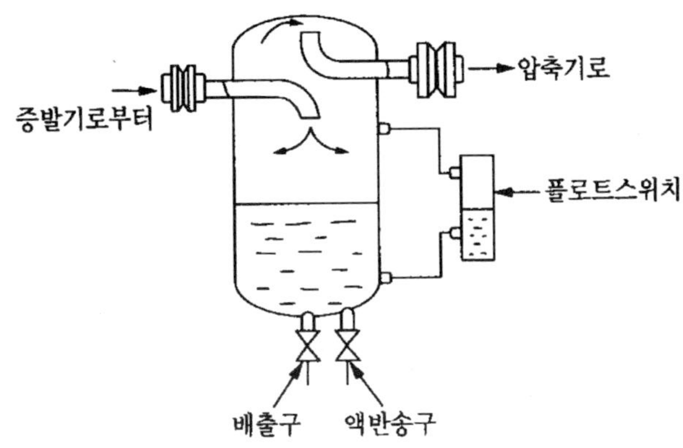

▶ 그림 6·40 액분리기의 구조 ◀

4. 불응축 가스분리기(gas purger)

불응축 가스분리기는 응축기에 부착하여 장치 내에 존재하여 있는 공기를 제거하는 장치이다.

냉동장치 내에 공기와 같은 불응축가스가 존재하는 경우 응축기의 전열작용을 저하시키고, 공기의 분압만큼 응축압력이 높아진다. 이로 인해 응축기의 효율이 저하하고, 송출가스의 온도도 높아져 윤활유의 탄화를 촉진하고, 공기로 인해 장치의 부식도 촉진된다.

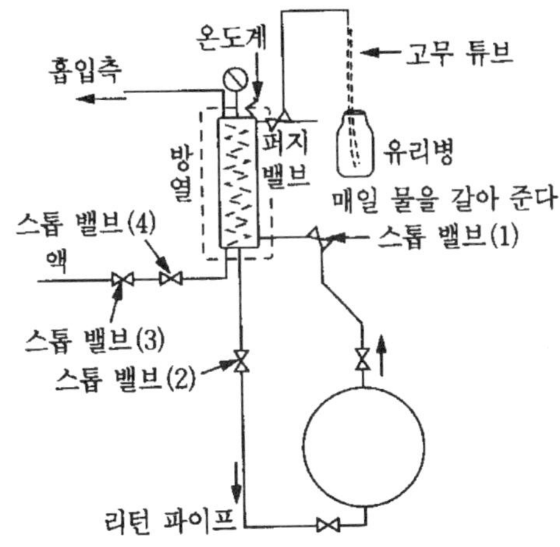

▶ 그림 6·41 불응축 가스분리기 ◀

5. 건조기

건조기는 냉매 속의 수분을 흡수, 제거하는 장치로, 건조제로는 실리카겔(silica gel, SiO_2)이나 활성 알루미나가 사용된다. 프레온계 냉동기의 액관에 설치된다.

프레온계 냉매는 수분과 서로 용해하지 않으므로 냉동장치 내에 수분이 존재하면, 팽창밸브나 모세관에서 결빙되어 통로를 좁게 하거나 심하면 통로를 막아 버린다. 또한 장치 내의 수분은 냉매를 가수분해시켜 부식을 촉진하기도 한다.

그러나 암모니아의 경우 수분과 잘 혼합되므로, 이를 냉매로 한 냉동기에서는 건조기를 설치하지 않는다.

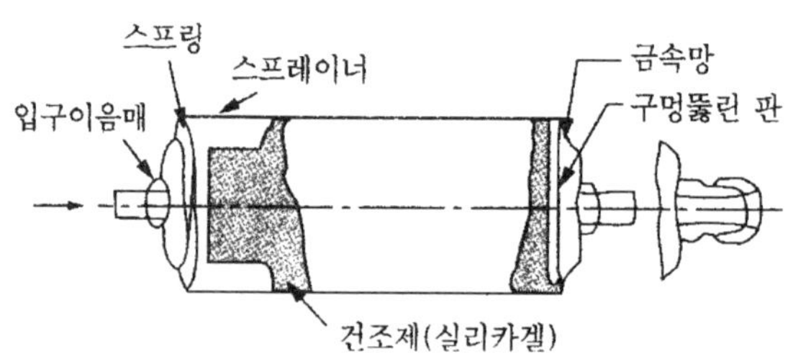

▶ 그림 6 · 42 건조기의 구조 ◀

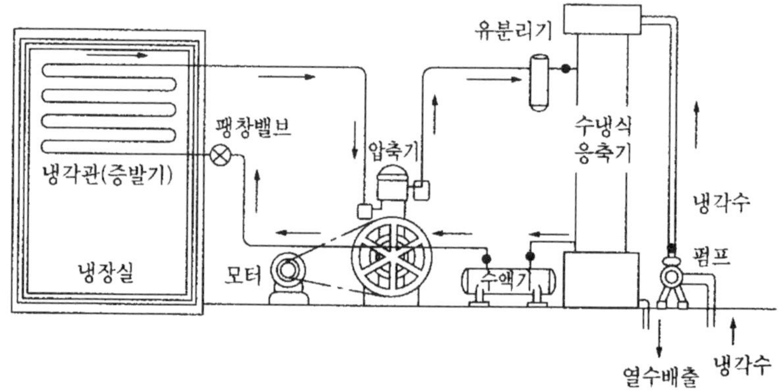

▶ 그림 6 · 43 개략적인 증기 압축식 냉동기의 냉장설비 ◀

제 7 장

자동제어

 ## 자동제어의 목적

1. 적절한 운전상태 유지

자동제어 기기는 냉동장치의 운전 상태를 안정화시킬 수 있고, 부하변동에 따라 적절한 운전상태를 유지한다. 이러한 목적으로 작동하는 자동제어 기기로는 온도식 팽창밸브, 증발압력 조절밸브, 자동 급수밸브 등이 있다.

2. 냉동장치의 안전유지

자동제어 기기는 이상 고압 등의 조건을 설정조건으로 환원시켜 냉동장치의 안전을 유지한다. 이러한 목적으로 사용되는 기기로는 고압차단 장치 및 안전밸브 등이 있다.

3. 피냉각물의 온도 제어

자동제어기기는 피냉각물의 온도 제어를 하고, 이 목적으로 사용되는 기기로는 온도 스위치, 습도 스위치 등이 있다.

4. 냉동장치의 경제적 운전

제2절 자동 제어기기

1. 냉매 유량 제어기기

팽창밸브 편에서 충분히 언급되어 있으므로 팽창밸브 편을 참조하기 바란다.

2. 압력 제어

1) 증발 압력 조절밸브

증발 압력 조절밸브는 증발기의 증발압력, 즉 증발온도를 일정값 이하로 유지할 목적으로 사용한다. 증발 압력 조절밸브는 온도식 팽창밸브, 고압측 플로트 밸브, 저압측 플로트 밸브, 전자 밸브 혹은 수동 팽창밸브 등이 있다.

2) 흡입 압력 조절밸브

흡입 압력 조절밸브는 제상이나 기타 원인에 의하여 부하가 급변하였을 때에 압축기의 전동기에 과부하가 걸리는 것을 방지하는 데에 사용된다.

3) 저압 스위치

저압 스위치는 일종의 안전장치로 온도제어 장치로 사용된다.

제 1 장

냉동식품의 정의 및 분류

제1절 냉동식품의 정의 및 특성

1. 냉동식품의 정의

1) 식품위생법규에서의 정의

냉동식품이라 함은 가공 또는 조리한 식품을 장기 보존할 목적으로 동결처리하여 용기, 포장에 넣어진 것으로서 냉동보관을 요하는 식품을 말한다.

2) 일반적인 정의

일반적으로 세계 각국에서 냉동식품의 정의는 약간씩 차이가 있으나 다음의 4가지 사항은 필수적으로 포함하고 있다.

(1) 전처리

냉동식품을 제조하는 경우 동결하기 전에 행하는 일체의 처리 행위를 전처리라 한다. 냉동식품에서 전처리를 하는 목적은 다음과 같다.

① 경제성 : 불가식부에 해당하는 운임, 보관료의 절약
② 편리성 : 불가식부의 사전처리에 의해 조리의 편리
③ 위생성 : 비위생적인 부위의 신속 제거에 의해 위생성 향상
④ 품질저하 억제 : 데치기 등에 의한 효소 실활로 품질저하 억제

(2) 급속동결

① 조직감 저하억제 : 빙결정의 크기를 작게 하여 조직감의 저하를 억제하고자 한다.
② 영양분 손실억제 : 해동 중에 드립(drip)의 유출로 인한 영양성분의 손실을 억제
   하고자 한다.
③ 동결시간 단축 : 동결시간을 단축하여 경제적인 손실 절감 효과를 누리고자 한다.

(3) , 18″ 이하의 품온으로 유지

일반적으로 동결식품의 빙결정은 보존온도가 높거나, 보존기간이 경과하면 서서히 성장하여 냉동식품의 조직을 파괴한다.

따라서 냉동식품의 조직파괴를 억제하기 위하여는 반드시 급속동결, 저장온도의 저온유지 ($-18℃$ 이하) 및 보존 중의 온도 변화 억제 등을 실시하여야 한다.

(4) 소비자용 포장

냉동 식품은 저장 및 유통 중에 건조 등의 내부적 품질 저하를 억제하고, 외부로부터 충격 및 오염을 억제하기 위하여 반드시 소비자용 포장이 되어야 한다.

2. 냉동식품의 특성

1) 식생활면

(1) 신선도

식품을 미생물이 증식하기 어려운 상태의 품온으로 유지시켜 신선도를 고도로 유지시킨 아주 위생적인 식품이다.

(2) 편리성

산지에서 이미 전처리하고 또한 바로 식용할 수 있게 만들어, 경제적, 사회적 여건의 변화로 증가하는 맞벌이 부부들에게 조리면에서 편리성을 부여한 식품이다.

■▶ 표 1·1 냉동식품의 특성 ◀■

특 성	이 유
저장성	품온 저하 만으로 신선도 유지
편리성	불가식부의 제거로 전자렌지 등으로 간편하게 조리 가능
안전성	저온 (-18℃ 이하)에서 1년 정도 저장 가능한 안전식품
가격 안정성	원료의 장기보존이 가능하여 가격 안정
유통 합리화	냉동식품은 품질규격 및 위생기준에 따라 제조된 것이므로 자연 그대로의 생선식품과는 형태, 크기, 품질에 있어서 차이가 있음

(3) 다양성

일반식품을 그대로 또는 간단히 가공 및 조리하여 저온처리한 식품이어서, 그 종류가 아주 다양하다.

(4) 영양 및 향미

식품의 품온 만을 저하시키고 가열처리 등이 거의 없어 향미, 영양 및 비타민 등의 열파괴는 없으나, 해동시에 드립의 유출로 약간의 영양저하는 있다.

(5) 불가식부의 제거

불가식 부분이 제거된 상태에서 소비자가 접함으로 인하여 불가식 부분의 처리에 대한 노력 및 폐기에 대한 고민 해결, 불가식 부분에 해당하는 운임료, 창고료 등의 절감 및 오염원의 근원적 제거로 인한 신선도 및 위생성 향상을 기할 수 있다.

2) 유통면

냉동식품은 큰 품질 저하없이 1년 정도 보존 가능하고, 따라서 그 수요를 예상하여 냉동식품을 생산할 수 있어, 대량의 규격화가 가능하다.

3. 기타 저장법과의 비교

표 1·2 식품의 저장방법과 그 특성

저장 방법	원 리	생원료와의 차이
건조	자유수의 감소에 의한 수분활성 저하	1. 조직감 2. 중량 및 부피
염장 및 당장	1. 삼투압 작용 2. 수분활성 저하 3. 염소이온의 미생물에 대한 살균작용 4. 산소용해도 저하	짠맛 또는 단맛 부여
초절임	1. pH저하 2. 초산 살균 작용	신맛부여
훈연	1. 가열 2. 건조 3. 식염 첨가 4. 훈연 성분 5. 표층 피막 형성	1. 조직감 변화 2. 독특한 맛 부여 3. 안전성 문제
가열	탈기, 밀봉, 살균 및 냉각	1. 조직감 2. 영양성분 파괴
첨가물	첨가물의 살균 및 방부 효과	안전성 문제
방사선	방사선의 살균 및 방부 효과	안전성 문제
저온저장	1. 온도저하 2. 수분활성 저하	생 원료와 유사

1) 품질 향상

전처리로 인하여 냉동식품의 품질은 자연스럽게 향상된다.

2) 저장 및 유통의 일관성

냉동식품의 규격화에 의해 수송, 보관 및 구매에 일관성이 있다.

3) 가격 안정

식품의 소비기간 연장에 의한 가격의 안정화에 일익을 담당한다. 그 하나의 좋은 예로 월명기에는 어류가 어획되지 않으나 비월명기에 어획된 냉동어류를 월명기에 출하하여 어류의 가격을 안정화시킨다.

4) 운임 및 창고료의 절약

냉동식품을 제조하는 경우 이미 폐기물은 제거되었으므로, 이로 인한 운임 및 창고료 지불 등의 손실은 없다.

4. 냉동식품의 전망

식품에 대한 가치 기준 및 식품의 소비 경향으로 미루어 보아 냉동식품에 대한 선호도는 상당히 증가하리라 예상된다.

1) 식품에 대한 가치 기준

식품의 가치 기준 면에서 저온저장 식품은 거의 모두를 만족하나 기타 식품은 이들 중에서 한 두 항목을 만족시키지 못하고 있다.

▶ 표 1·3 식품의 가치 기준 ◀

가치 기준	결여 대상식품
영 양 성	통조림, 레토르트 파우치 식품, 병조림, 건제품, 훈제품
경 제 성	전처리를 하지 않는 가공식품
위 생 성	전처리를 하지 않는 가공식품
보 존 성	전처리를 하지 않는 가공식품
편 리 성	전처리를 하지 않는 가공식품
기 호 성	초절임, 훈제품
안 전 성	훈제품, 염장품 및 방사선 조사 식품

2) 식품의 소비 경향

■▶ 표 1·4 식품의 소비 경향 ◀■

년　대	지향하는 면	중 점 사 항
1970년 이전	양적인 면	양적 팽창
1970~80년대	영양적인 면	영양강화 (필수아미노산 및 필수지방산 등)
1990년대	기능적인 면	기능성 강화 (taurine, EPA, DHA, Ca 등)
미래	건강지향 및 편의적인 면	기능성 및 편의성 강화(기능성 강화 조리 냉동 식품 등)

제2절 냉동식품의 분류

1. 소재에 따른 분류

■▶ 표 1·5 소재에 따른 냉동식품의 분류 ◀■

소재	특　징
수 산 물	무가열의 수산물 식품이 주류를 이루고 있음
농 산 물	야채류와 과실류 식품이 주류를 이루고 있음
축 산 물	조육과 육류를 원료로 한 냉동품이 주류를 이루고 있음
조리식품	햄버거 등과 같은 즉석 냉동 식품이 주류를 이루고 있음

2. 가열시기에 따른 분류

■ 표 1·6 가열시기에 따른 분류 ■

분 류		특 징
비가열 섭취 냉동식품		동결 전의 가열 유무에 관계없이 먹기 전에 가열없이 그대로 식용하는 냉동식품을 말한다.
가열후 섭취 냉동식품	동결 전 가열	동결 전에 조리하고 섭취 전에 가열하여 식용하는 것으로 대부분의 조리식품을 말한다.
	동결 전 비가열	전제품 비가열 냉동식품과 일부 원료 비가열 냉동식품이 있고, 식용시에 가열하는 제품을 말한다.
생식용 냉동 선어패류		참치회(마구로) 등과 같은 횟감용 제품을 말한다.

3. 소비 용도에 따른 분류

■ 표 1·7 소비 용도에 따른 냉동식품의 분류 ■

소비 용도	특 징
업무용	학교 급식, 산업 급식, 영업 식당용으로 판매하고자 하는 재료
가정용	일반용이라고도 하는데, 일반 가정용으로 판매하는 냉동식품

제 2 장

식품냉동의 기초지식

제1절 식품냉동의 목적

(1) 식품 저장(for food preservation)
(2) 식품 가공(for food processing)
(3) 식품 공장의 공기조화(for air conditioning at food processing plant)

제2절 식품냉동의 이용

▶ 표 2·1 식품냉동의 이용 ◀

식품냉동의 목적		식품냉동의 이용
저장 목적		식품의 저온 저장
		식품의 저온 수송
가공 목적	가공	아이스크림 등의 빙과류 제조
		한천 등과 같은 동건품의 제조
		스프 등의 진공동결 건조
		과즙 등의 동결 농축
		저온 삼투압 탈수 건조법
		조리 냉동 식품의 제조
	제조조건의 조정	겔 강도 증강을 위한 수리미(surimi) 숙성
		밀가루 반죽 냉각
		식육 숙성
		양조 숙성
		치즈 숙성
식품공장의 공기 조화		쾌감 공기조화
		산업 공기조화

제3절　식품냉동의 온도 이용 범위

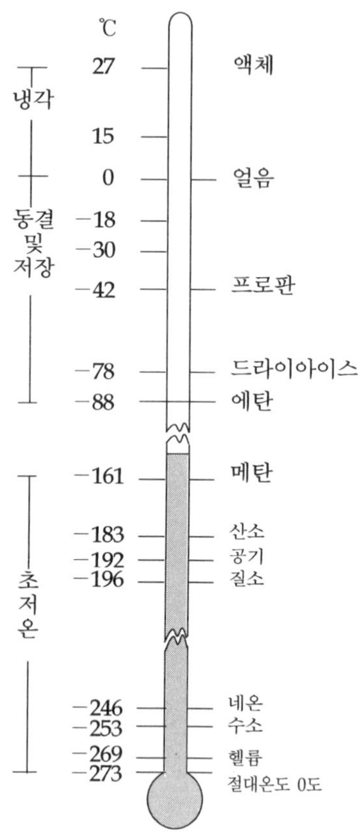

◘ 그림 2·1　냉동식품의 온도 이용 범위 ◘

제4절　동결 현상

1. 빙결점(freezing point)

　빙결점은 대상 물체 내에 빙결정이 생성되기 시작하는 온도, 즉 얼기 시작하는 온도를 말한다.

1) 순수한 물

순수한 물의 빙결점은 0℃이다.

2) 수용액

순수한 물은 과냉각이 없는 이상 0℃에서 빙결되나, 수용액은 농도가 높을수록 빙결점이 낮아지는 빙점 강하가 일어난다. 묽은 수용액의 빙점강하($\triangle t$)는 아래와 같이 Raoult의 법칙으로 설명 가능하다.

$$즉, \triangle t = K \times (W / M)$$
$$= K \times m$$

여기서 W : 용매 1,000 g 중에 녹아 있는 용질의 무게(g)

M : 용질의 분자량

K : 용매상수

m : 몰랄농도(용매 1,000 g 중에 녹아 있는 용질의 몰수)

그리고 수용액이 여러 종류의 용질을 용해하고 있는 경우, 그 용질의 빙점 강하는 각각의 빙점 강하의 합($\triangle t = \triangle t_1 + \triangle t_2 + \triangle t_3$)과 같다.

예제 : 물(K : 1.86) 25.0 g에 설탕(M＝342) 2.85 g을 녹인 용액의 어는 점은?

풀 이 ▌ 물 1,000 g에 녹아 있는 용질(설탕)의 양은 114 g(25.0 g : 2.85 g＝ 1000 g : x)이다. 따라서 몰랄농도는 0.333 m(114 g / 342 g)이다. 여기서 Raoult의 법칙(K×m)으로부터 어는 점 내림은 −0.62℃ (1.86×0.333)이다.

3) 식 품

식품의 빙결점도 수용액의 빙결점과 같이 반드시 0℃ 이하이다(표 2−2). 이와같이 순수한 물의 경우 과냉각이 없는 이상 0℃에서 빙결되나 식품 중의 수분은 수용액 상태로 존재하여 농도가 높을수록 빙결점이 낮아지는 빙점 강하 현상이 일어난다. 각종 식품의 빙결점은 염류 및 당류의 함량이 높은 식품이 낮은 식품에 비하여 일반적으로 낮고, 어류의 빙결점은 담수어(평균 −0.5℃)가 가장 높고, 다음으로 회유성 어류 (평균 −1.0℃)이며, 저서성어류(평균 −2.0℃)가 가장 낮다.

➡ 표 2·2　식품의 빙결점 ⬅

식　품	빙결점(℃)	식　품	빙결점(℃)	식　품	빙결점(℃)
토마토	−0.9	포도	−2.2	소고기	−0.6
양파	−1.1	감	−2.1	어육	−0.6
감자	−1.7	레몬	−2.2	우유	−0.5
고구마	−1.9	바나나	−3.4	난백	−0.5
사과	−2.0	밤	−4.5	난황	−0.7

2. 공정점(eutectic point)

　수용액이 냉각되면 빙결점에서 얼음이 석출되며, 최초 석출된 얼음은 순수한 물이어서, 남은 용액의 빙결점은 강하된다. 용액의 온도는 계속적으로 냉각시키면 빙결 수분량의 증가와 더불어 용액이 농축되면서 계속 하강하여 일정 온도에 이르면 수용액 상태에서 동결된다. 이 때의 온도를 수용액의 공정점이라 한다. 즉, 빙결점은 대상 물체가 얼기 시작하는 온도를 말하고, 공정점은 대상물체가 동결을 완료한 온도를 말한다.

3. 과냉각 현상

　과냉각은 냉각 대상 물체가 빙결점에 도달하여도 빙결하지 않는 현상을 말한다. 과냉각 상태는 준안정 상태이므로 빙결 할 수 있는 조건 즉 빙결점 이하의 온도, 충격 등이 가하여지면 과냉각 상태가 깨어지면서 빙결하게 된다.

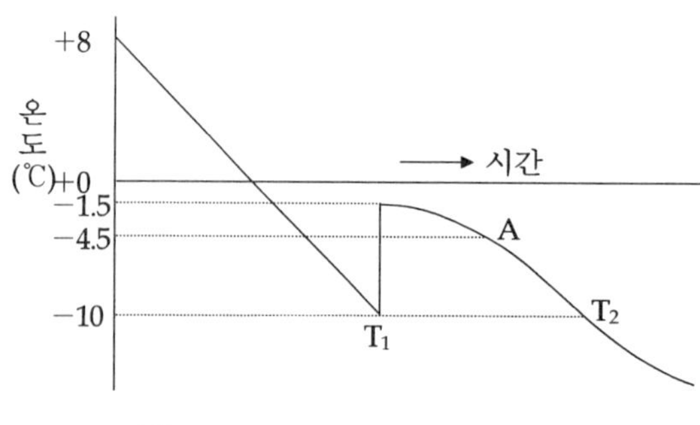

➡ 그림 2·2　과냉각 곡선 ⬅

4. 동결률

빙결 수분량은 빙결점에서 온도를 그 이하로 낮추는 경우 자연히 증가하게 된다. 동결률은 이와 같이 최초 수분량에 대하여 일정온도에서 빙결한 얼음의 비율을 말하며, Heiss에 의하면 동결률은 다음과 같이 나타낼 수 있다.

$$동결률(\%) = \{1 - 식품의\ 동결점(℃) / 식품의\ 온도(℃)\} \times 100$$

이 Heiss식에 따르면 최대빙결정 생성대인 −5℃에서 식품은 대략 80%가 동결되나, 식품에 따라서는 빙결점이 달라 그림 2·3과 같이 빙결률이 다양하다.

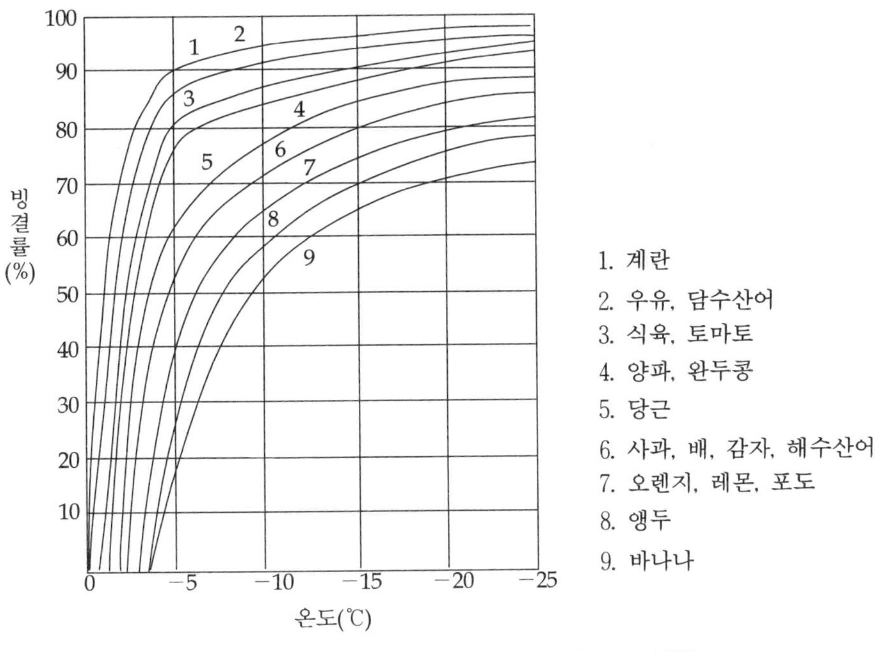

▶ 그림 2·3 식품의 품온과 빙결률과의 관계 ◀

5. 최대 빙결정 생성대(zone of maximum ice crystal formation)

최대 빙결정 생성대는 −1~−5℃범위의 온도대를 말하며, 용어 그 의미대로 이 온도대에서 빙결정의 석출이 가장 많이 이루어진다. 즉, 빙결점이 −1℃인 식품의 경우 품온을 −5℃로 내리게 되면 식품 내의 수분이 약 60~80%가 빙결하게 된다. 이 때에 많은 빙결 잠열의 방출로 식품의 온도는 거의 변화하지 않고 동결이 이루어져 냉동곡선 상에서는 거의 평탄하게 나타난다.

최대 빙결정 생성대가 동결식품의 품질에 미치는 영향은 다음과 같다.

(1) 빙결정 상태

최대 빙결정 생성대에서는 조직 구조에 주된 영향을 주는 빙결정이 60~80%정도가 생성되고, 이 때에 생성되는 빙결정의 수, 크기, 모양 및 위치가 이 온도대에서 머무르는 시간에 따라 좌우되어 제품의 품질에 영향을 준다.

(2) ATP, 글리코겐, 지질 및 단백질의 변화

최대 빙결정 생성대에서는 식품조직 구조의 파괴로 인해 ATP, 글리코겐 및 지질의 효소적인 분해와 단백질의 동결 변성 등이 최대로 이루어진다.

(3) 전분의 변화

최대 빙결정 생성대에서는 전분의 β화가 가장 신속히 촉진되는 온도대(1~-1℃)이므로, α전분을 함유한 식품은 이 온도대를 빨리 통과시켜야 한다.

(4) 저온 미생물의 변화

최대 빙결정 생성대에서도 저온 미생물 중에는 발육 가능한 종이 있으므로 신속히 -10℃까지 낮추어야 한다. 이와 같은 요인으로 인하여 국제 냉동 협회에서는 냉동품의 품질을 고려하여 급속동결을 추천하면서, 급속동결은 최대 빙결정 생성대를 30분 이내에 통과하여야 한다고 주장하고 있다.

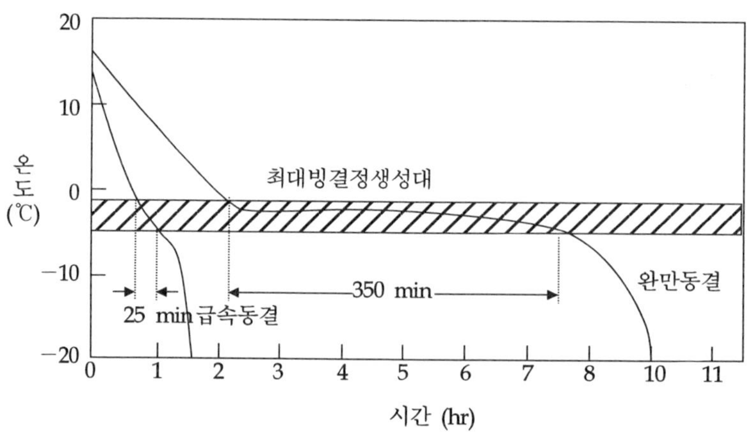

▶ 그림 2·4 최대 빙결정 생성대 ◀

그러나 실용적인 급속동결장치에서 30분에 −5℃에 도달하는 층은 표면에서 겨우 0.75~1.5 cm 정도이므로 양쪽에서 진행되면 1.5~3 cm 정도의 두께가 되어, 실제 동결식품의 두께가 3 cm 이상인 경우가 많아 실제로 적용하기 어렵다.

6. 동결곡선

동결곡선은 어떤 물체를 동결하고자 할 때에 그 물체의 온도중심점에서 시간별 온도를 기록하여 연결한 곡선으로, 이를 세별하는 경우 빙결점 이상의 냉각곡선 (cooling curve)과 빙결점 이하의 냉동곡선(freezing curve)으로 나누어진다.

1) 물

온도 T_1℃의 순수한 물을 냉각시켜 얼음으로 만들고 냉각을 계속하여 얼음의 온도를 T_2℃까지 내릴 때의 동결곡선은 그림 2·5A와 같다. T_1℃에서 T_0℃까지의 곡선 A−B구간은 상의 변화없이 냉각되고 있는 구간으로 T_0℃=0℃이며, 물의 빙결점이다. B−C구간은 B점에서 빙결이 시작되며, 이는 물이 완전히 빙결할 때까지 물에서 제거되는 열량의 경우 모두 빙결잠열로 소비되기 때문이다. C−D구간은 물이 모두 빙결하면 냉각에 의해 얼음의 온도는 하강하게 되는 것을 나타낸 것이고, D는 최종온도 T_2℃로 된다.

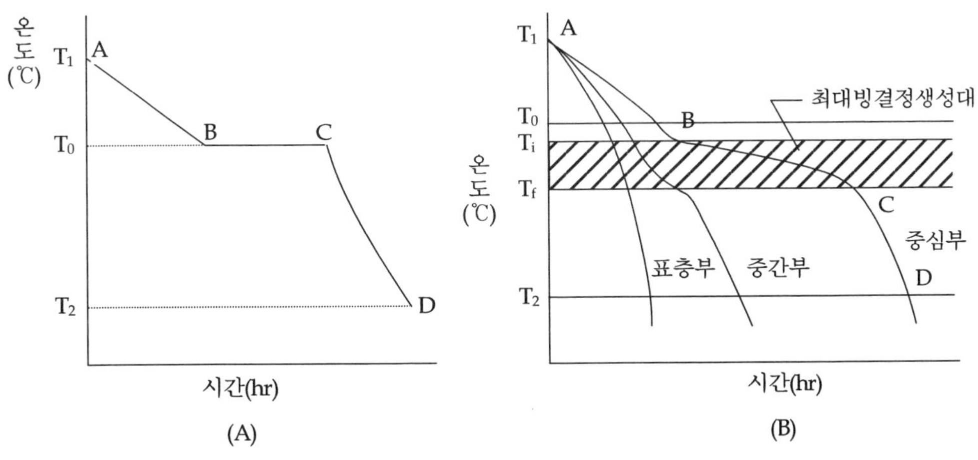

◪ 그림 2·5 물(A) 및 식품(B)의 동결곡선 ◪

2) 식 품

식품의 동결곡선은 그림 2·5B와 같다. 식품의 동결곡선은 순수한 물의 경우와 유사하나, 다음과 같은 차이점이 있다.

① B−C구간이 물에서는 직선이나, 식품에서는 완만한 곡선이다.

② C의 온도 $T_f℃$는 $T_i℃$보다 낮다.

③ 빙결점은 물의 경우 $T_0℃=0℃$이지만, 식품의 경우 식품 중의 염류나 당류에 의해 $T_0℃$보다 낮은 $T_i℃$이다.

따라서 식품 중의 수분이 빙결하게 됨에 따라 나머지 용액의 농도는 점점 높아져 동결이 어렵게 되어, 식품의 동결곡선은 B−C−D 형태로 얼어진다.

7. 동결 3상

동결 3상을 나타내면 그림 2·6과 같다.

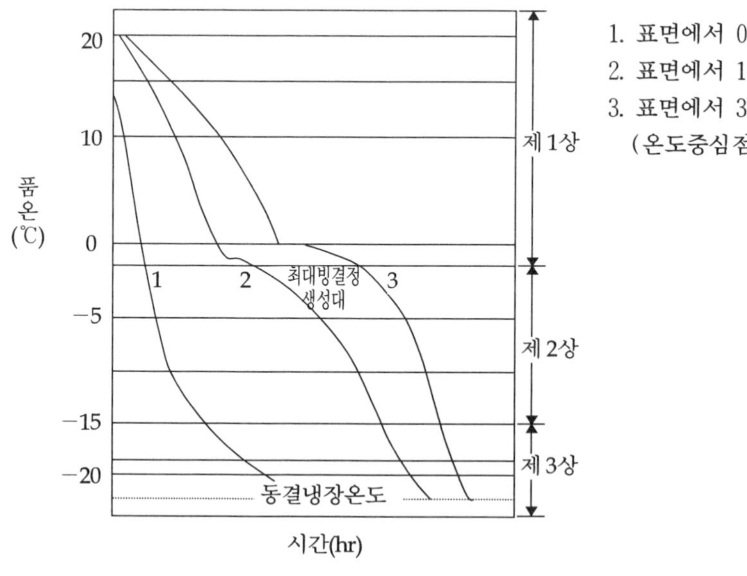

◪ 그림 2·6 동결 3상의 상태 ◪

1) 제 1 상

제 1 상은 초온에서 동결점까지의 냉각구간을 말한다. 이 구간에서는 미생물이나 효소의 작용을 완전히 억제하지 못하기 때문에 이들의 영향을 최소한으로 줄이기 위하여 가능하다면 시간을 단축시켜야 한다.

2) 제 2 상

제 2 상은 식품이 동결상태로 변화하는 구간이다. 이 구간에서는 식품 중의 수분이 대부분(86~98%) 동결되므로 품질에 크게 영향을 준다.

3) 제 3 상

제 3 상은 식품이 동결 냉장온도에 도달할 때까지의 구간을 말한다. 식품이 동결장치에서 나올 때는 온도가 균일하지 못하나, 냉장실에서 평균품온을 갖게 된다. 동결종온은 적어도 중심온도가 $-15\,^{\circ}\mathrm{C}$ 이하로서 냉장실에서 평균품온으로 안정되었을 때에 $-18\,^{\circ}\mathrm{C}$이하로 되는 것이 좋다.

8. 빙결정

1) 빙결정의 발생

식품을 동결할 때에 발생하는 빙결정은 크기, 수, 모양, 분포 등에 따라 품질에 영향을 미친다.

(1) 빙결정의 크기 및 수

식품을 동결하는 경우 식품 내의 액체가 냉각되어서 상태 변화를 하면 냉각속도가 빠를수록 빙결정 핵이 많이 생성되나, 그 핵이 성장할 여유가 없어 작은 모양의 빙결정이 생성된다. 그러나, 냉각속도가 늦은 경우 빙결정 핵의 생성은 적으나 주변의 물이나 증기가 부착할 여유가 있고, 이로 인해 큰 모양의 빙결정이 생성되어, 식품의 조직을 파괴하게 된다.

(2) 빙결정의 분포

빙결정은 세포 내부의 미세한 빙결정이 세포 외부의 대형 빙결정보다 품질에 미치는 영향이 적다. 일반적으로 최초에는 빙결정이 세포 외부에 발생하나, 급속동결을 하는 경우 세포 내에 작은 결정이 다수 발생하고, 완만하면 외부에 큰 결정이 소수 발생한다.

2) 빙결정의 성장

빙결정은 표면에서 중심으로 향할수록 늦어지고, 육질 조직의 차이에 의해 크기가 불균일하다. 이와 같이 빙결점의 크기가 불균일한 경우 작은 것은 소실하고, 큰 것은 더 크게 되는데 이것을 빙결점의 성장(ice crystal growth)이라고 한다.

빙결정 성장의 모식도는 그림 2·7과 같다.

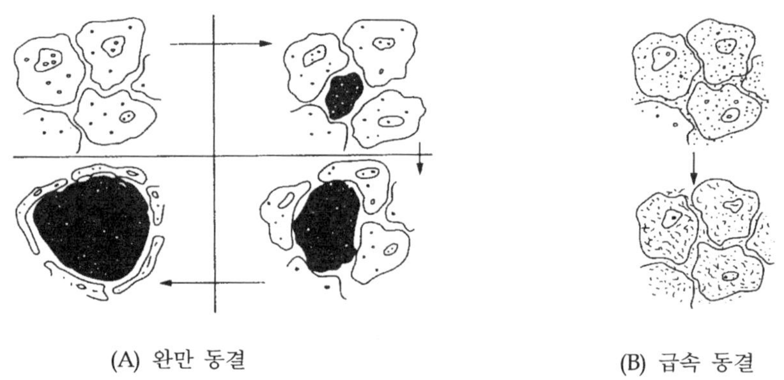

(A) 완만 동결   (B) 급속 동결

▶ 그림 2·7 동결속도에 따른 어육 내의 빙결정의 분포 ◀

(1) 빙결정의 수증기압

일반적으로 빙결정의 수증기 압은 큰 결정의 수증기압＜작은 결정의 수증기압＜액체 또는 기체의 수증기 압과 같은 관계가 있다. 따라서 수증기압이 큰 것은 승화하기 쉽고, 승화한 것은 수증기압이 작은 것의 표면에 부착하여 결정은 성장한다.

(2) 빙결정의 크기

빙결정의 크기에 차이가 있으면서 근접하여 있는 경우 작은 빙결정의 수증기압이 큰 빙결정의 수증기압보다 크므로 작은 빙결정 쪽에서 승화하는 수분이 큰 빙결정의 표면에 모이게 되어 작은 빙결정은 소실되고, 큰 빙결정은 성장하게 된다.

(3) 물과 얼음의 혼재

동일 온도에서 얼음과 물의 수증기압은 물>얼음이어서, 빙결정 근처에 존재하는 미동결 물로부터 기화한 수분이 빙결정의 표면에 부착하여 빙결정은 성장한다.

(4) 저장온도의 변화

동결저장 중에 냉장고의 개폐 및 기타의 원인으로 품온의 변동이 있으면 품온이 상승할 때에 작은 빙결정이 녹아 먼저 소실되고, 큰 빙결정 만이 남게 된다. 이어서 품온이 저하하는 경우 녹은 물은 큰 빙결정을 핵으로 하여, 그 표면에서 결정화된다.

3) 빙결정의 성장 억제 방안

빙결정은 성장하는 경우 식품의 조직이 파괴되어 품질이 저하되므로 가능하다면 빙결정의 성장을 억제하여야 하고, 그 방안은 다음과 같다.

① 급속동결
② 저온의 동결저장온도 유지
③ 저장온도의 변동 억제

9. 동결 팽창 및 팽압

1) 동결 팽창

대부분의 물질은 온도가 상승하면 팽창하고 낮아지면 수축된다. 그러나 물을 함유하는 물체 즉 식품 등은 반드시 이 법칙에 따르지 않는다. 물은 4℃에서 밀도가 가장 크고, 이보다 높거나 낮으면 부피가 늘어나는 특이한 성질이 있어 물이 0℃에서 빙결되면 4℃때 부피의 약 1.09배 즉 약 9%가 증가한다. 따라서 일반식품은 함수율과 빙결률이 클수록 동결 팽창이 크게 된다.

식품의 동결 팽창률은 물 이외 성분의 수축률을 무시한다면 다음과 같은 식으로 표현 가능하다.

동결 팽창률＝함수율×동결률×얼음의 팽창률

단, 지방이 많이 함유된 식품의 동결 팽창은 지방의 수축과 상쇄되어 아주 적다.

예제 : 식품(함수율 85%)이 95% 동결되었을 때 동결 팽창률은 얼마인가?

풀 이 ▍ 동결 팽창률＝함수율×동결률×얼음의 팽창률
＝0.85×0.95×0.09＝0.072
따라서 동결 팽창률은 7.2%이다.

2) 동결 팽압

식품이 표면에서부터 동결되면 동결팽창은 주로 미동결 상태의 내부로 향하게 되어
식품 내부에는 압력을 받게 된다. 어체를 round상태로 동결하게 되면 팽압으로 인하
여 다음과 같은 현상이 발생한다.

① 내장기관의 조직 손상으로 배출된 분해효소에 의해 근육조직의 변질 초래
② 빙결정에 의해 근육조직의 손상
③ 적혈구 막의 파괴로 유출된 내용물(hemoglobin 등)의 근육 침투에 의한 변색 및
　변질

한편, Huzikawa 등은 어육조직 내부에 미치는 동결 팽압에 대하여 다음과 같이 설
명하였다.
① brine 온도가 낮을수록 크다.
② 최대치에 도달한 후 하강한다.
③ 최대치에 도달하면 압력의 변동이 현저하게 일어난다.
④ 용기의 모양에 따라 차이가 있다.
⑤ 중심부가 동결 상태로 되기 전에 현저히 증가한다.
⑥ 동결 후 표면에 약간이라도 균열이 발생하면 현저하게 감소한다.
⑦ 고온으로 중심부까지 동결한 것을 낮은 온도로 내리면 어느 정도 증가되나, 처음
　부터 낮은 온도로 동결한 경우에 비하면 아주 낮다.

10. 동결속도

1) Plank의 동결속도

일반적인 의미의 동결속도는 동결에 의한 온도차(동결초온과 동결종온의 차)를 동결

시간으로 나눈 값이다. 그러나 이는 너무 수학적인 개념이어서 Plank는 동결속도(V)를 다음과 같이 정의하고 있다.

$$V = (H/2)/Z$$

   H : 두께 (cm)
   Z : 식품의 중심온도가 -5℃로 내려갈 때까지의 시간

동결속도는 V의 값에 따라 표 2·3과 같이 분류되고 있다.

▶ 표 2·3 동결속도에 의한 동결방법의 분류 ◀

동결방법	동결속도
급속동결	$V \geq 5 \sim 20$ cm/hr
중속동결	$V = 1 \sim 5$ cm/hr
완만동결	$V = 0.1 \sim 1$ cm/hr

한편, 국제냉동협회에서는 최대 빙결정 생성대 통과시간을 25~35분 이내에 통과하여야 급속동결이라고 한다. 그러나 실제로 급속동결장치를 이용하여도 25~30분 동안에 −5℃ 온도로 되는 두께는 표면에서 0.75~1.5 cm 정도 (양면에서 1.5~3.0 cm)에 불과하다. 이를 Plank 동결속도에 적용하는 경우 V=0.75~1.5 cm/0.5 hr=1.5~3.0cm/hr가 되어 중속동결 정도에 불과하다. 이러한 일면으로 볼 때에 식품은 여러 가지 형상을 가지고 있어, 식품의 형상에 관계없이 단지 최대 빙결정 생성대 통과시간만으로 언급하는 것은 무리이다.

따라서 급속동결을 요하는 경우 가능한 한 두께를 얇게 하는 것이 좋다.

2) 동결속도가 품질에 미치는 영향

(1) 완만동결

조직 내의 얼음 입자들은 주로 세포 간(intercellar space)에 존재하는데, 이런 경우 얼음 입자의 크기가 크고 또한 수분이 세포 내에서 세포 외로 이동하여 조직의 파괴, 식품 중의 단백질 고차 구조의 파괴 및 염 농축에 의한 단백질의 동결변성을 초래하게 된다.

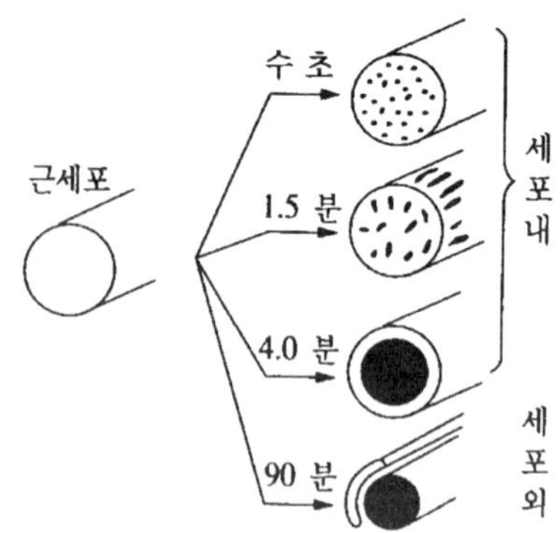

▶ 그림 2 · 8 최대 빙결정 생성대 통과시간에 따른 식품의 빙결정 분포

(2) 급속동결

급속동결을 하게 되면 세포 내외에 소립의 빙결정이 다수 생성된다. 따라서 완만동결에서 볼 수 있는 대형 빙결정의 생성 및 빙결정의 성장에 따른 조직의 파괴 및 단백질 고차 구조 파괴를 억제 할 수 있다. 뿐만이 아니라, 급속동결을 하면 소립 다수의 빙결정이 생성되므로 전체 표면적이 넓어져서 조직 중의 염이온이 박층상으로 소립의 빙결정 표면에 분산되므로 세포 외 동결에 비하여 염농축 정도도 작아진다. 동결 직후 또는 저장 초기에 해동하면 세포 내 동결, 세포 외 동결의 어느 쪽도 품질에는 큰 차이가 없으나 저장 기간이 길어지면 세포 외 동결 쪽이 품질저하가 크게 된다.

제5절 식품의 저온저장과 미생물

동결은 다른 저장방법에 비하여 향미, 식감 및 식품 고유의 품질 변화가 적으면서 미생물의 증식에 의한 변패가 거의 억제 가능하고, 기타 화학적, 물리적, 생물학적 요인에 의한 식품의 변질도 억제 가능하다는 특징을 갖고 있다. 그러나 동결처리는 열처리와는 달리 미생물에 대한 살균작용은 거의 없어 동결식품을 일단 해동하면 동결 전의 미생물의 상황이 그대로 재현되어 식품의 부패 및 식중독 등의 문제가 발생하므로 동결 전 취급에 특히 주의하여야 한다.

1. 식품 미생물의 발육과 온도

거의 모든 미생물은 상온 부근에서 활발히 증식을 하고, 저온(10℃ 이하) 또는 고온 (60℃ 이상)에서는 거의 증식을 안한다. 세균의 생육 최적온도는 균의 종류에 따라서 현 저하게 차이가 있어, 고온성 세균, 중온성 세균 및 저온성 세균으로 분류하고 있다.

◖ 표 2·4 온도에 따른 미생물의 분류 ◗

분류	발육온도(℃)			미 생 물
	최저	최적	최고	
저온성균	0~5	10~20	25~30	*Vibrio, Pseudomonas, Achromobacter* 와 같은 수 중 세균
중온성균	10~15	25~40	40~50	사상균, 효모, 곰팡이, 대부분의 병원균
호열성균	25~45	50~60	70~90	온천균, *Bacillus coagulance, Clostridium botulinum* 등

1) 고온성 세균

고온성 세균은 호열성 세균으로도 불리며, 이 세균은 보통의 세균(중온성 세균)이 사 멸되는 온도(75℃)대에서도 발육하고, 50~60℃에 최적 온도대를 갖는다. 이 호열성 균의 발육 최저온도대는 40℃정도로 상온에서는 거의 발육하지 않는다.

2) 중온성 세균

중온세균은 20~40℃에서 생육하며, 37℃전후에 최적 온도대를 갖고, 10℃이하 및 50℃이상에서는 증식을 하지 않는다. 병원성 세균을 포함한 대부분의 세균이 여기에 포함된다.

3) 저온성 세균

저온성 세균은 20℃부근에 최적 생육온도대가 있고, 7℃ 이하에서도 잘 생육하며 0℃에서도 2주간 이내에 증식을 한다. 특히 저온에서 생육하는 것을 호냉성 세균이라 고 하지만 일반적으로 저온세균에 포함시키고 있다. 표 2·4는 온도에 따른 미생물의 분류이다.

2. 식품의 저온저장과 미생물

식품의 처리온도는 참치횟감 저장 온도인 약 −40℃부터 튀김온도인 약 180℃에 이른다. 이 중 저온저장 온도는 대체로 동결저장 온도인 약 −40℃부터 상온보다 약간 낮은 20℃정도에 이르고 있다.

세균은 주위 환경온도가 낮을수록 증식이 억제된다. 특히 식중독 세균은 10~40℃에서 빨리 증식하며, 5~10℃에서는 일부의 것이 완만히 증식하지만, 5℃ 이하에서는 증식을 하지 않는다. 그러나 저온세균은 0℃까지 신속히 증식을 하고, 0~10℃에서는 완만한 증식을 하며, −10℃ 이하에서는 증식이 중지되고, 사멸도 한다. 저온세균이 저온 영역에서 증식이 가능한 이유는 저온에서도 세포막의 유동성 및 기질 투과성 기능의 유지 및 단백질 합성이 가능하기 때문이다.

◧ 표 2 · 5 저온에서 식품 미생물의 생장온도 ◨

온 도	효 소	미 생 물			
		식중독 세균	저 온 세 균	효 모	곰 팡 이
10℃	작 용	발육 왕성 하한온도	발 육 왕 성	작 용	작 용
3℃		일부균 발육 하한온도			
0℃	일부작용	작 용 못 함	발육 왕성 하한 온도	일부작용	일부작용
−10℃			일부균 발육 하한온도		
−20℃			작 용 못 함	작용못함	작용못함
−30℃ ↓	작용못함				

3. 미생물의 저온사멸

1) cold shock

Cold shock은 식품을 급속히 냉각하여 어는점 이상에서 일부의 균이 사멸하는 현상을 말한다. Cold shock은 저온세균≤고온 및 중온세균, gram 양성균≤gram 음성균 (E. coli, *Pseudomonas*, *Aerobacter*, *Salmonella*, *Serratia* 등)의 관계에 있다. 이와 같은 현상은 식품을 급속히 냉각함에 의하여 세균의 세포막이 손상을 받아 세포

내 성분(핵산, peptide, 보효소, 아미노산, 마그네슘 등)의 유출에 의하여 증식, 대사 활성 등이 저하할 뿐만이 아니라 유해성분의 침입도 용이하기 때문이다.

(2) 최대 빙결정 생성대

대장균의 사멸속도는 그림 2·9로 보아 대부분의 미생물이 빙결점 부근에서 사멸하기 쉬우며, 이보다 저온에서는 오히려 생존하기 쉽다. 이와 같은 이유는 최대 빙결정 생성대에서는 미생물의 증식이 정지하나 일부의 효소계가 작용하고 있어 대사계에 불균형이 생겨 차츰 사멸하나, 최대 빙결정 생성대보다 저온으로 처리한 경우 생리적 기능이 완전히 정지하여 휴면상태로 되기 때문이다.

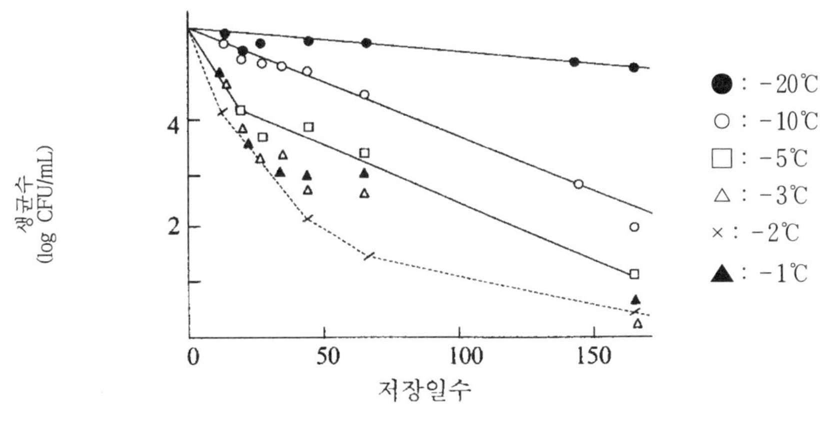

▶ 그림 2·9 저온에서 대장균의 사멸 ◀

3) 동 결

미생물을 동결하는 경우 세포 내의 빙결정의 생성, 탈수, 염류 농축 등의 작용을 받아 여러 가지 장해가 일어나고, 세포막이 투과성을 잃어버려 세포성분의 유출, 유해물질의 침입, 환경인자의 감수성 증대 또는 영양 요구성이 일시적으로 복잡하게 된다. 또한 세포 내에 동결이 일어나면 세포구조가 기계적으로 파괴되어서 사멸하게 된다.

동결에 의한 미생물의 사멸 정도는 균의 종류에 따라 다르고, 세균 포자는 동결저장에 의해 사멸은 거의 일어나지 않는다.

동결에 의한 사멸의 형태는 동결 및 해동시의 속도에 따라서 다르며, 일반적으로 동결속도가 빠를수록 높은 사멸률을 나타낸다.

4. 해동과 미생물

　해동식품이 미해동식품에 비하여 선도저하가 빠르면서 부패하기 쉬운 이유는 다음과 같다.

　① 해동에 의한 조직(texture) 변화로 표면 세균이 내부로 침입한다.
　② 연약한 조직으로 미생물의 침입 및 증식이 용이하다.
　③ 드립(아미노산, 비타민군 등)이 미생물 증식을 위한 영양원이 된다.

5. 냉동식품의 오염지표세균

1) 냉동식품의 오염지표세균

　식품의 오염지표 세균은 통상 대장균군(coliform organism) 및 대장균(E. coli)이다. 이 세균들은 온혈동물의 장내에 상존하여 있는 균으로, 식품에서 이 균이 검출될 때에는 직접 또는 간접으로 온혈 동물의 분뇨에 의한 오염이 되었다는 근거가 되어 부적격으로 판정된다.

◪ 표 2 · 6　식품 위생 지표 세균으로서 대장균군과 장구균의 비교 ◪

특　징	대장균	장구균
형상	간균	구균
그람염색성	음성	양성
장관 내(분변)에서의 균수 범위	$10^7 \sim 10^8 / 100$ g	$10^7 \sim 10^8 / 100$ g
분변에 존재 여부	일부에는 존재하지 않음	대부분 존재함
장관 이외에서 존재 여부	균수 적음	균수 많음
분리, 동정의 난이도	용이	난이
악조건에 대한 저항력	약함	강함
동결에 대한 저항력	약함	강함
냉동식품에서 생존성	낮음	높음
신선야채로부터 검출율	낮음	높음
신선육류로부터 검출율	낮음	낮음

2) 냉동식품의 오염지표대상으로서 대장균 선정 이유

오염지표 세균의 동결내성은 대장균<장구균이므로, 대장균보다도 장구균이 오염지표 세균으로 적절하다.

그러나 장구균은 검사방법이 대장균보다 비교적 복잡하고 어려우며, 대장균처럼 각국에서 공통으로 채택한 방법이 없어 선택되지 못하고 있다.

제6절 식품냉동용어

1. 냉동품과 냉동식품

냉동품은 원료, 가공품을 장기 보존할 목적으로 단순히 동결 처리한 것이다. 그리고 냉동식품은 전처리(가공 또는 조리)한 식품을 장기 보존할 목적으로 급속동결하여 포장처리한 것으로서, $-18℃$ 이하의 품온이 되도록 냉동 보관한 식품을 말한다.

2. 동결시간 및 속도

동결시간은 동결 초온에서부터 종온에 도달할 때까지의 시간을 말하며, 동결 속도의 경우 동결 초온과 종온과의 품온 차이를 동결시간으로 나눈 값이다.

3. 냉동화상(프리저번, freeze burn)

냉동화상(freeze burn)은 동결 저장 중에 승화한 다공질의 표면에 산소가 반응하여 갈변한 현상으로, 이로 인해 맛과 풍미가 저하하여 소비자의 기호도를 저하시키는 현상을 말한다.

4. 해동경직(thaw rigor)

해동경직은 사후 경직기 전 동결한 육 중에는 다량의 ATP가 존재하여, 이것이 해동 중에 분해되어 급격한 수축현상을 나타내고, 이로 인해 다량의 드립이 유출되는 현상이다. 해동경직은 완만해동 ($-1\sim-5℃$, 5~6시간)으로 일부 방지 가능하다.

5. 심온동결식품(deep frozen foods)

심온동결식품은 정상적이고 실용적인 동결방법(급속동결이나 이에 가까운 동결방법)으로 동결하여 식품의 평균품온을 $-18℃$ 이하로 내리고, 그 품온을 유지할 수 있도록 동결 냉장한 식품을 말한다.

6. 평균품온

평균품온은 식품을 동결하기 위해 일정 온도에 둔 경우 표면과 중심 간의 온도가 균일하게 되었을 때의 온도를 말한다.

7. 중심온도(thermal temperature) 및 온도중심점(thermal center)

중심온도는 식품을 냉각하거나 동결 할 때에 식품의 기하학적 중심부의 온도를 말하고, 온도 중심점은 포장 또는 비포장 식품을 동결하는 경우 품온 강하가 가장 늦은 점을 말한다. 기하학적인 중심점이 이에 가까운 말이 되겠으나, 식품의 열역학적 성질이 균일하지 못하거나 형상이 불규칙하므로 온도 강하가 가장 늦은 점은 반드시 기하학적인 중심점과 일치하지는 않는다.

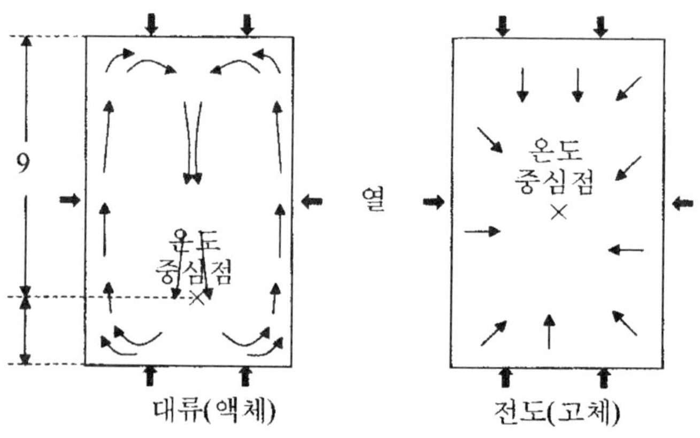

◪ 그림 2 · 10 식품의 온도중심점 ◪

8. 실용적 저장기간(practical storage life, PSL)

실용적 저장기간은 동결저장 중 동결품의 품질이 식품 고유의 성상을 잃지 않고, 소비용 또는 가정용으로 사용하는 데에 지장이 없을 만큼의 관능적 품질을 유지하는 기간이다.

일반적으로 저장기간이라고 하면 실용적 저장 기간을 의미한다.

9. 고품질 보존기간(high quality life, HQL)

고품질 보존기간은 우수한 품질의 식품을 동결한 시점에서 계산하여, 관능검사에 의하여 검사원의 70%이상이 대조품과 비교하여 품질저하를 감지한 시점까지의 기간을 말한다.

실용적 저장기간보다도 짧다.

10. IQF식품(individual quick freezing foods)

IQF식품은 개체 한 개씩을 동결한 식품을 일컫는 말로 설치비 및 운영비가 많이 소요되어 새우와 같은 고급 어종에 많이 이용되고 있다.

동결방법은 주로 액화가스 동결법이 이용되고 있다.

11. 숙 성(after ripening, post ripening)

딸기, 토마토 등과 같은 야채류를 포함한 과실에서는 완숙보다 약간 이른 숙도에서 수확된 것을 출하하고, 유통과정에서 성숙이 진행하여 소비자에게 도달하였을 때에 적절한 숙도가 되도록 조절하는데, 이와 같이 수확 후에 숙성되는 현상을 추숙이라 한다.

12. 휴 면

휴면은 양파, 감자 등에서와 같이 식물이 성장이나 성숙 도중 생활활동을 휴지하는 현상을 말한다. 휴면은 환경조건이 나빠졌을 때에 견디어 내기 위한 타발적 휴면과 생물체의 조직이나 기관의 생리적인 편의를 위한 자발적 휴면의 2종류가 있다. 어느 쪽이나 휴면 기간에 맞추어 저장하여야 하므로 휴면은 주요한 현상으로 취급된다.

13. 유효동결시간 (effective freezing time)

　유효동결시간은 초기의 평균품온인 식품을 동결시켜 주어진 평균품온으로까지 내리는데 소요되는 시간을 말한다.

14. 유효동결속도 (effective rate of freezing)

　온도 중심점을 지나는 두께 즉, 절단면 두께의 반을 L이라 하고, 유효동결시간을 t라 한다면 유효동결속도=L/t로 나타낼 수 있다.

제 3 장

식품의 저온저장방법 및 장치

  온도가 5℃ 이하로 되는 경우 식중독 균은 증식이 억제되고, −10℃ 이하로 되는 경우 호냉성 세균마저 증식이 억제될 뿐만이 아니라 지질산화도 억제된다. 따라서 식품의 환경 온도를 저온으로 함으로써 미생물의 증식 및 지질 산화가 억제되게 하여 식품의 저장성을 갖게 할 수 있다. 식품 미생물의 생장온도는 그림 3·1과 같다.

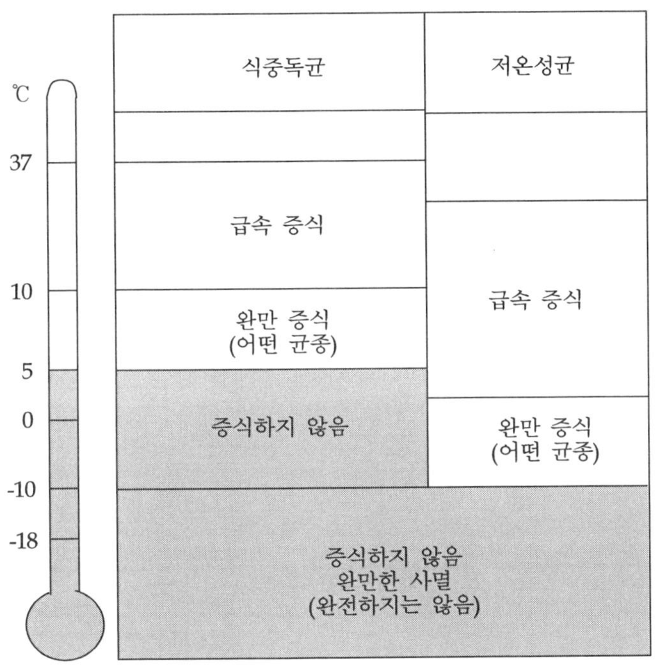

▶ 그림 3·1 식품미생물의 생장온도 ◀

제1절   냉각저장

1. 빙장법

얼음을 사용하여 식품을 얼지 않는 범위에서 실온보다 낮게 저장하는 방법으로 쇄빙법과 수빙법이 있으며 연안 어류의 선도 유지에 주로 이용되고 있다.

빙장법은 식품 조직 내의 수분이 빙결되지 않아 자가소화 효소에 의한 분해나 세균의 증식을 완전히 저지할 수는 없어, 주로 단시간 저장을 목적으로 이용되고 있다.

1) 방 법

(1) 쇄빙법

쇄빙법은 얼음조각을 식품에 얹어서 얼음 자체의 냉각력을 이용해 저온저장하는 방법이다. 일반적으로 어체를 그대로 매몰시키나, 참치 등과 같은 대형어의 경우 내장을 제거하고, 그 속에 얼음을 채운다. 용기나 어창 바닥에 얼음을 깔고, 벽쪽으로 얼음을 채우면서 어체를 놓고 그 위에 얼음을 채운다. 이 때에 용기나 어창에는 얼음물의 배출구가 있어야 한다.

▶ 표 3·1 저온저장법의 종류 ◀

저장온도	저장기간	저장방법
냉각저장 (0℃ 〈 온도 〈 실온)	단기저장(2~3일)	빙장법
		냉장법
		CA저장법
동결저장 (동결점 이하의 온도)	중기저장(1주일~10일)	Partial freezing
	장기저장(몇 개월)	공기동결법
		송풍동결법
		접촉식동결법
		침지식동결법
		액화가스 동결법
		저온삼투압 탈수 동결법

▶ 그림 3 · 2 고등어의 쇄빙처리 ◀

(2) 수빙법

수빙법은 쇄빙을 가한 냉수 중에 식품을 침지하여 저온저장 하는 방법이다. 일반적으로 담수어에는 담수를, 해수어에는 해수를 사용하며, 담수어에 해수를 사용할 수도 있으나, 해수어에 담수를 사용하는 경우 어체표면에 광택을 잃고, 안구가 백탁되는 수가 있다.

2) 얼음의 종류

(1) 백빙(opaque ice)

백빙은 원료수를 정지상태에서 급속동결시켜 물 중의 염류 및 기포를 빙결정 사이에 포착시켜 유백색으로 만든 얼음을 말한다.

(2) 투명빙(transparent ice)

투명빙은 원료수를 교반 유동시켜 빙결면에서 기포 및 염류 등을 제거해 가면서 비교적 완만히 빙결시킨 얼음을 말한다. 그러나 시중 얼음의 경우 최종적으로 불투명한 물을 제거하지 않아 중심부에 불투명한 부분이 잔존한다.

(3) 결정빙(crystal ice)

결정빙은 완전히 탈염, 탈기시켜 불순물이 제거된 원료수를 빙결시킨 얼음으로, 종전에는 증류수를 사용했지만 최근에는 이온교환수지로서 탈염처리된 원료수가 사용된다.

(4) 해수빙(salt ice)

해수빙은 해수로 만든 얼음인데, 해수의 어는점이 약 $-2℃$이므로 생선을 해수빙으로 빙장한 것이 일반빙으로 빙장한 것보다 저장기간이 더 연장된다.

(5) 약품빙(chemical ice)

약품빙은 원료수에 차아염소산나트륨, 아질산나트륨, 과산화수소 등과 같은 살균방부제를 넣어 만든 얼음으로 안전성 문제, 색 및 냄새 등의 이유로 실용화되지 못하고 있다. 그러나 약품빙에는 chlorotetracycline(CTC) 등과 같은 항생물질의 첨가(5ppm 이하)가 인정되어 사용하는 경우도 있다.

(6) 염수빙(brine ice)

염수빙은 식염, 염화마그네슘, 염화칼슘 등의 수용액을 동결시켜 만든 얼음을 말한다.

(7) 공용빙(eutetic ice)

공용빙은 포화식염수를 동결시킨 얼음을 말한다.

3) 얼음의 사용량

▶ 표 3·2 빙장법에서 얼음의 사용량 ◀

계 절	저장일수	수산물 : 얼음	
		쇄빙법	수빙법
여름	1	1 : 1	5 : 1
	2	1 : 2	5 : 2
	3	1 : 3	5 : 3
봄, 가을	1	2 : 1	10 : 1
	2	1 : 1	5 : 1
	3	1 : 2	5 : 2
겨울	1	5 : 1	25 : 1
	2	4 : 1	20 : 1
	3	3 : 1	15 : 1

4) 주의사항

(1) 쇄빙법

쇄빙법은 얼음을 충분히 사용하여야 하고, 어체가 연약하므로 너무 높이 쌓는 경우 조직이 허물어지기 쉬우며, 얼음물에 의한 오염이 되기 쉬우므로 주의하여야 한다. 그리고 ice burn(얼음이 어체에 접촉되지 않는 등에 의해 냉각 불충분으로 변색이나 악취를 발생하는 현상)이 발생하지 않도록 하여야 한다.

(2) 수빙법

수빙법은 청수나 해수를 미리 냉각(-1~$0\,^{\circ}\mathrm{C}$)시켜 두어야 하고, 얼음을 충분히 사용하여야 하며, 오염을 고려하여 어류는 미리 세척하는게 좋다. 그리고, 잘 교반하여 온도가 균일하도록 하고, 염분 및 수분의 침투를 고려하여 어류의 중심부가 $0\,^{\circ}\mathrm{C}$로 냉각되면 쇄빙으로 옮기는 것이 좋다.

5) 특 징

▶ 표 3·3 쇄빙법 및 수빙법의 비교 ◀

항 목	쇄 빙 법	수 빙 법
작업	용이	어려움
냉각속도	완만	신속
산화	용이	일부 억제
손상	있음	없음
건조	일부 진행	진행 안됨
퇴색	산화 변색	수용 퇴색

2. 냉장법

냉장법은 빙장법과 $0\,^{\circ}\mathrm{C}$ 내외의 온도에서 저장하는 것은 동일하나 냉각 매체가 얼음이 아니고 공기라는 점이 다르다. 냉장법은 주로 과실 및 야채의 저장이나 축육 및 수산물과 그를 원료로 한 가공품의 단기간 저장을 목적으로 하는 저온저장법이다.

식품을 저온저장한 후에 이를 이용하고자 하는 경우 미리 외기온도와 가까운 온도에서 저장하여 식품의 표면에 물방울이 생성되는 것을 방지하기 위하여 품온완화를 실시하여야 한다.

냉장을 위한 장치로는 가정용 냉장고, 개방형(open type) 쇼케이스, 반개방형(semi-open) 쇼케이스, 밀폐형(closed) 쇼케이스, 영업용 대형 냉장고 등이 있다.

1) 가정용 냉장고

가정용 냉장고는 주위가 단열재로 싸여 있고, 상부는 냉동실(−18℃)로 냉동식품, 아이스크림 등의 동결식품을 저장하는 곳이고, 하부는 냉장실(5℃)로 비동결 식품을 저장하는 곳이다.

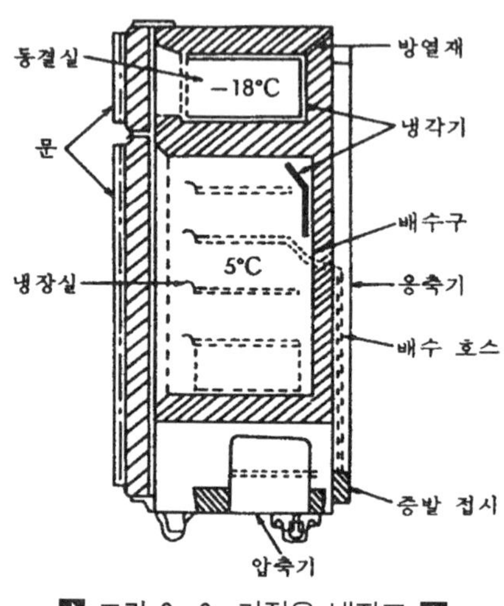

■ 그림 3·3 가정용 냉장고 ■

2) 개방형(open type) 쇼케이스

개방형 쇼케이스는 가장 일반적으로 사용되고 있는 저온 쇼케이스이며, 소비자가 직접 식품을 보고 선택할 수 있다는 장점이 있으나, air curtain 등으로 외기의 유입을 막지만 항상 열려져 있는 상태이므로 냉기의 누설방지가 곤란한 단점이 있다.

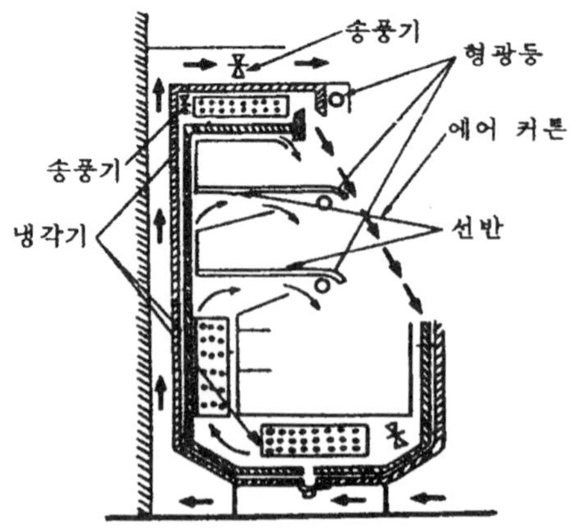

■ 그림 3·4 개방형 쇼케이스(다단형) ■

3) 반개방형(semi-open) 쇼케이스

반개방형 쇼케이스는 외관이 개방형과 유사하나 유리문을 붙인 것이 차이가 있다. 일반적으로 문이 닫혀 있으나 소비자가 상품을 선택하고자 할 때에 열려 있는 상태가 되므로 고내 온도 보존이 개방형보다 용이하다.

근년에 슈퍼 등에서 아이스크림 등의 진열에 많이 사용하고 있는 냉장고이다.

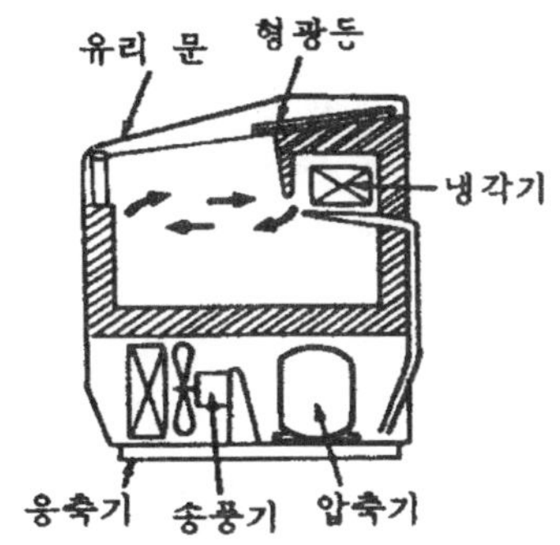

◧ 그림 3·5 반 개방형 쇼케이스 ◨

4) 밀폐형(closed) 쇼케이스

밀폐형 쇼케이스는 유리문이 앞뒤로 또는 좌우로 열리는 저온저장고로 근년에 슈퍼 등에서는 음료수 등의 냉각 및 진열에 많이 사용하고 있다.

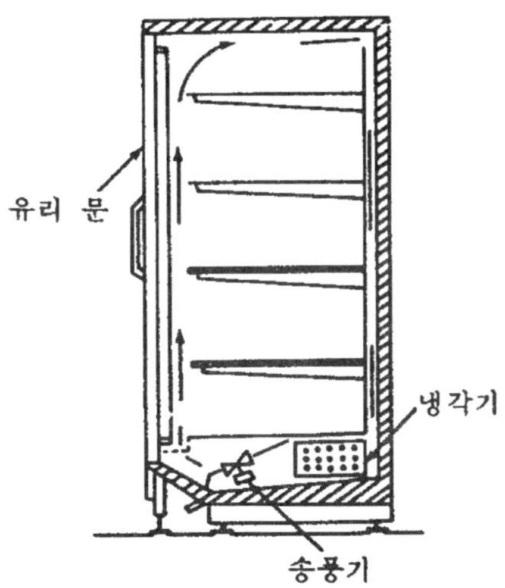

◧ 그림 3·6 밀폐형 쇼케이스(입형) ◨

5) 영업용 대형 냉장고

▶ 그림 3 · 7 영업용 대형 냉장고의 사진 ◀

영업용 대형 냉장고는 소비자가 직접 접하는 냉장고이라기 보다는 생산자가 소비자에게 공급하기 전에 보관하는 용도에 많이 사용한다.

(1) 유효체적

창고업법에서는 냉장고의 크기를 표시하는 데에는 유효체적이 사용된다.

유효체적은 냉장고 내의 기둥이나 방열 보조판, 공기 냉각기 등의 체적을 제외하고 실제로 화물을 쌓을 수 있는 체적을 말하는데, 유효바닥 면적에 유효높이 (바닥에서 상부 장애물 밑까지)를 곱한 것의 90%를 말한다.

(2) 수용 능력

일반적으로 영업창고에서 유효체적 만큼 모두 화물을 쌓을 수 없고, 단지 일부 공간만을 사용하여 쌓을 수 있다. 수용능력은 이와 같이 영업창고에서 화물을 쌓을 수 있는 능력 즉, 유효체적(m^3) / 2.5으로 나타내고 단위는 톤을 사용한다.

(3) 수용가능 톤수

실제로는 냉기를 유통시키는 공간이나 화물을 쌓는 사이의 통로 등으로 인하여 화물을 적재할 수 있는 능력은 수용능력보다도 좁아 냉장업계에서는 수용 가능 톤수를 사용한다. 수용 가능 톤수는 손으로 쌓을 때에는 냉장고 수용 능력×0.7, 기계로 쌓을 때에는 냉장고 수용 능력×(0.45~0.6 정도)이다.

(4) 면적 이용률

냉장고의 면적 이용률은 다음과 같이 표현된다. 그러나 실제로 냉장고의 면적 이용률은 보통 냉장고의 경우 60~80%, 영업용 냉장고의 경우 70~80%에 해당한다.

면적이용률(%)＝〔실제 이용 가능 면적(m^2) / 냉장고 바닥 면적(m^2)〕×100

(5) 체적 이용률

냉장고의 체적 이용률은 다음과 같이 표현된다.

체적 이용률(%)＝〔실제 이용 체적(m^3) / 수용 체적(m^3)〕×100

그러나, 실제로 냉장고의 체적 이용률은 보통 냉장고의 경우 40~50%, 영업용 냉장고의 경우 55~65%에 해당한다.

3. CA 저장(controlled atmosphere storage)

1) 원 리

생체식품의 경우 수확을 하여도 증산 및 호흡작용을 하여 신선도를 결여시킨다. 즉 생체식품은 증산을 하여 중량감소, 시들음 현상을 일으키고, 호흡을 하여 당류 및 유기산과 같은 체내성분을 소실 및 고갈하여 미생물이 증식하기 용이한 조건으로 만들어 부패하게 이른다. 또한 호흡작용을 하게 되면 발열반응으로 주위 환경온도가 상승하게 되고, 이로 인해 호흡작용은 촉진하게 된다.

따라서 생체식품의 저장성을 연장하기 위하여 실시하는 CA저장이란 저장고 내의 공기조성을 인위적으로 변화시키고 또한 냉장하여 인위적으로 증산 및 호흡속도를 늦추어서 청과물의 저장중 품질을 유지하고자 하는 방법이다.

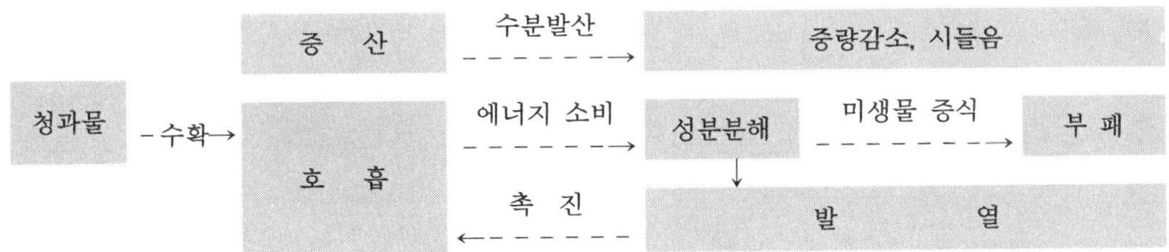

■ 그림 3·8 청과물의 저장 중 일반적인 변화현상 ■

2) 효과

생체식품을 CA저장함으로서 추숙, 연화, 발아 및 유기산의 감소 억제, 변색방지, 방충 및 방제에 효과가 있다.

3) 종 류

CA저장을 실시하는 데에 필요한 설비는 극히 간단한 것부터 복잡한 고급 기계 시설 등으로 다양하게 구성되어 있다.

(1) 플라스틱 밀봉 포장

플라스틱 밀봉 포장은 플라스틱 필름을 이용하여 청과물을 밀봉 및 저장하여 개방상태로 저장하는 것보다 상당기간 선도를 유지할 수 있도록 하는 방법으로 CA저장 중 가장 간단한 방법이다.

그러나 필름 중의 가스 조성을 임의로 조절할 수 있는 기능이 없어 완전한 CA저장이라고 할 수는 없다.

(2) 보통 CA저장

보통 CA저장법은 기밀도가 높은 저장고에 과채류를 밀폐 저장하여 청과물 자체가 호흡함에 따라서 산소를 소비하고 이산화탄소가스를 배출하는 현상을 이용한 것이다. 보통 CA저장은 밀폐된 냉장고 내에서는 자연히 산소가 감소하는 반면 이산화탄소가 축적되어 소정의 조건에서 CA저장 조건에 맞는 산소 및 이산화탄소의 농도에 도달하고, 농도에 도달한 후에는 이산화탄소 소거제(수산화나트륨, 수산화칼슘) 등으로 과잉의 이산화탄소를 제거하여 저장고 내의 이산화탄소를 일정하게 계속 유지하는 방법이다.

이 방식은 기밀성이 좋다면 소비되는 것은 수산화나트륨, 수산화칼슘 등의 소거제뿐이다.

▶ 표 3 · 4 일반적인 CA저장고의 특성 ◀

장　점	단　점
경제성	· 비연속식
편리성	· 다량 적용하여야 효과
	· 이산화탄소의 농도 조절 난이

(3) generator 방식의 CA저장고

generator방식의 CA저장고는 냉장고 내의 산소 농도를 저장조건에 알맞는 CA상태로 낮추는데 저장과채의 호흡에 의한 산소의 감소가 아니라, 공기 중의 산소를 탄화수소 연료(메탄가스, 프로판가스)의 연소에 의하여 산소의 소모가 급속히 진행되도록 한 장치이다.

표 3 · 5 generator 방식의 CA저장고

장　점	단　점
· 저장 효과 면에서 우수	· 운전경비 고가
	· 위험(액화가스 연료 사용)

3) 효 과

농산물의 CA저장 효과는 다음과 같다.
① 추숙 억제
② 유기산 감소 억제에 의한 신맛 중시 과실에 신맛 부여
③ 이산화탄소에 의한 클로로필 분해 억제에 의한 변색 방지
④ 연화 억제
⑤ 발아 억제
⑥ 방충 및 방서와 같은 방제

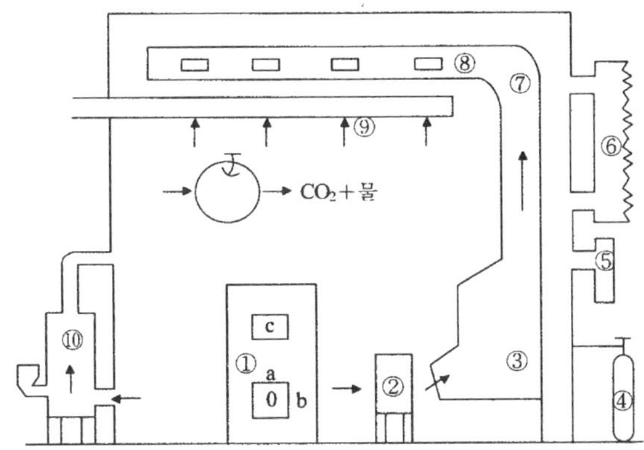

① 기밀벽(a : 기밀창 b : 기밀공 c : 점검창)　② 공기정화기　③ 냉각기　④ 질소가스 용기
⑤ 가스　⑥ 호기포대　⑦ 냉기 송풍관　⑧ 냉기분출구　⑨ 가습장치　⑩ CO_2 흡수장치

그림 3 · 9 CA 저장의 기본 구조

4) 기본 설비

① 냉장장치

② 기밀장치, 수산화나트륨, 수산화칼슘 등과 같은 탄산가스 소거제

③ 흡착장치, 활성탄 등

④ 저장 과채류에서 발생한 휘발성 유해 물질 제거를 위한 공기 정화기

⑤ 저장고 내기압과 외기압과의 압력 조절을 위한 흡기포대

⑥ 가습장치

⑦ generator

⑧ 저장고 내의 가스 분석 장치 등

제2절 동결저장

동결저장은 식품 중에 함유되어 있는 수분의 대부분을 빙결시켜서 저장하는 방법으로, 국제냉동협회에서는 −18℃ 이하의 온도에서 저장하도록 권장하고 있다.

동결 장치에 요구되는 일반적인 조건으로는 다음과 같다.

① 품온유지를 위하여 급속동결과 심온동결이 가능할 것

② 비용을 낮추기 위하여 가동률을 높일 수 있을 것

③ 동결 작업시에 에너지 절약이 가능할 것

④ 위생적인 작업이 가능할 것

◤ 표 3·6 냉장법 및 동결법의 비교 ◢

	냉장법	동결법
효소적, 비효소적 갈변	진행	억제
미생물의 발육	진행	억제
고품질 보존기간	단기간	장기간
원상태로의 복원	가능	불가능
동결변성 및 조직파괴	없음	있음
드립 유출	없음	있음
에너지 소비	적음	많음

▶ 표 3 · 7 냉동식품의 저장 온도와 보존 기관 ◀

식 품		동결 저장온도(℃)	기간(개월)	식 품		동결 저장온도(℃)	기간(개월)
과 일	살 구	-18	12	수산물	지방이 많은 생선	-18	2~3
	앵 두	-18	8~10			-25	3~5
	복숭아	-18	8~10			-29	6
		-20	12		지방이 적은 생선	-18	4~6
	딸 기	-18	12			-25	7~10
	나무딸기	-18	12		왕새우	-18	2
		-24	18		새 우	-18	2
	감	-18	12		게	-18	6
	기 타	-22~-18	2~4		가리비조개	-18	3~4
					모시조개	-18	3~4
과즙	오렌지(생·농축)	-20	9~12	육 류	쇠고기	-12	5~8
채 소	아스파라거스	-18	8~10			-15	6~9
	리마 콩	-18	12			-18	8~12
	스냅 콩	-18	8~10			-24	18
	broccoli	-18	12		비포장 쇠고기	-18	12
	샐러드 제품	-18	6~8		양고기	-12	3~6
	튀김 제품	-18	3~4			-20~-18	6~10
		-29	14			-23~-18	8~10
	당 근	-18	12~15		돼지고기	-12	2
	양배추	-18	10~12			-18	4~6
	사탕옥수수	-18	8~12			-23	8~10
	오 이	-18	5			-29	12~14
		-24	8	유제품	버 터	-11	3
		-29	12			-15	3~7
	버 섯	-18	8~10			-20	7~10
	완 두	-18	8~12			-29~-23	12
	토마토	-18	6			-20~-18	2~3
	시금치	-18	10~12		크 림	-23	2
					아이스 크림	-29	4~6
				제과류	빵 (베이킹 파우더사용)	-18	2~4
					빵 (이스트 사용)	-18	6~12
					롤 (roll) 빵	-18	2~4

1. 공기 동결법(sharp freezing)

정지 공기 동결법은 일반적인 동결법으로 냉각관을 선반 모양으로 조립하고, 그 위에 식품을 얹은 다음, 동결실 내의 정지한 공기 중에서 동결하는 방법이다.

◆ 표 3·8 공기 동결법의 특징 ◆

장　점	단　점
·동결장치가 간단	·완만 동결
·모양에 구애됨이 없이 대량 처리	

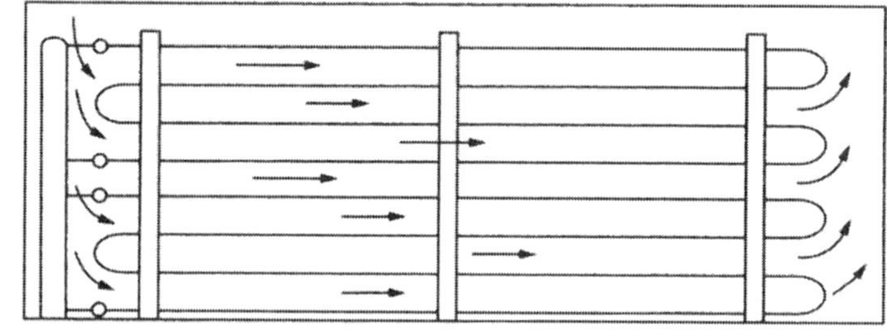

◆ 그림 3·10 공기 동결 장치 ◆

2. 송풍 동결법(air-blast freezing)

송풍동결법은 동결실이 상자터널형이며 식품을 tray rack이나 컨베이어 위에 얹어 식품 표면에 차가운 냉풍(−40~−30℃)을 팬으로 순환(3~5m/s)시켜 단시간에 동결하는 방법이다.

◆ 표 3·9 공기동결법과 송풍동결법의 장단점 ◆

	공기동결	송풍동결	비　고
동결속도	아주 완만	신속	송풍동결은 공기의 온도가 낮으면서
건조속도	신속	완만	동결시간이 짧다.

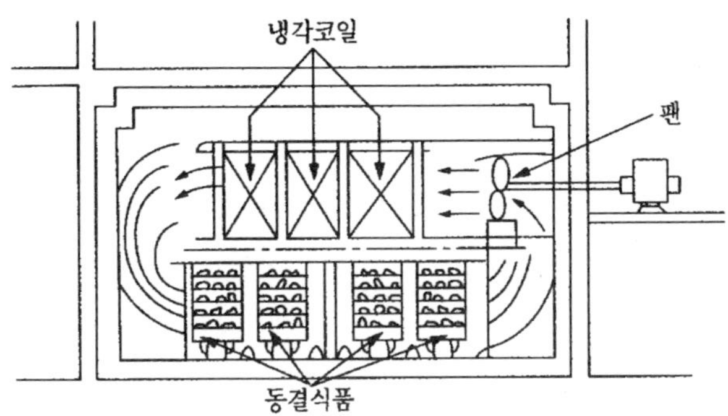

▶ 그림 3·11 송풍식 동결 장치 ◀

3. 접촉식 동결법(contact freezing)

접촉식 동결법은 냉각된 냉매 또는 염수를 흘려 금속판을 냉각($-30\sim-40℃$)시킨 후, 이 금속판 사이에 원료를 넣고, 양면을 밀착(압력 $0.1\sim0.2$ kg/㎠)하여 동결하는 방법이다.

최초에는 선상 동결법으로 고안되었으나, 동결 효과가 좋아 현재에는 육상동결로도 널리 이용되고 있다.

▶ 표 3·10 접촉식 동결법의 특징 ◀

장　점	단　점
· 급속동결	· 식품의 형상, 치수에 제약
· 동결품의 모양이 일정	· 조작이 번거로움
· 동결장치의 면적 작음	

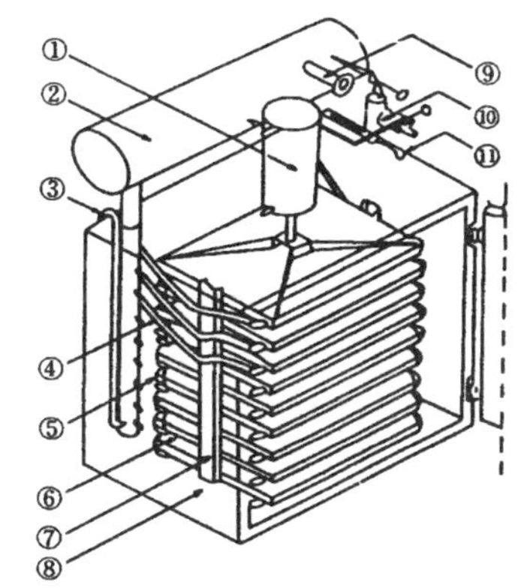

① 유압실린더 ② 액분리기 ③ 제상용 열냉매 ④ 호스 ⑤ 동결판 연결 볼트 ⑥ 동결관 ⑦ 안내판 ⑧ 방열 캐비닛 ⑨ 가스 흡입구 ⑩ 플로터 밸브 ⑪ 액 냉매 입구

▶ 그림 3·12 수평형 접촉식 동결 장치도 ◀

4. 침지식 동결법(immersion freezing)

  침지식 동결법은 냉각 부동액 즉 2차 냉매 중에 식품을 침지하여 동결하는 방법이다. 초기에는 포화 식염수를 −16℃ 정도로 냉각하여 그 용액 중에 수산물을 직접 침지하여 동결하는 방법으로 고안되었다.

  이 방법은 식염이 어체에 침투할 수 있고, 글레이징 작업이 힘들며, 식염수에 의해 식품이 오염될 우려가 있는 등의 결점으로 널리 이용되지 못하였다. 그러나 근년에는 방수 및 내한성이 있는 포장재가 개발되어, 이 포장재로 수산물을 밀착 포장하여 침지액에 침지시키면, 이러한 단점들을 보완할 수 있어 급속동결방법으로서 그 가치를 새로이 인정받고 있다. 또한 밀착포장 하지 않고 사용하는 경우, 인체에 유해성 등으로 인해 식품에 직접 접촉시켜 사용하기 곤란하였던 염화칼슘, 염화마그네슘, 메틸 알코올, 프로필렌 글리콜 등도 이용할 수 있게 되었다.

▶ 표 3 · 11 침지식 동결법의 특징 ◀

장 점	단 점
·급속 동결	·어체 침투 가능
·조작 간편	·글레이즈 작업 난이
	·식염수에 의한 오염

5. 액화 가스 동결법(cryogenic freezing)

  액화 가스 동결법은 액체 질소 등을 식품에 직접 살포하여 급속 동결하는 방법으로 새우, 반탈각굴(half shell oyster) 등과 같은 고가의 IQF(individual quick freezing)제품 등에 한정되어 이용되고 있다.

▶ 표 3 · 12 액화가스 동결법의 특징 ◀

장 점	단 점
·초급속 동결	·설치비, 운영이 고가
·연속작업 가능	·제품에 균열 우려
·동결위한 기구 불필요	

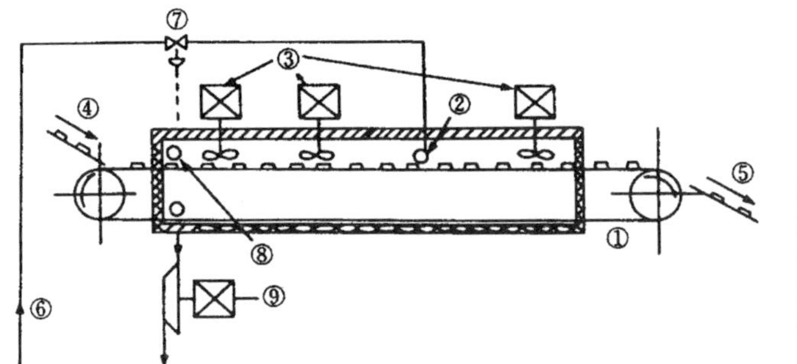

▶ 그림 3·13 액체 질소 동결 장치도 ◀

6. 저온 삼투압 탈수 동결법

저온 삼투압 탈수 동결법은 일본에서 아주 활발히 연구되고 있는 새로운 동결저장법의 하나이고, 근년에 국내에서도 이에 대한 연구가 이루어져 저온삼투압 탈수법에 의한 동결의 우수성이 입증된 바가 있다.

1) 원리

저온 삼투압 탈수 동결법은 일반적으로 동결품의 품질저하가 빙결정의 생성에 의한 조직손상으로 야기되므로 동결 처리를 실시하기 전에 미리 빙결정 생성 인자인 수분을 탈수 시트로 탈수한 후 동결하는 방법이다.

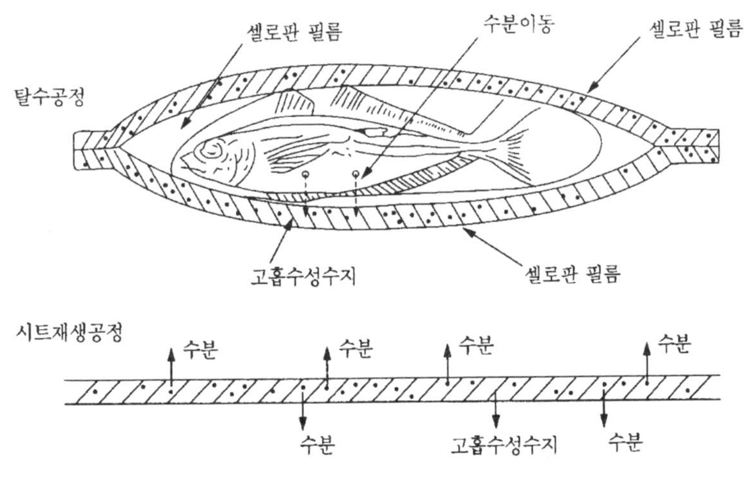

▶ 그림 3·14 탈수시트의 구조와 기능 ◀

▶ 표 3 · 13 저온삼투압탈수의 효과와 응용 ◀

대 상 식 품	원 리	효 과
냉동식품	· 자유수의 적당한 탈수 · 미세빙결정으로 세포막 파손억제	냉동내성의 향상
염장품 및 젓갈	· 탈수에 의한 세포막의 경고	저염 가공 가능
선어, 염장어 및 축육	· 정미성분 농축 · 어취 제거 · 조직감 향상	향미 향상
냉장식품 (chilled foods)	· 표층에 단백질 층의 생성으로 균의 침입 방지 · glutamic acid, asparaginic acid 등의 농도 증가로 인한 조직세포의 변성 억제 · 드립감소로 조직세포의 변성 억제	품질수명의 연장
소고기, 돼지고기 및 양고기	· 칼슘농도 증가로 조직 연화 촉진 · 칼슘에 의한 단백분해효소의 작용으로 정미성분 증가	숙성 촉진
청어, 정어리 등의 다지어	· 수분의 감소에 의한 산화 억제	산패취의 발생 억제
다랑어회	· 용존산소 감소 · 아미노산 농도 증가 · 염소이온 감소	변색 및 퇴색 억제
상어, 다랑어회	· 색소(철분 등)의 농축	색의 농후
향신료 대용	· 어취제거에 의한 어육 및 축육 고유의 향미유지	고유의 향미유지
절임식품, 훈제품	· 세포 간 수분의 탈수	조미액의 침투성 향상
튀김 및 가열식품	· 중심부의 여분 수분 제거 · 조리 중 여분의 수분 및 용해성분의 유출 감소	조리성 향상

2) 탈수시트의 이용

탈수시트는 고흡수성 수지를 셀로판이 감싸고 있는 형태를 하고 있고, 고흡수성 수지의 경우 건조기에 건조 후 20회 정도는 재사용이 가능하다.

3) 탈수시트 처리 저온 삼투압 동결식품의 제조

탈수시트 처리 저온삼투압 동결식품의 제조공정은 그림 3 · 13과 같다. 먼저 식품의 크기를 1인분 정도의 크기로 절단한 다음, 오염을 줄이기 위하여 수세 및 탈수하고, 셀로판 필름과 같은 반투막의 손상을 줄이기 위하여 뼈와 같이 예리한 것은 제거하는 등의 전처리를 한다. 이어서 전처리를 한 수산물을 고삼투압성 식품 및 고분자흡수제를 내재한 탈수시트로 감싸서 냉장고에 넣고, 일정시간 경과시켜 탈수시킨 다음 탈수시트를 제거하여 저온삼투압탈수법으로 전처리한 수산가공품을 제조한다. 이어서, 단기간 내에 식용하기 위한 제품은 냉장고에 저장하여 두고, 장시간 경과한 후에 식용할 제품은 동결고에 저장하는 것이 좋다.

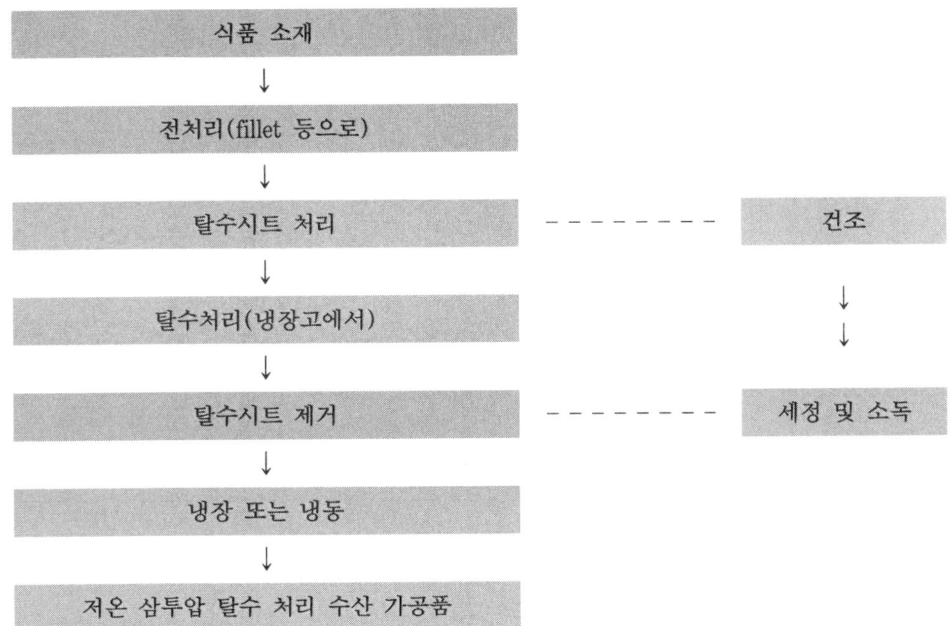

▷ 그림 3 · 15 저온 삼투압탈수법에 의한 수산가공품의 제조공정도 ◁

▷ 표 3 · 14 저온 삼투압 탈수 동결법의 특징 ◁

장 점	단 점
· 자유수 제거로 동결 변성 적음	· 대량 처리 곤란
· 드립량 적음	
· 육색 개선	
· 탈수로 동결 에너지 절감	

7. Partial freezing

최대 빙결정 생성대의 온도(일반적으로 $-1 \sim -5℃$)에서 저장하는 경우 해당작용, 근원섬유 단백질의 변성, 지질산화 및 전분의 노화 등이 야기되기 쉬우나, 세균세포의 경우도 조직적 손상을 입게 된다.

Partial freezing은 이러한 원리를 응용하여 −3℃ 부근에서 식품을 저장하는 방법이다. 이 방법은 식품 성분의 품질저하는 야기되나 식품위생적으로는 안전하여 1주일에서 약 10일간의 저장에는 적절한 방법으로 1980년대에 일본에서 선풍적으로 연구가 진행되었으나, 근년에는 대량 생산이 어려워 거의 실용화가 되지 않고 있는 실정이다.

제 4 장

수축산 냉동식품의 제조

제1절 수산 냉동식품의 제조

1. 수산물의 명칭

1) 어류의 명칭

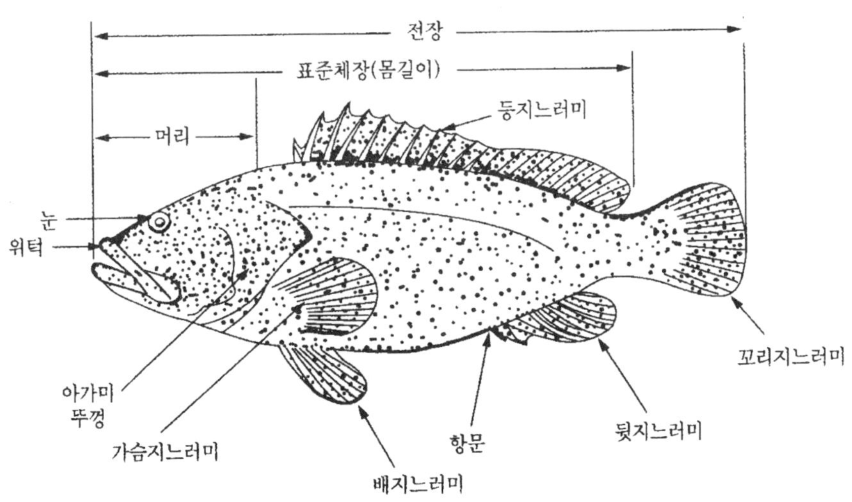

■ 그림 4·1 어류의 명칭 ■

2) 오징어류의 명칭

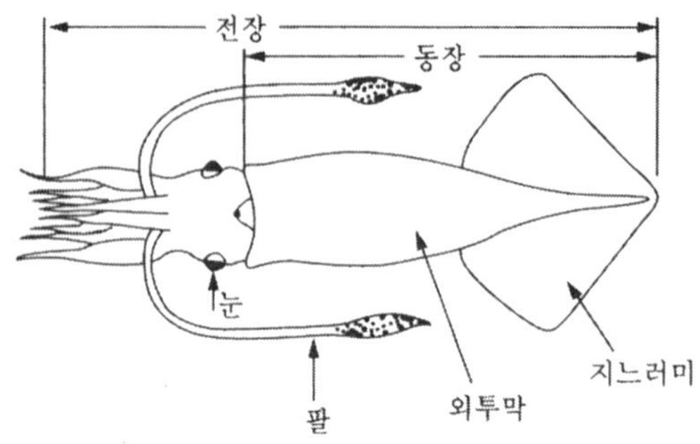

3) 새우류의 명칭

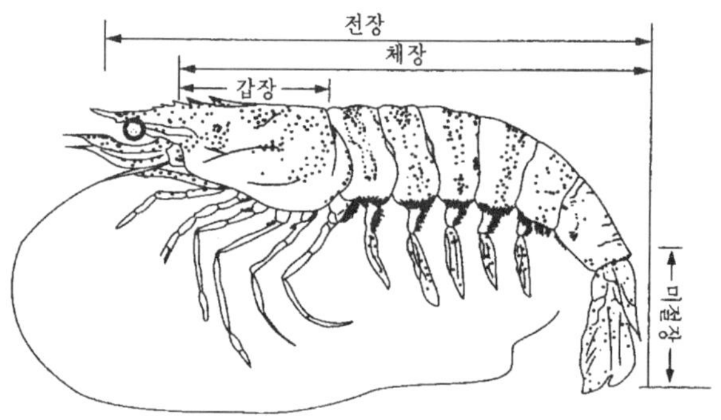

(4) 게의 명칭

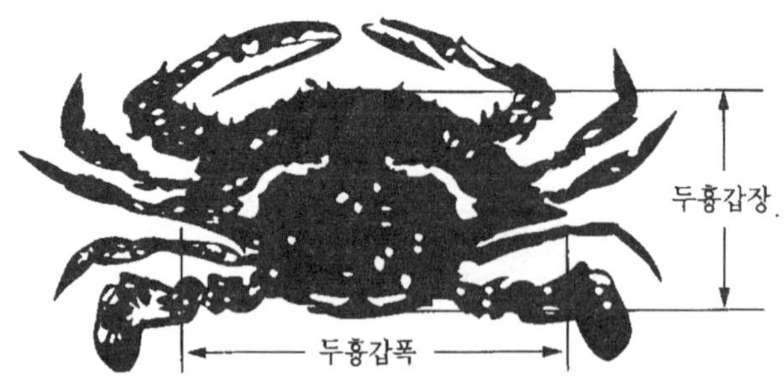

2. 수산냉동식품의 일반적인 제조공정

수산물 냉동품의 제조공정은 원료 입하-선별-수세 및 탈수-어체처리-재수세 및 탈수-선별-특별 전처리(산화방지제 및 동결변성 방지제 처리)-칭량-(속포장)-팬 채움-동결-팬 빼기-(글레이징)-겉포장-저장과 같다.

이 공정에서 속포장이나 글레이징은 두 공정 중 한 공정만을 실시하면 된다.

1) 전처리

원료를 입하부터 동결하기 전까지의 공정을 전처리 공정이라 한다.

(1) 선별

적절한 크기 및 선도를 가진 어체를 선별한다.

(2) 수세 및 탈수

① 대형어

개체별로 분무하여 수세 및 탈수한다.

② 소형어

한꺼번에 침지하여 혈액, 점액,유지 및 기타 이물질을 잘 제거하고, 어체에 물이 다량 잔존하는 경우 동결 중 조직손상이 우려되므로 적절히 탈수한다.

수세수의 경우 담수어는 담수 또는 해수를 사용하여도 좋으나, 해수어는 해수를 사용하는 것이 좋다.

◨ 그림 4 · 5 수산물의 수세공정 ◧

(3) 어체처리

어종, 용도 및 수요자의 요구에 맞게 어체를 표 4·1과 같이 round, semi-dressed, dressed, pan dressed, fillet, chop 및 ground 등으로 처리하여야 한다.

▶ 그림 4·6 어체처리 공정 ◀

(4) 재수세, 탈수 및 선별

어체 처리가 끝나면 재수세를 한 후에 표피, 뼈, 껍질, 기생충 및 비늘 등과 같이 어체에 존재하는 이물질을 제거한 후 크기, 손상 유무 등에 따라 선별한다.

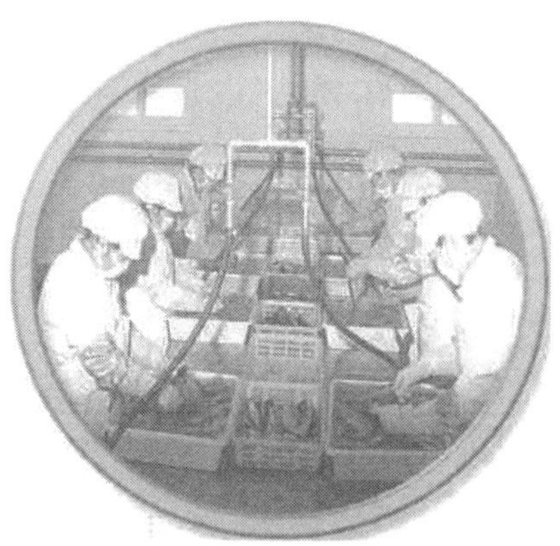

▶ 그림 4·7 수산물의 재수세 공정 ◀

(5) 특별 전처리

염수처리, 가염처리, 가당처리, 탈수처리, 산화방지제 및 동결변성방지제 처리 등과
같은 특별 전처리를 한다.

▶ 그림 4·8 수산물의 특별 전처리 공정 ◀

(6) 칭량 및 속포장

① 칭량

선별된 것을 목적하는 중량으로 저울질한다.

② 속포장

건조 및 지질산화 방지를 위하여 속포장한다. 단, 속포장을 하는 경우 후처리공정에
서 글레이징을 생략하고, 골판지 상자에 담아 겉포장을 하는 raw pack을 한다.

■ 표 4·1 어체처리 형태 ■

어체처리 명칭	어체처리 형태	처리 모양
round	아무런 전처리를 하지 않은 어체	
semi – dressed	아가미와 내장을 제거한 어체	
dressed	두부와 내장을 제거한 어체	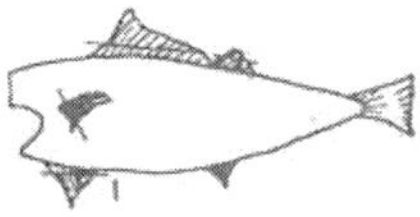
pan-dressed	dressed 상태에서 지느러미와 꼬리를 제거한 어체	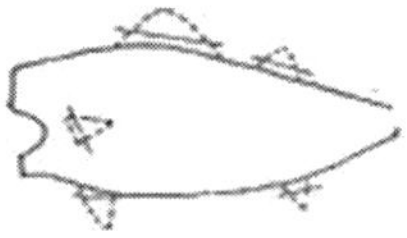
fillet	dressed 상태에서 척추골을 제거하고, 두쪽으로 나눈 것	
chunk	dressed 또는 fillet를 일정한 크기로 절단한 것	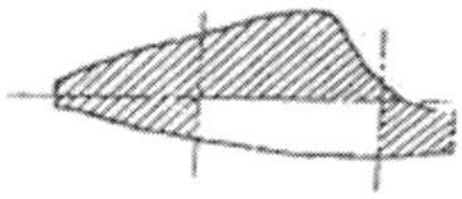
steak	dressed 또는 fillet를 2~3cm 두께로 절단한 것	
chop	어육채취기로 채육한 육	
ground	고기갈이기로 갈은 육	

7) 팬 채움 (panning)

① 대형어 및 중형어

팬 채움 과정을 생략하고 개체 동결할 수도 있다.

② 소형어

동결팬에 넣어 동결한다. 보통 머리가 외부로 노출되도록 하고, 꼬리는 중앙으로 가도록 하여야 하며, 표면은 기복이 없어야 한다. 반드시 동결 팽창도 고려하여야 한다.

2) 동 결

동결에 대하여는 이미 3장에서 언급하였으므로 여기서는 생략하기로 한다.

▶ 그림 4 · 9 수산물의 동결 공정 ◀

3) 후처리

(1) 탈팬 (depanning)

표면에 냉수를 분무하거나 유수에 30~60초간 침지한 후 충격을 주어 냉동물을 팬으로부터 분리한다.

(2) 글레이징 (glazing)

건조나 산화방지를 위하여 빙의를 입힌다. 단, 이 경우 전처리공정에서 속포장을 생략한다.

(3) 겉포장

내수, 내유 및 방유, 방수성이 좋고, 온도에 민감하지 않으면서 기계적 강도가 크고, 인쇄가 가능하면서 염가인 포장재를 사용하여 포장한다.

▶ 그림 4 · 10 수산물의 겉포장 공정 ◀

3. 다랑어

다랑어류의 종류 중 중요한 것으로는 날개다랑어, 황다랑어, 눈다랑어, 참다랑어 및 가다랑어 등이 있다. 어획물은 주로 선내에서 동결되며, 생식용(참치회) 및 통조림용 등으로 나누어진다.

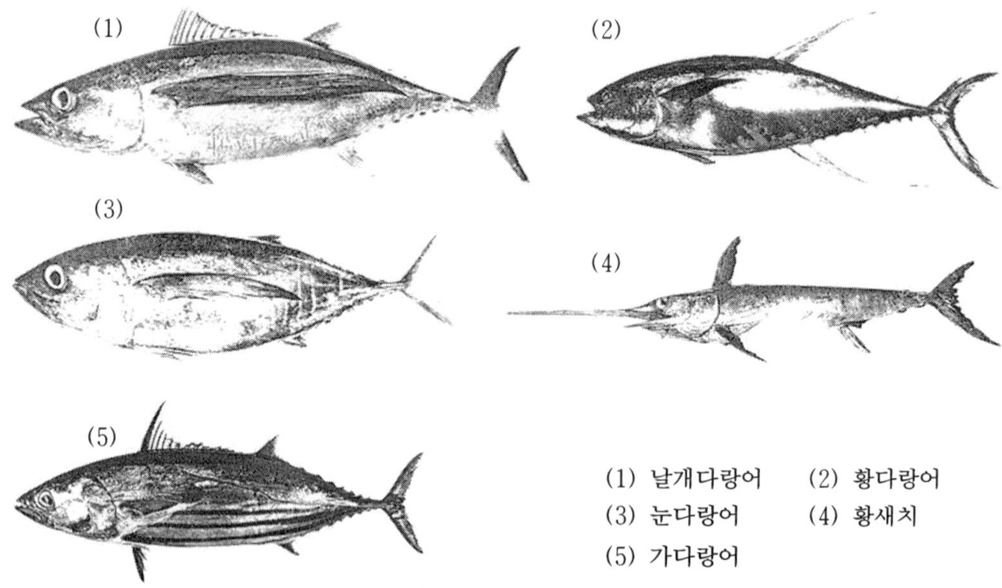

▶ 그림 4 · 11 다랑어류의 사진 ◀

1) 횟감용 냉동 다랑어류의 처리방법

(1) 선별

살아있는 상태로 어획한 다랑어류를 선도, 손상유무, 크기 등에 따라 선별한다.

(2) 꼬리 지느러미의 절단

후부로부터 4번째 등지느러미와 5번째 등지느러미 사이(특히 5번째에 가까울수록 척추뼈 사이에 해당되어 절단이 용이)를 절단한다.

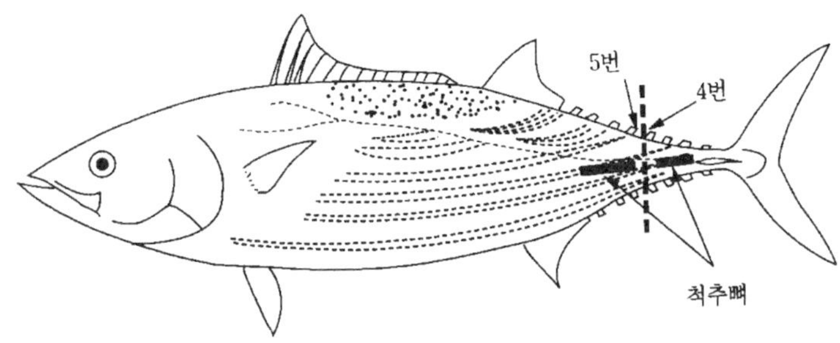

➡ 그림 4·12 꼬리 지느러미의 절단 부위 ⬅

(3) 혈관 절단 및 탈혈

탈혈을 신속하고 충분하게 실시함으로서 육질에 생성되는 얼룩을 방지하기 위하여 동맥과 심장 사이의 혈관을 절단하고 방혈한다.

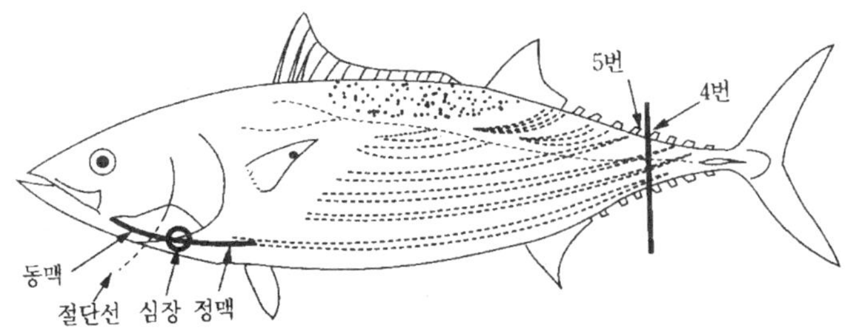

➡ 그림 4·13 혈관 절단 ⬅

(4) 송곳 삽입

고민사 억제, 즉 완전 사망을 위하여 뇌와 연수를 송곳이 45도가 되도록 찌른다. 송곳 삽입은 반드시 완전 탈혈을 위하여 탈혈 처리가 끝난 다음에 하여야 하며, 수중에서 이미 죽어서 갑판 위에 올라온 다랑어의 경우에도 완전히 죽이기 위하여 송곳 삽입 작업은 실시하여야 한다.

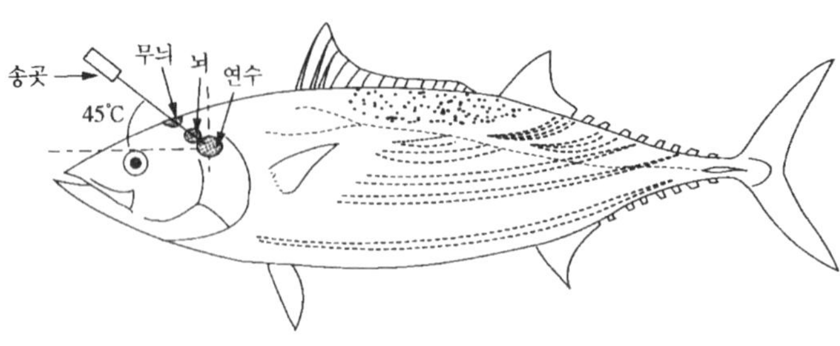

▶ 그림 4 · 14　송곳의 삽입 방법 ◀

(5) 내장 제거

복부를 갈라 내장을 제거한다.

(6) 아가미 제거 및 아가미 뚜껑의 절반 제거

다랑어류는 오염원인 아가미를 제거하여야 할 뿐만이 아니라 대형어이어서 전열작용에도 문제가 있으므로, 동결시에 냉기 순환을 위하여 아가미 뚜껑의 절반정도를 절단하여 제거하여야 한다.

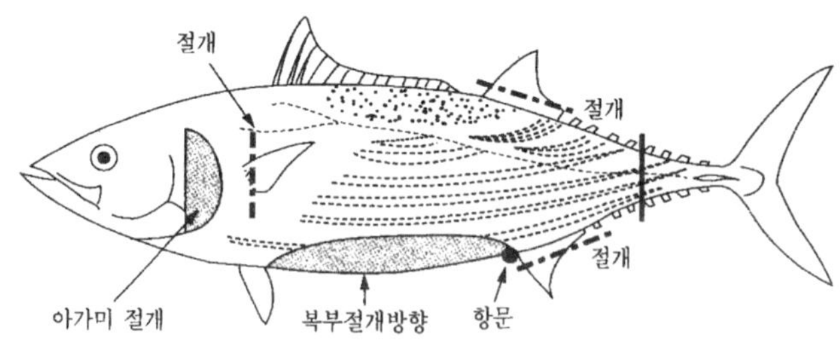

▶ 그림 4 · 15　내장 및 아가미 제거와 아가미 뚜껑의 절반제거 ◀

(7) 수세 및 탈수

내장 등의 제거로 인한 이물질 제거를 위하여 간단히 수세 및 탈수한다. 일반적인 수산물처리 형태와는 달리 다랑어류의 경우 이 공정까지 처리한 상태를 round라 한다.

(8) 두부, 지느러미 제거, 수세 및 탈수

① 대형어

대형어 이어서 전열에 문제가 있는 어종(어체 150 kg 이상)인 경우에는 필레(fillet)로 제조하기 위하여 두부 및 가슴지느러미를 제거한다.

▶ 그림 4·17 두부 절단 공정 ◀

② 소형어

전열 작용에 문제가 없는 소형어(150 kg 이하)의 경우 이 공정을 생략한다.

9) 필레처리 및 수세

① 대형어

어체가 큰 경우(어체가 150 kg 이상)에는 동결이 장시간 소요되는 것을 개선하기 위하여 필레처리한 후 자연상태의 다랑어류와 유사하게 하기 위해 해수 수세를 한다.

② 소형어

어체가 작은 경우(어체가 150 kg 이하)에는 이 공정을 생략한다.

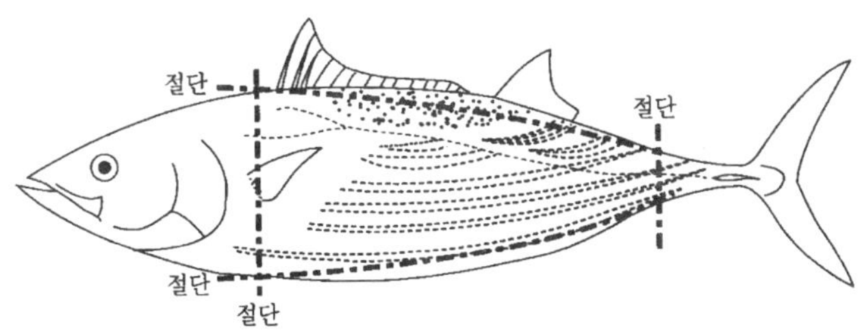

▶ 그림 4·17 필레처리 ◀

(10) 급속동결 및 글레이징 처리

① 급속 동결

전처리가 끝난 것은 바로 급속 동결한다.

② 글레이징 처리

글레이징처리는 근년에 많이 사용하고 있는 초저온 동결 방식을 사용하는 경우(참치 회 제조)에는 생략하나, 그렇지 않은 경우(통조림 제조)에는 어체 표면과 육질보호 및 건조방지를 위하여 반드시 실시한다.

③ 송풍 동결 : 온도(−60℃ 이하), 습도(65~70%)가 조절된 동결실에 풍속이 4m/s가 되도록 하여 중심온도가 −55℃이하로 될 때까지 계속 동결한다. 동결 소요 시간은 24~36시간 정도이다.

④ 염화칼슘 브라인 동결법 : 저온(−40~−45℃)의 염화칼슘 수용액에 어체를 침지 시켜 어체 중심온도가 −40℃부근으로 될 때까지 냉각하는데, 동결시간은 공냉식에 비 하여 1/2정도 소요된다.

어체처리는 항문부근을 조금 자르고, 직장을 꺼집어내어 복강 내 및 체표를 충분히 수세한 다음, 차가운 해수로서 예냉하여 브라인에 침지한다. 동결 종료 후에는 체표 및 복강 내를 충분히 물로 수세하여 염화칼슘을 제거하고, 글레이징한다.

(11) 절 단

① 냉동 절단법 : 동결상태 그대로 토막을 가르는 방법으로 초저온을 유지하면서 단 시간에 절단하는 장점이 있으나, 부스러기가 많아 수율이 낮다.

② 반해동 절단법 : 동결 다랑어류를 −6~−7℃ 정도로 반해동하여 토막을 가르는 방법이다. 잘라낸 부스러기가 적으나, 품질저하가 우려된다.

◪ 그림 4·18 참치회의 절단공정 ◪

▶ 표 4 · 2 다랑어류의 수율(%) ◀

처리상태	황다랑어	눈다랑어
semi - dressed	89~92%	92~95%
fillet	69~72%	72~77%

2) 통조림용 다랑어류의 처리방법

(1) loin의 분리

loin은 다랑어류를 통조림 제조공정에 따라 자숙한 다음 방냉한 후 뼈, 껍질, 비늘, 혈합육 등을 제거한 정육부만을 말한다.

냉동 다랑어류 (일반적으로 가다랑어 또는 황다랑어)를 유수 또는 분무 해동하여, 두부 및 꼬리를 제거한 다음, 등부와 배부를 2등분한다. 이를 자숙(중심온도:60~70℃, 자숙시간 : 100℃에서 2~4시간)한 다음 경도유지를 위하여 하룻밤동안 방냉한다. 방냉한 다랑어류로부터 두부, 지느러미, 내장, 뼈, 표피, 비늘, 혈합육 및 이상육을 제거하고, loin을 분리한다.

(2) 팬 채움
(3) 급속동결
(4) 탈팬
(5) 글레이징
(6) 칭량 및 포장
(7) 동결저장

3) 다랑어의 이상육

(1) 냉동화상 (freeze burn)

특징	동결 저장 중 산화하여 갈색을 나타내는 현상을 말한다.
발생	동결 저장 중 밀착포장, 글레이징 처리 등의 미흡으로 승화한 빙결정의 자리에 산소가 작용하여 발생한다.
억제	속포장 또는 글레이징을 철저히 한다.
대상	대체로 지질을 많이 함유한 냉동식품이 해당한다.

(2) jelly meat

특징	어체 근육의 일부(구더기형) 또는 대부분(팥형)이 젤리상 또는 액상으로 되는 현상을 말한다.		
종류	팥형, 구더기형이 있다.		
발생	팥형	초기	근육에 쌀알맹이 또는 팥알 크기의 액화공포가 발생 된다.
		중기	근육이 서서히 녹아 젤라화가 된다.
		말기	근육의 전체가 붕괴되어 유동상이 된다.
	구더기형	초기	근육에 액화공포 (5~10 mm)가 일부 발생한다.
		중기	근육에 서서히 확장된다.
		말기	근육의 일부에 액화가 진행한다.
원인물질	팥형	점액 포자충의 포자	
	구더기형	쌀알맹이 또는 대두점도 크기의 백색 반투명하고 유연한 이물질	
억제	서식 때부터 가지고 있는 요인으로 근원적 제거는 어렵다.		
	·신속히 내장(기생충 존재)을 제거한다.		
	·급속 동멸한다.		
대상	팥형	황다랑어, 황새치	
	구더기형	눈다랑어	

(3) green meat

특징	어체의 육층 부위 (백색 또는 연분홍색)가 녹색으로 변화하고, 그 부분이 이상한 냄새를 나타내는 현상을 말한다.
발생	H_2S(선도 저하에 의한 함황아미노산의 분해로 생성)와 hemoglobin 또는 myoglobin이 반응하여 sulf hemoglobin 또는 sulf myoglobin을 생성함으로 인해 발생한다.
억제	·발생부의 및 이취부위를 제거한다. ·신속히 급속 동결한다.
대상	대형 가자미, 상어, 새치류, 다랑어류 등

(4) 퇴색육

특징		육색이 탈색(백색 또는 연분홍색이 녹색으로 변화)되고 윤기가 없어지며 퍼석퍼석한 감을 주는 현상을 말한다.
발생	부위	척추골 주위의 근육 또는 근육 전체에 발생한다.
	원인	어획시에 난폭하게 다루어 글리코겐이나 ATP 등이 분해되어 사후 근육온도(30℃)가 높거나 pH가 낮은 경우(pH 5.4~5.6)에 잘 발생한다.
억제		어획시에 신속하게 처리하고 빨리 냉각한다.
대상		여름에 어획한 대형 황다랑어, 눈다랑어, 참다랑어 등

(5) 산화 갈변육

특징	선홍색의 근육이 갈색으로 변화하는 현상을 말한다.
발생	적색의 myoglobin이 산화되어 암갈색의 metmyoglobin이 되기 때문이다.
억제	·동결 및 해동시에 -3~-10℃의 온도대를 신속히 통과한다. ·1~2개월 저장시에는 -30℃, 6개월 정도 저장시에는 -40℃, 6개월 이상 저장시에는 -45℃ 이하에서 저장한다.
대상	근육 색소를 다량 합유하고 있는 다랑어류와 같은 적색육 어류

(6) orange meat

특징	염수동결한 가다랑어육을 자숙할 경우 가다랑어 육이 황갈색으로 변화하면서 이상한 냄새가 나는 현상을 말한다.
원인	Maillard 반응 (해당 반응 중간 생성물인 포도당, 과당 등과 엑스분과의 반응) 에 의한다.
억제	어획 후 0~2℃ 해수 중에서 6시간 이상 예냉시켜 해당 작용을 종결시킨 후 동결하야여 한다.

4. 대구 및 명태

1) 필레(fillet) 제조

(1) 원료 선별

원료어는 선도 (내장이 단단하면서 복부육이 갈변되지 않은 것)가 좋고, 기생충이 적으면서, 작업 능률을 고려하여 대중형의 것을 선택하여야 하며, 비산란기 어류 (산란기 어류는 고수분이어서 동결변성이 용이)를 선택하여야 한다.

◼ 그림 4 · 19 대구 및 명태의 사진 ◼

(2) 수 세

일반적으로 세척기로 세척하며, 표피에 부착된 오물과 세균 등을 제거한다.

(3) 필레처리

두부 및 내장을 제거한 후 세편뜨기를 한다. 이 때 두장의 어육과 뼈부분이 분리되는데, 이 뼈부분은 fish frame이라 하며, 여기에는 근육이 많이 붙어 있어 근년에 이의 재이용을 시도하고 있다.

(4) 기생충 검사

① 기생충의 종류 : 주로 존재하는 기생충으로는 *Anisakis* 속의 선충과 *Niberia* 속의 유충 등이 있다.
② 선별방법 : 유리판 상에 필레를 놓고, 그 위에다 아래 방향 혹은 윗방향으로 빛을 통과시켜 반사 혹은 투과광으로 검사한다.
③ 기생충량 : 기생충의 다소는 어기, 어장, 어체의 크기 등에 따라 다르다.
④ 존재부위 및 제거시기 : 기생충의 존재부위는 선도와 방치시간, 온도 등에 따라 차이가 있으나 선도가 좋은 어체에서는 복강 내의 항문 부근에 대부분이 집중되어 절육할 때에 쉽게 제거되나, 선도가 저하한 어체에서는 선도저하와 함께 내부로 침입 확산되어 제거가 어렵다.

(5) 수세 및 탈수

① 수세 : 필레를 냉각 청수로 잘 수세하여 표면에 부착한 세균을 제거한다. 이 때에 침지시간이 길어지면 필레는 흡수 팽윤되므로 10분 이내로 하는 것이 좋다.
② 탈수 : 수세 후 충분히 탈수하여 수분이 85% 정도가 되도록 한다.

(6) 팬 담기

팬 담기의 방법으로는 가로로 배열하는 cross pack(명태 fillet에 많이 사용)과 세로로 배열하는 long pack(대구 fillet에 많이 사용)이 있어 적절히 선택을 하여야 하고, 배열시에는 필레 간의 공간이 형성되지 않도록 주의하여야 한다.

(7) 동 결

일반적으로 접촉식 동결장치로 압축동결한다.

그림 4 · 20   동결 fillet의 사진

(8) 탈팬, 포장 및 냉장

2) surimi의 제조

 명태의 육질은 연약하고 선도가 저하하기 쉬우며, 장시간 냉동하면 actomyosin이 거의 불용화하여 소금과 같이 갈아도 점착성이 있는 물질로 되지 않아 연제품 원료로 사용하기 곤란하다. 그러나 명태육을 충분히 수세 및 탈수한 다음, 육 중에 존재하는 단백변성의 촉진인자인 염류 등을 제거하고, 육단백질의 냉도연성을 억제하는 적당한 부원료를 첨가하여 가볍게 갈아서 냉동하면 연제품 원료로 사용 가능한 냉동 surimi가 된다.

 첨가하는 부원료의 종류에 따라 무염 surimi와 가염 surimi의 두가지로 나누어진다 (표 4 · 3). 무염 surimi는 5% 정도의 당류(sorbitol, glucose, 설탕 등)와 0.2% 정도의 중합인산염을 첨가하는 것이 보통이다. 한편 가염 surimi는 당류 10%정도, 소금 2~3%를 첨가하고 중합인 산염은 첨가하지 않는다. 즉, 가염 surimi는 무염 surimi에 비하여 약 2배량의 당류를 첨가한다.

표 4 · 3 surimi의 배합비

(단위 : %)

제품	어육	소금	중합인산염	설탕 sorbitol 포도당
무염 surimi	100	0	0.2~0.3	3~5
가염 surimi	100	2~3	0	10

냉동 surimi는 어육에 동결내성을 부여하여 장기저장이 가능하고 비가식부의 일괄처리가 가능한 등의 장점이 있다.

(1) 어체절단

원료어의 비가식부를 처리하는 전처리 공정으로서 머리부와 내장을 비롯하여 지방함량이 높고 선도저하가 빠른 복부육과 단백질분해효소를 다량 함유하고 제품의 탄력을 저하시키는 내장을 제거하여 드레스(dressed)나 필레(fillet)로 처리한다. 어체절단처리는 주로 dressing machine 이나 fillet machine 등의 자동 어체처리 장치로 한다.

(2) 수 세

어체처리 고정에서 얻어진 드레스나 필레에 부착된 혈액이나 오물 등의 협잡물을 제거한 원료어의 선도가 양호한 경우 냉동 surimi의 색조를 떨어뜨리는 협잡물의 혼입이 종종 있다. 이는 등지느러미와 어류껍질의 색소를 구성하는 melanin의 영향 때문이다. 선도가 다소 저하한 원료에서는 어육 세척기나 비늘 제거기에서 이들은 비교적 용이하게 제거되지만, 선도가 양호할 때는 제거되지 않을 때가 있다. 세척시의 수온은 가능한 한 저온(10℃ 정도)이 좋다.

(3) 채 육

채육기에는 roll식과 stamp식 등이 있는데 냉동 surimi 제조공정에서는 roll식이 주류를 이루고 있다. 상어류 등의 채육에는 주로 stamp식이 사용된다. Roll식 채육기는 조임정도가 품질과 수율에 많은 영향을 미치는데, 약하게 조이면 표피나 잔뼈 등의 혼입을 막을 수 있어 품질이 좋은 육이 얻어지나 수율은 떨어진다. 보통의 경우 강하게 조여서 수율을 높인다. 채육기로부터 채육된 육은 혈액 등이 섞이지 않도록 빨리 수세 탱크로 옮긴다.

(4) 수 세

수세공정은 10℃ 전후의 냉수로 하는데, 이 공정에서 냄새성분, 혈액, 지방, 수용성 단백질, 표피나 복막의 흑피 등이 제거되어 어육의 육색이 희게 되고 탄력형성도 향상되는 효과가 있으므로 중요한 공정의 하나이다.

수세에 의하여 육중의 무기이온이 제거되면 육의 수화성이 커져서 육이 팽윤하여 탈수하기 어렵게 된다. 따라서, 수세 최종단계에서는 식염농도 0.1~0.3% 수용액에 수세하면 탈수하기 쉽게 된다. 또한 수세용수는 Ca이온이나 Mg이온을 적당량 함유하고 pH가 중성부근인 마실수 있는 물(음용수)이 좋다.

(5) 협잡물의 제거

탈수공정에 앞서서 대규모 공장에서는 예비 탈수한 수세육에 함유된 흑피나 힘줄 (건), 잔뼈, 혈합육, 비늘 등의 협잡물을 refiner로 제거한다. Refiner의 특징은 부드러운 수세육 상태에서 고속으로 정제조작이 가능한 것이다. 이 조작에 의해 수세육은 정제되어 육색은 희계되나 육의 마찰로 인한 발열로 육의 온도가 약간 상승하여 육질이 변화가 다소 일어나나 문제시 될 정도는 아니다.

(6) 탈 수

Refiner로 정제한 육은 압력을 가하여 탈수한다. 사용하는 탈수기로 screw press 가 주로 사용되고 있는데 최근에는 연속원심분리기 (1,500~3,000 x g)도 어육의 회수율이 놓으므로 사용되고 있다. 탈수의 정도는 어종이나 냉동 surimi의 등급에 따라 다르지만 탈수후의 표준 분량은 80% 전후이다.

(7) 고기갈이

무염 surimi의 경우 육상 surimi에서는 보통 탈수육에 대하여 sucrose 5%, 중합인산염 0.2%를 가하고, 선상 surimi는 sucrose 4%, sorbitol 4%, 중합인산염 0.2%를 가한다. 가염 surimi에는 육상 및 선상에 관계없이 sucrose 5%, sorbitol 5%, 중합인산염 2.5%를 가하여 고기갈이 한다.

고기갈이에 사용되는 기개로는 대규모공장에서는 냉각식 mixer나 나선식 고속 mixer가 사용되고 있다. 소규모 공장에서는 silent cutter 등이 사용되고 있다. 고기갈이시 당류등의 첨가물에 이하여 단백질르 분자간의 상호작용을 막고, 물분자의 움직임을 봉쇄함으로써 동결시에 빙결정의 성장을 막아 장시간 저장이 가능하게 된다.

◪ 그림 4 · 21 냉동 surimi의 제조를 위한 고기갈이 공정 ◪

(8) 포 장

고기갈이를 마친 육은 충전기를 사용하여 polyethylene에 10 kg씩 충전하고 두께 4.5~5.0 cm의 냉동팬에서 성형한다. 일반적으로 충전 후에는 금속검출기를 사용하여 금속류의 혼입을 막을 필요가 있다. 이물질의 혼입으로는 금속조각이나 포장재료의 절편이 많으므로 polyethylene의 두께나 재질에 주의할 필요가 있다.

(9) 동결 및 저장

냉동팬에 넣어 성형된 surimi는 접촉식 동결장치(-35℃이하) 또는 반송풍 동결장치(-30℃이하) 동결실에서 동결한다. 일부에서는 송풍 동결장치(-35℃이하)로도 동결한다. 어느 방법이나 최대 빙결정 생생대(-1~5℃)의 통과시간이 빠른 급속동결을 해야 한다. 냉동 surimi의 저장 온도 및 기간은 냉동surimi의 종류(무염, 가염)나 등급에 따라 약간의 차이가 있으나 -23~-25℃에서 대개 6~12개월 정도록 잡고 있다.

또한 -10℃저장의 경우는 저장 2개월째부터 품질이 급격히 저하하므로 명태 냉동 surimi의 저장온도의 한계를 -20℃정도로 잡고 있다. 때문에 surimi의 동결과 냉동 surimi의 저장은 급속동결을 행하여 품온을 -25~-30℃까지 떨어뜨려 -25℃의 냉동고에서 저장하게 된다. 저장기간중의 냉동고내의 온도변화를 최소화해야 한다. 그리고 〈표 4·4〉에 명태 선상 냉동 surimi의 등급규격예를 나타내었다. UA가 품질이 가장 좋고 B가 최하의 등급이다.

표 4 · 4 명태 선상동결 surimi의 등급규격 예

등급	수 분 (%)	jelly 강도 (g×cm)	하 중 (g)	심 도 (cm)	백 도 (%)	흑피 협잡물 (10 g중 1 mm 이하)
UA	75.0~75.5	1400 이상	1000 이상	1.4 이상	30 이상	2개 이하
SA	75.0~75.5	1200~1400	800~1000	1.3 이상	30 이상	4개 이하
FA	75.5~76.0	1100~1400	700~1000	1.3 이상	30 이상	4개 이하
A	75.5~76.5	900~1100	650~800	1.2 이상	25~30	7개 이하
RA	76.5~77.5	600~900	500~700	1.1 이상	25~30	11개 이하
M	76.5~77.5	500~750	400~600	1.0 이상	22 이상	15개 이하
B	78.0 이하	300 이상	300~500	0.9 이상	22 이상	19개 이하

5. 오징어

오징어는 살아 있는 경우 백색 투명하고, 청록 또는 자갈색의 형광을 나타내고 있으나 사후에는 투명감이 줄고 갈색을 나타내며, 이어서 진한 흑갈색으로 되어 사후경직된다. 오징어는 경직기를 경과하면 육은 백탁, 갈변되고 선도저하와 더불어 4층의 표피 중 제 2층의 적색색소(ommochrome)가 알칼리로 용출되어 적색이 짙어진다.

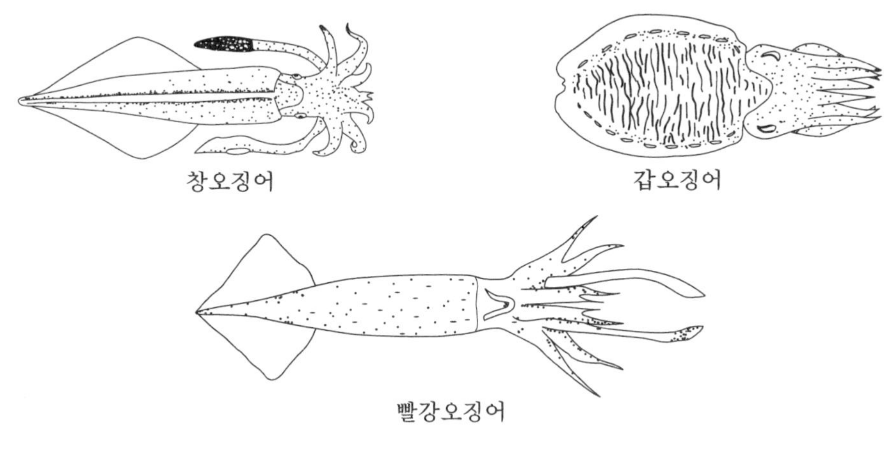

▶ 그림 4 · 22 오징어류 ◀

1) 냉동품의 제조

(1) 원료 선택

오징어의 육질은 수분이 많고, 다량의 엑스분으로 세균번식이 빨라 원료 선택에 주의하여야 한다. 따라서 오징어는 경직 전의 것을 선정하여야 하므로 일반적으로 백탁된 것이나 적색의 것은 사용하지 않는 것이 좋다.

▶ 그림 4 · 23 오징어의 선별과정 사진 ◀

(2) 내장제거 및 수세

왼손으로 오징어의 몸통을 잡고, 바른손으로 발을 잡아 당겨 분리시킨다. 몸통 내부의 내장을 완전히 제거하고, 석회질 갑이 붙은 쪽에 칼을 넣어 절개한 다음, 갑을 제거한다. 이 때에 수율은 몸통이 48%, 두각부가 23%이다.

수세는 3~4% 식염수로 한다.

■ 그림 4 · 24 오징어의 내장제거 및 수세 사진 ■

(3) 박피 및 정형

갑제거 오징어는 지느러미 끝에 칼질을 하여 손으로 껍질을 벗긴다. 그리고 모양이 좋지 못한 것이나 손상이 있는 것은 정형한다.

■ 그림 4 · 25 오징어의 박피 및 정형 ■

(4) 수세 및 탈수

유수 중이나 물이 넘치는 수조에서 수세하면서 변색한 것을 선별 제거한 후에 탈수한다.

(5) 칭량

일반적으로 육편수는 2~3편(1편 무게 : 30 g 이상)을 사용한다. 중량 조절용 외의 것은 정형된 것을 사용한다.

(6) 포장

작업에 사용되는 용기는 200 ppm의 염소수로 세척함과 동시에 포장 때에는 고무장갑 등을 사용하며, 매회 염소수로 살균한다. 이어서 제품을 용기에 넣어 heat seal 또는 진공포장한다.

(7) 동결 및 냉장

2) 위생관리

냉동 오징어는 생식하는 경우도 있으며, 가열살균 공정없이 단지 저온유지 만으로 세균의 증식을 억제하고 있으므로 원료의 선도관리를 철저히 하여야 함과 동시에 작업원 및 공정 중의 위생관리를 철저히 하여야 한다.

6. 새 우(생동결 제품)

1) 제 조

(1) 수 세

동결 후의 제품에 영향을 미치므로 깨끗한 청수를 풍부하게 사용하여 충분히 실시한다. 수세과정에서 색소를 충분히 유출시키면 흑변방지에도 효력이 있다.

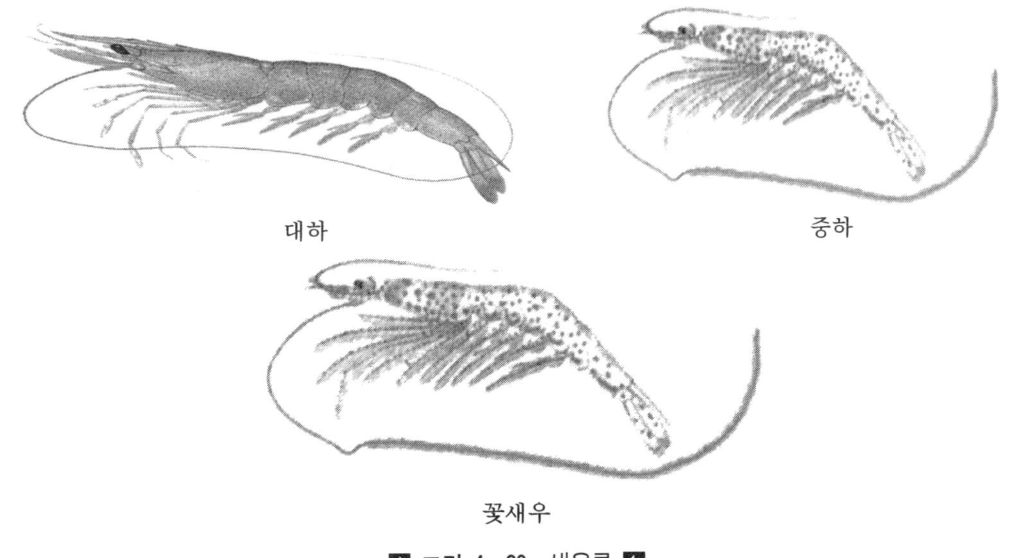

◪ 그림 4 · 26 새우류 ◪

(2) 두 절

두흉부는 어획 즉시 절단하는 것이 선도유지에 좋다. 방치시간이 길어질수록 선도저하
가 빠르다. 두절처리 하면 동일 빙장조건 하에서 빙장기간을 2~3일 연장시킬 수 있다.

■▶ 그림 4 · 27 새우 두절공정 ◀■

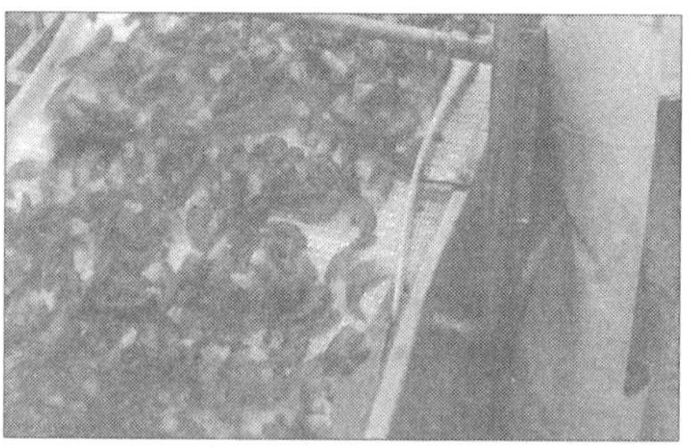

■▶ 그림 4 · 28 두절된 새우의 사진 ◀■

(3) 탈각(peeling) 및 선별

탈각을 요하는 제품은 손으로 껍질을 벗기면서 대, 중, 소 및 파치별로 선별한다. 탈
각 작업 중에 발생하는 파치는 수율에 영향을 주므로 주의를 하여야 한다.

■▶ 그림 4 · 29 새우의 탈각 및 선별공정 ◀■

(4) 내장제거(devein)

내장제거를 요하는 제품에서는 등쪽에 있는 내장에 얇게 칼질을 하여 수세과정에서 씻어낸다.

(5) 수세 및 탈수

유수탱크에서 수세하여 부착된 내장 및 기타 오물을 잘 수세한다. 이 때 새우를 0.5~1.0% sodium ascorbate용액 또는 0.7% 아황산수소나트륨($NaHSO_3$)용액에 10분간 침지시키고 나서, 다음 공정으로 들어가는 경우 해동시킨 후 2~3℃에서 3일간 흑변방지가 가능하다. 이어서 자연탈수한다.

(6) 선별, 칭량, 포장, 동결, 글레이징

선별하여 소정의 양으로 칭량한 다음, 포장 또는 팬 담기하여 동결하며 필요한 경우 글레이징도 실시한다.

▶ 그림 4 · 30 새우의 칭량 공정 ◀

2) 흑 변

(1) 발생현상

새우의 육단백질이 세균에 의해 분해되어 아미노산의 일종인 tyrosine이나 DOPA(dihydroxy phenylalanine, tyrosine 유사물질)와 같은 수용성물질이 산소와 자외선의 존재 하에서 산화효소인 tyrosinase에 의해 산화되어 흑색색소(melanine)를 생성하여 흑변하기 때문에 일어나는 현상이다.

(2) 발생부위 및 발생시기

새우의 두흉부, 관절, 꼬리 등에 자주 발생한다. 새우를 빙장하는 경우에도 발생하나, 동결냉장 때에는 용혈작용과 효소의 활성화로 더욱 심하게 일어난다. 효소활성은 혈액의 것이 최고이며, 내장 및 외각에도 효소가 존재한다.

(3) 억제방안

새우 흑변의 원인물질인 tyrosin은 간장 및 위에 다량 존재하고 두부 및 외피에도 존재하므로 tyrosinase(탈수소효소)의 작용에 의해 이 부위에 발생하는 흑변을 억제하기 위한 방법으로는 다음과 같은 것이 있다.

① 두부 제거

② 충분한 수세

③ 글레이징 또는 진공포장한 후 냉동보관(−20℃이하)

④ 0.5~1.0% sodium ascorbate용액 또는 0.7% 아황산수소나트륨용액(SO_2가 100 ppm 이하로 잔존)에 침지

7. 게

1) 제 조

(1) 탈갑

어획된 게는 그대로 두는 경우 간장 내의 단백분해효소에 의하여 어깨육이 분해되어 황변되고 수율이 저하하므로 탈갑한다.

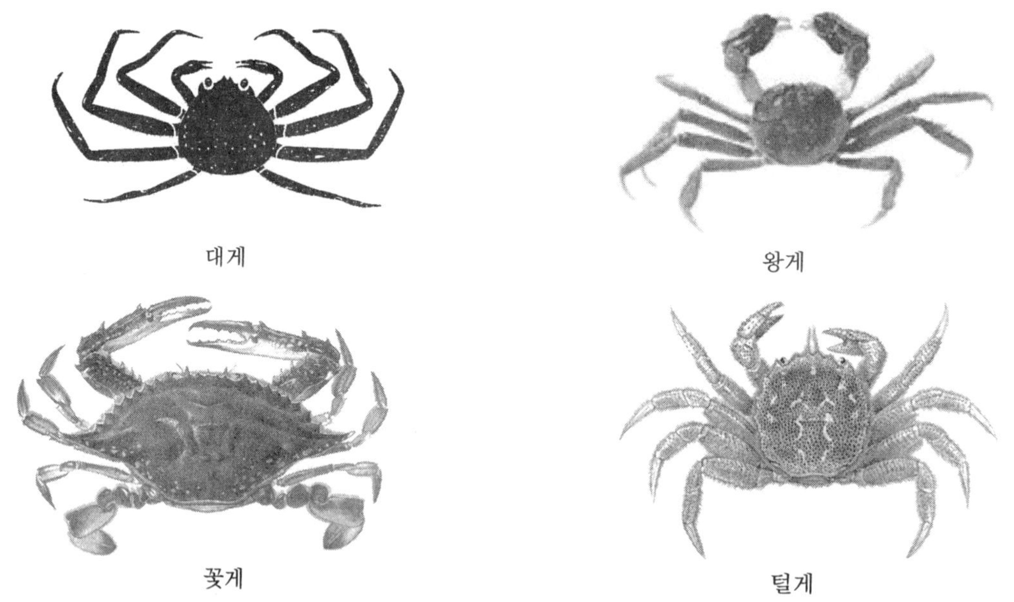

◀ 그림 4 · 31 게류 ▶

(2) 수세 및 탈혈
탈갑한 것은 해수 중에서 약 10분동안 수세 및 탈혈한다.

(3) 분해 및 수세
탈혈 후 두쪽으로 나누고, 이어서 수세한다.

(4) 간장 및 아가미 제거
수세 후 효소작용이 강하여 변색 원인이 되는 간장 및 아가미 등을 제거한다.

(5) 성형, 팬 담기 및 동결
성형 후 팬 담기하여 접촉식 동결 장치 등으로 −35℃이하에서 급속동결한다.

(6) 후처리
동결품을 탈팬한 다음 글레이징한 후 동결저장 한다.

2) 품질저하

(1) 흑 변
① 발생현상 : 게의 흑변현상은 새우류와 마찬가지이어서 새우류의 흑변을 참조하기 바라며, tyrosin이 tyrosinase에 의하여 산화되어 melanine을 생성하여 흑변한다.
② 억제방안 : 새우와 같은 억제 방안 이외에 이 반응이 호기적이므로 공기와의 접촉을 어렵게 하기 위하여 주수동결(注水凍結) 등의 방법을 사용하기도 하고, tyrosinase의 활성 억제를 위하여 급속동결 등을 실시한다.

(2) sponge 현상
① 발생현상 : 빙결정의 성장과 육단백질의 동결변성으로 근육조직이 스폰지상으로 되는 현상이다.
② 발생어류 : 일반적으로 게와 같은 갑각류와 대구, 명태 등과 같은 저서어에 많이 발생한다.
③ 억제방안 : 자유수 함량이 많아 동결 때에 세포외 동결을 일으키기 쉬우므로 급속동결시켜 미세 빙결정을 만들고, 미동결 수분량을 줄이기 위하여 −20℃이하로 심온동결 시킨 다음, 결정의 성장이 없도록 −20℃이하에서 변동폭이 적게 냉장하여야 한다.

(3) 청변

① 발생현상 : 청변은 구리를 함유하는 혈액색소인 hemocyanin이 산화되어 oxyhemo cyanin이 되고, 이것이 다시 산소와 산화효소의 작용으로 methemoc-yanin이 되기 때문이다.

② 발생어류 : 일반적으로 혈액색소료 hemocyanin을 가지는 갑각류에 발생하기 쉽다.

③ 억제방안 : 청변은 탈혈을 충분히 하는 경우 억제 가능하다.

8. 굴

1) 제 조

(1) 원료 선택

지정 해역(대장균군 70이하 / 100 mL)에서 채취한 것을 원료로 하되, 채취선으로부터 2시간 이내에 양륙하여야 한다.

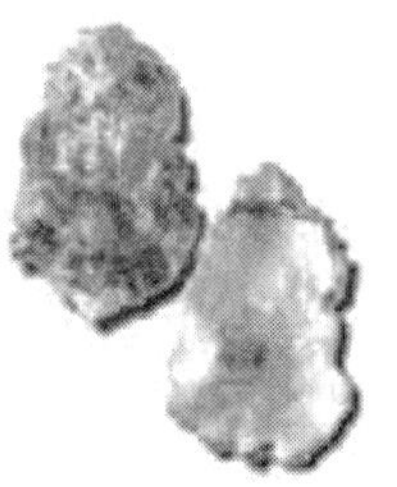

▶ 그림 4 · 32 굴 ◀

(2) 수세 및 냉각

세척수(유효염소 50~100 ppm)로 뻘, 기타 이물질을 수세한 다음, 설빙 등으로 10℃이하로 냉각한다.

(3) 박신

저온실(8~13℃)에서 박신한 후 스테인레스 용기 등에 넣어 3~4℃로 유지한다. 이때에 수율은 약 10% 정도이다.

➡ 그림 4 · 33 굴의 박신 사진 ⬅

➡ 그림 4 · 34 동결 굴의 제조를 위한 칭량 공정 ⬅

(4) 세척, 탈수, 선별, 포장 및 동결

공기 세척 장치에서 박신굴 5배량의 수돗물(2℃)을 넣어 5~10분간 세척한다. 이어서 금속성 다공판으로 탈수하여 이물질 등을 제거한 후 선별하여 이것을 heat seal한 다음 급속동결한다.

2) 품질 저하

(1) 갈변

① 카르테노이드색소에 의한 갈변 : 굴에는 비교적 큰 간장이 있고, 이 속에는 동물성 카르테노이드가 다량 함유되어 선도가 저하하면 육질의 연화와 함께 간장이 파괴되어 색소가 용출되어 갈변한다. 이의 방지를 위하여 선도, 취급에 주의를 요하고 급속 심온 동결시켜야 한다.

② 지질산화에 의한 갈변 : 굴에는 고도불포화지방산이 다량 함유되어 있어, 이를 동결냉장하는 경우 저장 중 건조에 의한 지질 산화가 진행되어 갈변된다. 이와 같은

동결 저장 중 일어나는 갈변은 글레이징처리에 의해 일부 억제 가능하다.

(2) 드립 발생

굴은 조직이 연약하여 해동시에 다량의 드립이 유출된다. 이를 방지하기 위하여는 박신 후 0.75% 식염수에 3분간 교반 세척 후 급속동결하면 드립의 유출이 다소 억제된다.

3) 품질기준

(1) pH

표 4·5 굴의 pH와 선도

pH	선도 상태	비 고
6.4	아주 신선	
5.9~6.2	선도 양호	6.0 이상이 되어야 수출용 냉동굴로서 적절
5.8 이하	선도 불량	냄새로 감지할 수 있는 정도(박신 후 3~6일)
5.2 이하	부패	

(2) 위생상

① 해수 중의 세균, 규조 등을 먹이로 하여 균을 농축시키므로 서식수역보다 세균농도가 높다.

② 중금속을 흡수하여 체내에 축적한다.

③ 방사성 물질을 고도로 농축한다.

④ 마비성 패독을 생성한다.

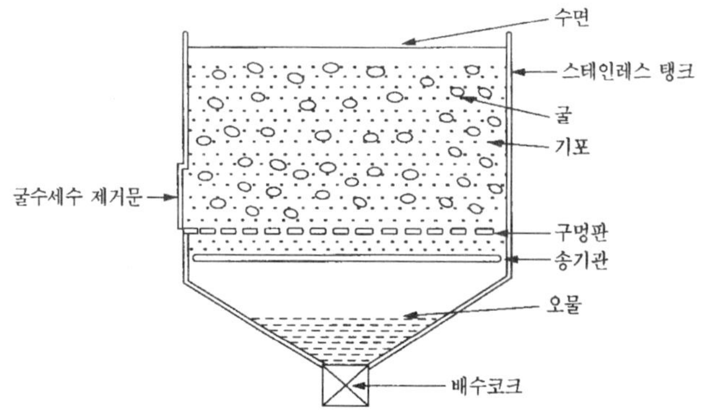

그림 4·35 굴의 공기 세척 장치

■ 표 4·6 수산식품의 성질과 저장 조건 ■

식품명	저장 온도 (℃)	상대 습도 (%)	저장 기간	수 분 함유량 (%)	평 균 함유량 (℃)	비열 (kcal/kg·h·℃)		동결 잠열 (kcal/kg)
						동결점 이 상	동결점 이 하	
신선어	0.5~3	90~95	5~20일	62~85	-2.2	0.70~0.86	–	49.4~67.8
동결어	-18~-12	90~95	4~6일	62~85	–	–	0.38~0.45	49.4~67.8
	-25~-18	90~95	7~10일	–	–	–	–	–
건 어	-1~-4	60~70	–	–	–	0.56	0.34	35.6
새우, 게, 조개	0~2	90~95	3~7일	80~87	-2.2	0.83~0.90	0.44~0.46	62.8~69.4
염지어	4~10	90~95	10~12개월	–	–	0.76	0.41	55.6

제2절 축산 냉동식품의 제조

1. 축육 냉동식품의 분류

식육의 경우 유통 중에는 반드시 저온처리를 하여야 하고, 그 저온처리 형태에 따라 다음과 같이 3종류로 분류할 수 있다.

1) 냉각육(chilled meat)

냉각육은 빙결점 이상의 온도에서 단순히 냉각된 식육을 말하며, 보통 0~5℃인 경우가 일반적이다. 이 냉각육을 숙성 및 저장하는 온도대에서는 자가소화, 미생물의 증식, 건조 산화 등을 충분히 억제하기 어려워, 냉각육은 맛을 고려하여 단기간 저장을 목적으로 하는 경우에 제조한다.

2) 동결육(frozen meat)

동결육은 빙결점 이하의 온도에서 동결된 식육으로 냉각육보다 저장효과가 있어 수개월 이상 저장할 수 있으므로 저장성은 인정되나, 저장 중에 다소의 물리적 변화가 일어나 맛 등과 같은 품질은 저하한다.

3) 반동결육(super chilled meat)

반동결육은 -3℃ 전후의 반동결 상태 식육으로 의도적으로 만드는 것은 아니고, 냉각이 심하여졌을 때에나 수송 또는 해동 중에 온도 상승으로 표층이 녹아서 만들어진다.

2. 축육 냉동식품의 기본 용어

1) 지육(carcass) 및 정육

지육은 도살한 축육을 방혈하고 두부(頭部)와 다리를 제거한 다음 껍질을 벗기고, 내장을 제거하여 검사에 합격한 도체를 말한다. 즉 불가식부를 제외하고 뼈가 함유된 식육을 말한다.

정육은 부분육, 규격육, cut meat 등으로도 불리며 지육에서 뼈를 분리한 육을 말한다.

2) 한냉수축(cold shortening)

(1) 정의

한냉수축은 근육의 pH가 6.3이 되기 이전에 소고기 및 양고기를 급격하게 10℃이하로 냉각시키는 경우 수축이 일어나 근육이 경화하는 현상이다.

(2) 발생현상

한냉수축에 의한 근육 경화는 숙성하여도 연화가 진행되지 않아 품질이 저하한다.

(3) 억제방안

한냉수축을 억제하기 위하여는 육을 냉각한 후에 20시간 정도까지 온도를 10℃ 이하로 하지 않는 것이 좋다.

3. 축육 냉동품의 제조

1) 수 세

수세는 도살 해체 작업 중의 혈액 등에 의한 오염부의 제거, 표면의 미생물 제거 등을 목적으로 실시한다.

수세 후의 지육 표면에 잔존하는 수분은 냉각 중에 증발하기 때문에 지육 자체의 증발을 적게 하고, 지육의 건조로 인한 감량을 막아 주며, 증발 잠열을 빼앗기 때문에 냉각을 촉진하는 등의 효과가 있다.

◨ 그림 4·36   축육의 도살 해체 장면 ◧

2) 냉 각(예냉)

소와 돼지는 도살 후 사후 경직열의 발생에 의해 일시적으로 지육 체온이 거의 40℃까지 상승하므로 품질을 고려하여 신속히 0℃까지 낮추어야 한다. 그러나 소, 송아지 및 양의 경우 체온강하가 너무 단시간에 진행되는 경우 한냉수축이 일어나므로 품온을 적당히 조절하여 낮추어야 한다.

일반적으로 예냉은 찬공기를 이용하여 송풍기로 하며 송아지 및 양과 같은 작은 동물은 1일 이내, 소 및 말 등은 2일 이내가 표준이다.

(1) 예냉효과
① 미생물 및 효소의 증식 억제 및 사후 경직 지연
② 표면의 수분 제거 및 얇은 피막 형성으로 미생물 오염 및 증식 억제
③ 육색변화 억제로 선홍색의 장기간 유지
④ 근육을 긴축시켜 절단 용이
⑤ 지방 응고에 의한 외관 개선과 더불어 산화 억제

(2) 예냉방법
지육의 작업은 보통 냉각실 내에 매달아 냉풍순환으로 한다.

(3) 예냉요인
냉각시간을 좌우하는 주된 요인은 냉풍온도, 습도, 유속 외에 지육의 크기와 영양상

태, 수량 및 냉각의 초온 및 종온 등이 있다.

　그림 4·37은 지육의 크기에 따른 냉각시간을 나타낸 그림이다. 이 냉각곡선의 형태에서 품온이 10℃정도까지는 비교적 냉각속도가 빠르나, 10℃이하에서는 온도 강하가 늦다.

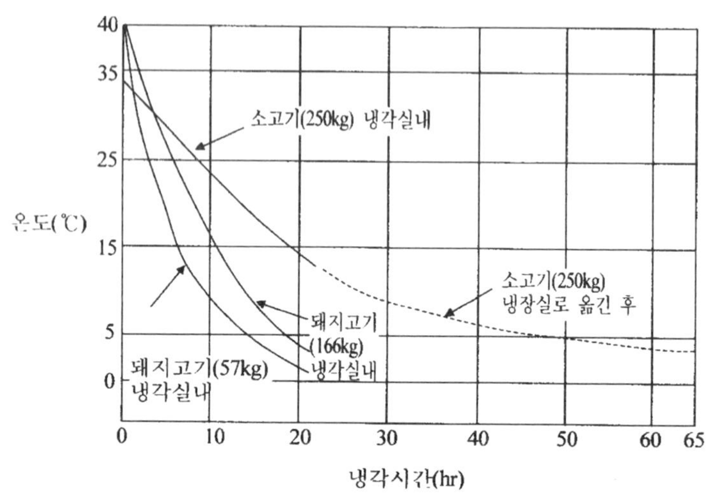

◘ 그림 4·37 지육의 크기에 따른 냉각시간 ◘

3) 숙 성(aging, condition)

　식육의 숙성이란 식육이 연화하여 육질과 풍미가 개선되는 경우를 말하며, 소고기와 양고기는 숙성시켜서 판매하는 것이 보통이다. 그러나, 숙성이 과다하면 풍미가 없어져 세균과 곰팡이가 발육하여 부패초기에 들어가므로 숙성에 주의하여야 한다. 숙성은 효소의 작용이 관계하는 자가소화가 주체이기 때문에 저온에서는 느리고, 고온에서는 빨라 식품의 품온을 가감함으로서 숙성에 걸리는 시간은 조절할 수 있다.

　숙성 방법을 대별하면 저온숙성과 고온숙성으로 대별되나 일반적으로 저온숙성을 많이 사용한다.

(1) 저온숙성

　저온숙성은 온도 0~2℃, 상대습도 86~92%, 유속 0.15~0.5 m/sec에서 실시한다. 숙성기간은 저온숙성이 고온숙성보다 장시간 소요된다. 숙성 전용의 냉장실을 이용하는 경우도 있으나, 일반적으로 냉각 냉장실에서 실시하는 경우가 많다. 일반적으로 소고기는 완전숙성에 대략 3주가 소요된다.

(2) 고온숙성

식육의 품온을 높게 하면 숙성기간이 단축되는 장점은 있으나, 미생물의 증식이 용이하기 때문에 주의하여야 하고, 숙성이 종료되는 즉시 냉각시켜 품온을 저하(0℃)시켜야 한다.

표 4·7 축산식품의 성질과 저장 조건

식품명	저장 온도 (℃)	상대 습도 (%)	저장 기간	수 분 함유량 (%)	평 균 함유량 (℃)	비열 (kcal/kg·h·℃) 동결점 이 상	동결점 이 하	동결 잠열 (kcal/kg)
소고기(신선)	0~2	88~92	1~6주	62~17	-2.2~-1.7	0.75~0.84	0.38~0.43	49.4~61.1
소고기(동결)	-23~-18	90~95	9~12개월	—	—	—	—	—
돼지고기(신선)	0~2	85~90	3~7일	35~42	-2.2~-1.7	0.48~0.54	0.30~0.32	27.8~33.3
돼지고기(동결)	-23~-18	90~95	4~8개월	—	—	—	—	—
양고기(신선)	0~6	85~90	5~12일	60~70	-2.2~-1.7	0.68~0.76	0.38~0.51	47.8~55.6
양고기(동결)	-23~-18	90~95	8~10개월	—	—	—	—	—
토끼고기(신선)	0~6	90~95	1~5일	60	-1.7	0.80	0.43	48.0
토끼고기(동결)	-23~-18	90~95	6개월	—	—	—	—	—
햄(신선)	0~2	85~90	7~12일	47~54	-2.2~-1.7	0.58~0.63	0.34~0.36	37.2~42.9
햄(동결)	-23~-18	90~95	6~8개월	—	—	—	—	—
베이컨(신선)	1~4	85	2~6주	47~56	-2.2~-1.7	0.57~0.64	0.35~0.38	39~43.7
베이컨(동결)	-23~-18	90~95	4~6개월	—	—	—	—	—
베이컨(훈제)	15~18	85	4~6개월	13~29	—	0.30~0.43	0.24~0.29	10.0~22.8
소 시 지	4~7	85~90	—	—	—	—	—	—
버터	0~2	80~85	2개월	15.5~16.5	-2.2	0.33	0.25	12.8
	-10	80~85	6개월	—	—	—	—	—
	-23~-18	80~85	1년	—	—	—	—	—
치즈	0~2	65~70	3개월	37~38	-2.2	0.50	0.31	30.0
라드	0~2	90~95	4~8개월	0	—	0.52	0.31	50.0
라드	-23~-18	90~95	12~14개월	0	—	—	—	—
탈지유 (무당)	-18~0	—	단기간	—	—	—	—	—
탈지유 (가당)	0~2	—	수개월	—	—	—	—	—
탈지유 (건조)	0~4	—	수개월	—	—	—	—	—

4) 포 장

포장은 지육을 제외하고는 대부분 실시한다. 동결 전 포장은 동결 후 포장에 비하여 성형이 쉽고, 동결 작업 중의 오염이나 건조방지에 좋으며, 감량, 변색, 산화방지에 효과적이다.

그러나 포장에 의해 동결속도가 늦어지는 것이 일반적이나 폴리에틸렌 등의 얇은 필름인 경우에는 큰 영향이 없다. 포장에 의한 동결속도가 저하하는 것을 방지하기 위하여 밀착 포장하는 것도 좋다.

5) 동결 및 냉장

포장이 끝난 제품은 급속동결하여 냉장하는 것이 좋다. 냉장실은 목재를 바닥에 깔고, 벽과의 적당한 간격을 두며 2~3단마다 공간을 두어 공기순환을 돕고, 온도를 균일하게 하는 것이 효과적이다.

제 5 장

농산 냉동식품의 제조

농산물은 수축산물에 비하여 종류가 아주 많아 저장성이 다양하다. 즉, 수분함량이 적은 곡류나 완숙한 두류 등은 해충에만 주의한다면 10℃정도의 저온에서는 물론 실온에서도 품질 보존효과는 아주 크나, 수분함량이 많은 과일, 야채 및 버섯 등은 저장성이 결여되어 실온에서 쉽게 부패 또는 변질된다.

이것은 식물성 식품 특유의 수확 후에도 나타내는 생리특성 때문이다. 곡류나 완숙한 두류의 대부분은 수확 후 생리작용을 나타내는 것이 적어 취급에 큰 문제가 없다. 하지만 수확 후 생리작용을 나타내는 청과물은 종류에 따라, 그 작용에 큰 차이가 있고, 품질변화의 양상도 다양하여 일률적으로 취급하기에는 어려움이 뒤따르므로 청과물의 효율적인 저장을 위하여는 청과물의 생리적 특성을 잘 이해하여 적합하게 취급하도록 하여야 한다.

따라서 본 장에서는 수확 후 생리작용으로 저장 중 품질변화가 신속한 과실 및 야채와 같은 청과물을 중심으로 언급하고자 한다.

제1절 농산물의 저장 중 생리적 특성

축산물이나 수산물과는 달리 과일과 야채와 같은 청과물은 수분 및 영양성분의 공급이 중단된 수확 직후에도 일정기간 호흡작용과 증산작용을 하여 생체상태를 유지하고, 대부분이 이러한 상태에서 유통된다. 청과물은 유통 중 호흡과 증산에 필요한 에너지(energy)를 얻기 위해 체내 성분을 서서히 분해하여 성숙, 완숙, 과숙상태로 변화하면서 신선도를 잃는다. 이로 인해 청과물은 결국 체내성분의 분해물을 영양성분으로 하여 증식하는 미생물에 의해 부패되어 상품가치를 잃는다. 그림 5·1은 이와 같은 과정을 간단히 도식한 그림이다.

수확 후 청과물의 신선도를 유지하기 위하여는 반드시 증산작용을 억제(적정한 습도 유지, 방습포장 및 암소유지)하여야 함과 동시에 호흡작용을 억제(공기조성을 호흡작용에 부적절한 공기조성으로 변화시키고, 이어서 저온저장하여 발열에 의한 호흡촉진을 억제)하여야 한다.

따라서, 농산물은 저장 중 품질변화 억제가 단순히 저온처리로 이루어지는 축산물이나 수산물보다는 훨씬 복잡하여 세심한 주의를 기울여야 한다.

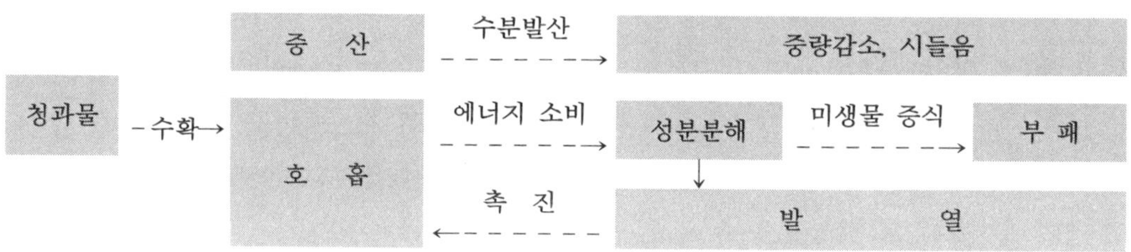

◪ 그림 5·1 청과물의 저장 중 일반적 변화 ◪

1. 호흡작용

1) 호흡의 종류

청과물은 수확 후에도 살아서 호흡을 하며, 생명유지를 위하여 체내에서 복잡한 분해 대사 작용을 거쳐 이산화탄소가스를 배출하고 에너지를 얻는다. 이러한 호흡은 호흡과정 중에 공기 중의 산소를 이용하면서 일어나는 유기호흡(aerobic respiration)과 산소의 존재없이 일어나는 무기호흡(anaerobie respiration)으로 나눌 수 있다. 일반적으로 호흡은 대부분이 유기호흡을 하나, 산소가 존재하지 않거나 부족한 극단적인 경우 무기호흡을 한다.

(1) 유기호흡

유기호흡은 청과물이 발육, 성숙 및 수확 후의 저장과정에서 공기로부터 얻은 산소를 이용하여 체내 호흡기질을 산화시키고 생화학반응을 일으켜 생활에 필요한 에너지(energy), 이산화탄소 및 물을 발생시키는 호흡이다.

(2) 무기호흡

무기호흡은 청과물을 밀폐된 용기에 포장하거나, 또는 펙틴질이 젤리화한 성숙과를 저장한 경우에 외기 즉 산소가 세포 내로 침투하지 못하여 변칙적으로 이루어지는 호흡이다. 무기호흡 산물로는 에너지, 이산화탄소 및 에탄올이 생성되어 알코올발효 또는 젖산발효라고도 한다.

▶ 표 5·1 유기호흡과 무기호흡의 비교 ◀

	유기호흡	무기호흡
진행조건	산소의 존재 하에서 진행	산소의 무존재 하에서 진행
호흡형태	일반적으로 이루어지는 정상호흡	산소가 존재하지 않는 악조건에서 진행하는 비정상호흡
발생산물	이산화탄소, 물, 에너지	이산화탄소, 에탄올, 에너지
발생 에너지량	674 kcal	28 kcal
	발생 에너지량으로 미루어 생활 기능을 위한 호흡기질의 소모량은 유기호흡보다는 무기호흡이 크다.	
반응경로	$C_6H_{12}O_6 + 6\ O_2 \rightarrow 6\ CO_2 + 6\ H_2O + 674\ kcal$	$C_6H_{12}O_6 \rightarrow 2\ CO_2 + 2\ C_2H_5OH + 28\ kcal$

2) 호흡속도(respiratory intensity)

(1) 정의

호흡속도는 단위 청과물(1 kg 또는 1 g)이 1시간에 발생하는 이산화탄소의 양(mg 또는 $\mu\ell$)을 말한다.

(2) 변화형태

일반적으로 호흡속도는 동일 종류의 야채의 경우 저장시간의 경과에 따라 점차 감소한 후 품질 저하 시점에서 다시 증가한다.

그러나 감자와 양파의 호흡속도는 휴면기에 느리나 발아기에 도달하면 신속하다.

(3) 영향요인

호흡속도는 표 5·2와 같이 청과물의 종류, 상처, 생리 기능장애, 형상, 생육, 성숙과정, 환경온도, 습도, 가스조성 등에 의해서 변동된다. 일반적으로 수확 후 농산물의 호흡속도는 표면적이 큰 엽채류가 표면적이 작은 근채류보다 빠르다. 그러나 저장성은 호흡속도가 신속할수록 기질의 소비속도가 빨라져 저하하므로, 엽채류가 근채류보다 짧다.

▶ 표 5·2 수확 후 청과물의 호흡속도 ◀

청과물	종 류	온도	호흡속도 (CO_2 mg / kg / hr)	청과물	종 류	온도	호흡속도 (CO_2 mg / kg / hr)
야채	시금치	25℃	269.8	과일	바나나	15℃	20~70
	상 추		154.6			25℃	50~150
	양배추		91.5		밤	10℃	8
	오 이		128.1		레 몬	10℃	10.5
	가 지		138.0		사 과	16℃0	19.6
	토마토		48.0				
	딸 기		96.2				
	감 자		13.9				
	양 파		24.9				
	당 근		100.5				

3) 호흡 급상승

(1) 대상과실

그림 5·2에 나타낸 바와 같이 바나나, 서양배, 복숭아, 토마토 등과 같은 과실은 저장기간이 다소 경과하고 나면 호흡 급상승 현상이 일어난다. 그러나, 밀감, 포도, 오이 및 메론 등과 같은 과실은 호흡 급상승 현상이 발생하지 않는다.

(2) 종 류

과실의 호흡속도는 호흡 급상승이 일어나기 직전이 최저이며, 이 시기를 호흡 급상승 직전(pre-climacteric 또는 climacteric minimum)이라 하고, 최고 속도에 이른 상태를 호흡 급상승 피크(climacteric maximum)라 하며, 그 이후를 호흡 급상승 직후(post climacteric)라 한다.

▶ 표 5·3 호흡 급상승 발생 유무에 따른 과실의 분류 ◀

호흡 급상승	대 상 과 실
무 발 생	밀감, 포도, 오이 및 메론 등
발 생	바나나, 서양배, 사과, 복숭아, 토마토 등

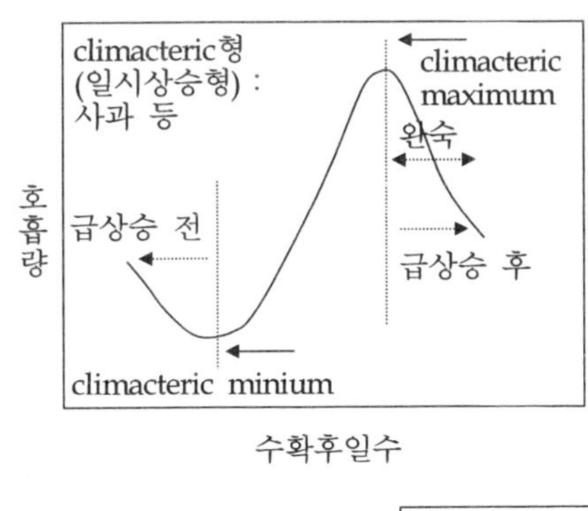

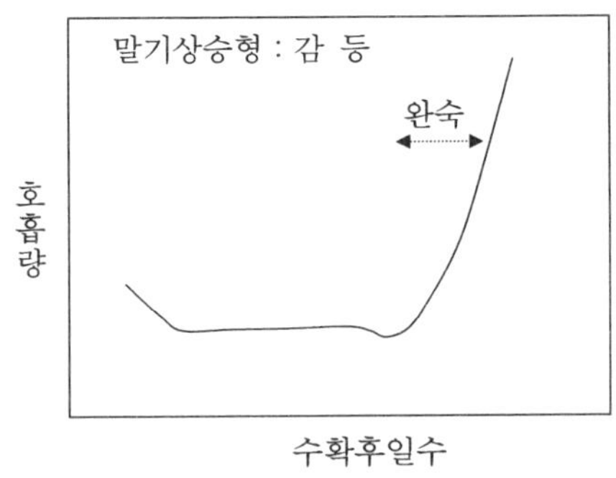

▶ 그림 5·2 성숙에 따른 과일의 호흡현상 ◀

(3) 발생시기

과실의 호흡 급상승의 강도나 출현시기는 과실의 종류, 품종, 수확시의 숙도, 품온 등에 의하여 좌우된다. 청과물의 경우 저온처리가 호흡 급상승 이후에 이루어지는 경우 품질이 저하되므로 주의하여야 한다.

4) 추 숙

(1) 정의

추숙 (after ripening 또는 post ripening)은 과실을 완숙보다 약간 이른 상태에서 수확하여 유통과정 중에 완숙되게 하는 현상을 말한다.

(2) 목 적

과실의 완숙기와 호흡 급상승이 일어나는 시기는 일치하여, 이 시기 또는 직후에 과실은 경도도 적절하고, 착색도 좋으면서 먹기에도 알맞으나, 호흡 급상승 이후에는 곧 과숙하여 저장성이 결여된다. 따라서 바나나, 서양배, 복숭아, 토마토 등과 같은 호흡 급상승형의 과실을 원료로 하여 가공품을 제조하고자 하는 경우 원료를 호흡 급상승 직전 또는 급상승 피크의 사이에 수확하여 가공 기간 중에 호흡 급상승 피크가 되도록 추숙하여 제조하는 것이 좋다.

5) 호흡상(respiratory quatient, RQ)

(1) 정의

호흡상은 호흡작용에서 흡입되는 산소에 대한 방출되는 이산화탄소의 용적비(이산화탄소 용적 / 산소 용적)를 말한다.

(2) 목적

호흡의 내용 (호흡기질의 종류나 호흡의 종류 등)을 살펴보기 위하여 측정한다.

(3) 종류

포도당이 호흡기질인 경우, 유기호흡으로 완전히 산화되면 호흡상이 1이 된다. 실제로 호흡작용에서는 호흡상은 거의 1에 가까운 경우가 많으나, 정확히 1이 되지는 못하고, 이보다 크거나 작다.

① 호흡상이 1보다 큰 경우 : 호흡상이 1보다 큰 경우는 호흡기질로 유기산이 사용되는 경우이다. 유기산은 포도당에 비하여 분자 중에 함유되어 있는 산소비율이 높아 공기 중에서 산소를 적게 취하여도 된다. 호흡상은 호흡기질이 사과산인 경우 $1.33(CO_2 / O_2 = 4 / 3)$이고, 주석산인 경우 $1.6(CO_2 / O_2 = 8 / 5)$으로 되어 1보다 크다.

호흡기질이 사과산인 경우 : $C_4H_6O_5 + 3\ O_2\ ------\rightarrow\ 4\ CO_2 + 3\ H_2O$

호흡기질이 주석산인 경우 : $2\ C_4H_6O_6 + 5\ O_2\ -----\rightarrow\ 8\ CO_2 + 6\ H_2O$

② 호흡상이 1보다 작은 경우 : 호흡상이 1보다 작은 경우는 호흡기질로 지방 또는 단백질이 사용되는 경우이다. 지방은 포도당에 비하여 분자 중에 함유되어 있는 산소비율이 낮아 공기 중에서 산소를 많이 취하여야 한다. 호흡기질이 trioleic acid 인 경우 호흡상은 $0.71(CO_2 / O_2 = 57 / 80)$로 되어 1보다 작다.

호흡기질이 trioleic acid인 경우 : $C_3H_5O_3(C_{18}H_{33}O)_3 + 80\ O_2 \rightarrow 57\ CO_2 + 52\ H_2O$

6) 호흡 동반 현상

청과물의 호흡작용 결과 야기되는 현상으로는 호흡열의 발생, 증산작용 및 중량 감소 등을 들 수 있다.

(1) 호흡열의 발생

① 발생량 : 호흡열은 유기호흡에서 674 kcal, 무기호흡에서 28 kcal가 발생한다. 이산화탄소가스 1 그람분자(44 g) 당 호흡에서 발생되는 열량은 유기호흡의 경우 2.57 kcal(674 / 44×6), 무기호흡의 경우 0.32 kcal(28 / 44×2)이다.

② 영향 : 발생 에너지의 일부는 생리작용에 소비되나, 수확 후에는 생리작용에 필요한 에너지가 극히 적어, 거의 대부분이 발열되어 청과물의 호흡작용을 촉진하여 선도저하가 신속하다. 청과물의 저장온도에 따른 호흡열의 변화는 표 5·4과 같다.

(2) 증산작용 (transpiration)

① 정의 : 저장시간의 경과에 따라 수분이 증발되고, 이로 인해 점차 시들어 선도가 저하하는 현상을 말한다.

② 대상수분 : 청과물 자체의 수분은 물론이고, 호흡작용으로 생긴 수분도 증산에 관여한다.

③ 환경조건 : 세포는 환경조건에 따라 수분증발 조절 기능을 가지고 있어 청과물의 증산작용은 습도가 높거나, 온도가 낮거나 어두운 곳에서는 활발하지 못하나, 그렇지 않은 조건에서는 활발하다. 따라서 청과물의 선도를 유지하기 위하여는 주위의 환경조건을 적절히 조절하여야 할 것이다.

④ 감량정도 : 일반적으로 청과물을 저장하는 중에 감량이 5%를 초과하는 경우 선도가 저하하였다고 간주한다. 표 5·5는 청과물의 저온저장(0~5℃) 중 감량의 정도를 나타낸 것이고, 표 5·6은 감량정도에 따라 청과물을 분류하여 나타낸 것이다.

▶ 표 5·4 청과물의 온도에 따른 호흡열의 변화 ◀

종류	온도	호흡열 (kcal / ton / hr)	종류	온도	호흡열 (kcal / ton / hr)	종류	온도	호흡열 (kcal / ton / hr)
사과	0℃	210	복숭아	0℃	420	시금치	0℃	800~1,430
	2.2℃	280		4.4℃	760		4.4℃	1,900~3,000
	4.4℃	390		7.2℃	1,100		10.0℃	3,900~5,500
바나나	12.2℃	700~2,400	오렌지	0℃	250	감자	0℃	550
	15℃	740~3,800		3.5℃	380		4.4℃	200
	20℃	1,800~7,700		15.5℃	1,390		21.0℃	540
서양배	0℃	150~210	딸기	0℃	890	양파	0℃	165~275
	12.2℃	600~1,940		7.2℃	1,500~2,700	토마토	12.2℃	890~1,300
	15.5℃	2,200~3,320		11.5℃	2,100~4,200	완두	0.6℃	1,800~2,260
포도	0℃	280	양배추	0℃	550~780		3.3℃	3,000~3,900
	4.4℃	440		4.4℃	950~1,280		10.0℃	4,200~7,100
	7.2℃	700		10.0℃	1,640~2,050			

▶ 표 5·5 저온저장 (0~5℃) 중 청과물의 증산에 의한 감량의 변화 ◀

청과물	저 장 일 수			
	0일	1일	4일	10일
시 금 치	0%	24.2%	–	–
오 이	0%	4.2%	10.5%	18.9%
가 지	0%	6.7%	10.0%	–
토 마 토	0%	–	6.4%	9.2%
감 자	0%	4%	4%	6%
양 파	0%	1%	4%	4%
당 근	0%	1%	9.5%	–

표 5·6 저온저장 중 감량의 정도에 따른 청과물의 분류

감 량 정 도	청 과 물
적은 종류	감, 사과, 밀감, 배, 포도, 감자, 양파 및 수박
보통인 종류	오렌지, 복숭아, 무화과, 토마토, 상치
큰 종류	딸기, 버섯, 앵두, 아스파라거스

(3) 중량의 감소

청과물은 저온저장 중 중량의 손실이 일어나고, 이것이 과도하게 되면 시들게 되어 잔주름이 생기면서 선도가 저하하게 된다.

① 감량시기 : 단위시간 당의 감량률은 온도, 습도, 공기 조성, 공기 유동상태 등이 동일하여도 일반적으로 초기에 빠르고, 후기에는 점점 완만하여진다. 그러나 상해나 동결 등으로 청과물의 일부에 손상을 입는 경우 감량률은 신속히 증가한다.

② 감량현상 : 저장중 청과물의 감량현상을 유기호흡 반응식으로 살펴보면 다음과 같다.

$$(C_6H_{12}O_6 + 6\ O_2 \rightarrow 6\ CO_2 + 6\ H_2O + 674\ kcal)$$

주위 환경으로부터 받아들이는 산소양($6\ O_2 = 32 \times 6$)은 192이고, 주위환경으로 빠져 나오는 이산화탄소($6\ CO_2 = 44 \times 6 = 264$) 및 물($6\ H_2O = 18 \times 6 = 108$)의 양은 372이다. 따라서 주위환경으로 내놓은 이산화탄소 및 물의 양과 주위환경으로부터 받아들인 산소양의 차이인 180은 포도당의 분자량에 해당된다. 즉 호흡률(CO_2 / O_2)이 1일 때 항상 포도당의 분자량에 상당하는 양이 감량되고 있다는 결과가 된다. 물론, 물과 이산화탄소는 모두 주위환경으로 내놓는다고 할 수 없다. 수분증발이나 이산화탄소의 확산은 주위환경의 수증기압과 탄산가스의 분압에 영향을 받기 때문이다.

③ 억제 : 환경공기 중의 수증기압이나 이산화탄소 농도를 CA저장과 같이 적절히 조절한다면 감량방지에 효과가 있을 것이다. 그러나 저온저장 중 감량을 억제하기 위하여 수분 증발과 이산화탄소의 확산을 과도하게 억제하는 경우 감량의 억제는 가능하나 청과물의 생리적 기능장애를 일으키기 쉬워 주의하여야 한다.

(4) 환경 공기조성의 변화

수확 후의 청과물은 수분과 영양분의 공급이 중단되나 산소를 이용한 호흡은 계속되어 체내성분을 점차 분해하여 이산화탄소, 물 및 호흡열을 발생한다. 따라서 수확 후

청과물은 산소를 이용하여 이산화탄소를 발생시키는 유기호흡으로 산소는 소모되고, 이
산화탄소는 증가하게 되어 자연히 환경 공기조성은 변화하게 된다.

7) 영향요인

(1) 온 도

청과물의 저장 중 호흡속도는 여러 가지 요인이 관계되나, 그 중에서도 온도의 영향
이 가장 크다.

① 저온처리에 의한 저장성 : 청과물의 온도가 10℃ 상승하는 경우 호흡속도는 10~
20℃ 부근에서는 2~3배 정도 빨라지나, 저온측으로 갈수록 온도변화에 대한 호흡
속도변화는 더욱 신속하다. 이는 일반적으로 청과물을 저온으로 처리할수록 호흡
급상승의 발생이 늦어지고, 또한 호흡 급상승의 피크도 낮아진다는 논리와 같다.
야채의 온도변화에 따른 호흡속도의 Q_{10} 변화는 표 5 · 7과 같다. 호흡속도가 빠르
면 그만큼 체내 구성성분의 소모가 많아 저장성이 결여되므로, 이를 억제하기 위하
여 저온처리 하는 것이 저장성을 향상시킬 수 있는 좋은 방법이다.

② 저온장해 : 청과물이나 야채의 경우라도 제품의 종류에 따라서는 반드시 저온에
의해 저장성을 향상시킬 수 있다는 논리에는 일치하지는 않는다. 이는 표 5 · 8과
같이 같은 종류라도 품종에 따라 어느 한계온도 이하에서는 저장성이 오히려 저하
되는 저온장해(chilling injury)가 일어날 수도 있기 때문이다. 호흡속도가 온도
에 영향을 받으나 청과물에 따라 저온장해를 일으키는 경우 여러 가지 온도에 따
라 변칙적인 호흡속도를 나타낸다.

◪ 표 5 · 7　온도변화에 따른 야채 호흡속도의 Q_{10} ◪

종　　류	온　도　(℃)		종　　류	온　도　(℃)	
	0.5~10	10~20		0.5~10	10~20
토 마 토	2.0	2.3	완 　 두	3.9	2.0
오 　 이	4.2	1.9	시 금 치	3.2	2.6
감 　 자	2.1	2.2	고 　 추	2.8	3.2
아스파라거스	3.5	2.5	당 　 근	3.3	1.9

표 5 · 8 청과물의 저온장해 온도와 증상

종류	온도(℃)	증 상	종 류		온도(℃)	증 상
사과	2.2~3.3	과육의 갈변	오렌지		2.8	갈변
바나나	11.7~13.3	과육의 흑변, 성숙 불량	파인애플		7.2~100	성숙시 암록색화
강남콩	7.2~10.0	변색	감자		3.3~4.4	갈변, 당의 증가
오이	7.2	부패	호박		10.0	부패
가지	7.7	burn	고구마		12.8	내부 변색
레몬	14.4~15.5	과심의 갈변	토마토	성숙	7.2~10.0	부패, 수침상 연화
참외	2.2~4.4	표면의 부패		미숙	12.8~13.9	부패, 성숙 불량
수박	4.4	악취				

- 고구마 : 고구마는 그림 5·3과 같이 15℃ 이상에서는 저온장해가 없으나 10℃정도에서는 증상이 비교적 빨리 일어난다.

- 오이 : 오이의 경우도 저온장해를 받기 쉬운 종류로 13℃ 이상에서는 경과시간에 따라 호흡속도가 정상적으로 감소되나, 10℃이하에서는 호흡속도가 일단 빨라졌다가 세포가 죽어 저온장해가 일어나면서 다시 완만하게 된다.

③ 저온저장 : 청과물은 반드시 저온처리 만으로 저장성을 개선할 수 있는 것은 아니어서, 축산물이나 수산물에 비하여 저장이 번거롭다. 따라서 청과물의 저온저장은 저온장해 등을 고려하여 조건을 설정하여야 한다.

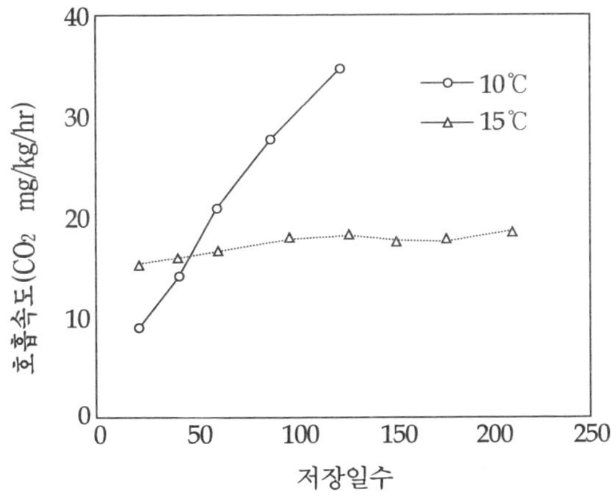

그림 5 · 3 고구마의 비정상 호흡의 경향

(2) 습 도

청과물의 호흡작용에 미치는 습도의 영향은 온도와 같이 일정한 경향은 없다.

① 고습도에서 호흡작용이 왕성한 품종 : 대체로 습도가 높을수록 청과물의 호흡작용이 강하여지는 경향을 나타내고, 특히 이러한 형으로 바나나, 양파, 밀감, 배추 등을 들 수 있다.

• 바나나 : 바나나는 고습도에서 호흡이 왕성한 대표적인 품종이어서 녹색의 것을 추숙시킬 때에 일시적으로 고습으로 두어 호흡속도를 빠르게 한 다음 성숙작용을 촉진시키는 방법이 채용되고 있다.

• 양파 : 양파의 경우는 저온저장 중 습도가 높으면 왕성한 대사작용으로 호흡속도가 빨라 신근 (伸根)을 일으킨다.

• 밀감·배추 : 밀감, 배추 등은 신선한 상태에서 저장하는 경우 습기가 많으면 과피가 신선한 상태를 장기간 유지하여 외관은 좋으나, 과즙의 감소가 빠르고 풍미도 저하한다. 그러나 저장 전에 풍건하여 감량(3~5% 정도)시키는 경우 과피는 신선한 상태를 유지 못하나, 과즙의 감소가 적으면서 풍미가 좋다. 이는 다습한 경우에는 과피의 호흡작용이 그대로 유지되어 성분분해 및 증산작용이 많으나, 저습한 경우에는 과피가 건조로 인해 수축되어 호흡작용이 감소되기 때문이다.

② 저습도에서 호흡이 왕성한 품종 : 청과물과는 달리 고구마의 경우는 저습할수록 호흡속도가 빨라진다.

(3) 환경 공기조성

① 산소 : 청과물은 산소가 풍부한 경우 호흡작용이 왕성하여 선도가 저하하게 된다. 산소가 어느 정도 감소하여도 청과물은 정상호흡을 계속 진행하나, 어느 일정 한계 이하에 도달하면 정상호흡의 진행이 억제된다. 그러나 산소를 극도로 줄이는 경우 무기호흡을 하게 되어, 얼마 후에는 질식하여 생리장애를 일으키게 된다. 청과물의 산소 감소에 대한 내성은 청과물의 종류, 품종, 숙도 등에 따라 차이가 있다.

◪ 표 5·9 산소감소에 대한 청과물의 내성 ◪

청 과 물	산소감소에 대한 내성
복숭아, 사과 등	비교적 잘 견딤
레몬, 밀감 등	잘 견디지 못함
야채류	산소가 한계농도보다 약간 많으면 호흡속도는 반감되어 저장성이 상당히 증대

② 이산화탄소 : 청과물은 주위 환경 중에 이산화탄소 농도가 증가하면 호흡작용이 억제되나, 농도가 과도하게 높은 경우에는 무기호흡을 일으켜 발효맛을 나타내게 된다. 그러나 이산화탄소 농도가 높은 곳에 단시간 저장하는 경우 청과물이 쇼크 (shock)처리 되어 보통의 환경에서 보다 복숭아 및 토마토를 제외하고는 성숙이 지연되어 풍미에 거의 영향이 없거나, 오히려 좋은 결과를 나타낸다. 일반적으로 청과물은 이산화탄소의 농도가 적절한 경우에 호흡속도가 상당히 억제되어 저장성이 개선된다. 따라서 청과물의 저장성을 기대할 수 있는 이산화탄소의 농도는 청과물의 종류에 따라 차이가 있으므로 유통 중에는 이 점에 대하여 신중히 고려하여야 한다.

▶ 표 5·10 야채의 산소 한계농도 ◀

종　　류	한계 농도	종　　류	한계 농도
시 금 치	약 1%	완　　두	4%
아스파라거스	2.5%	당　　근	4%

③ 산소 및 이산화탄소의 농도 : 청과물의 저장 및 유통 중 이산화탄소의 최적 조성에 대하여는 많이 밝혀져 있으나, 한계 농도에 대하여는 자료가 극히 적어 많은 연구가 필요하다. 청과물을 저장하는 주위환경의 공기조성 중 이산화탄소농도는 높이고, 산소농도는 내리는 경우 이산화탄소나 산소의 두 성분 중 한 성분만을 조절하는 것보다 청과물의 호흡작용 억제효과가 좋아진다.

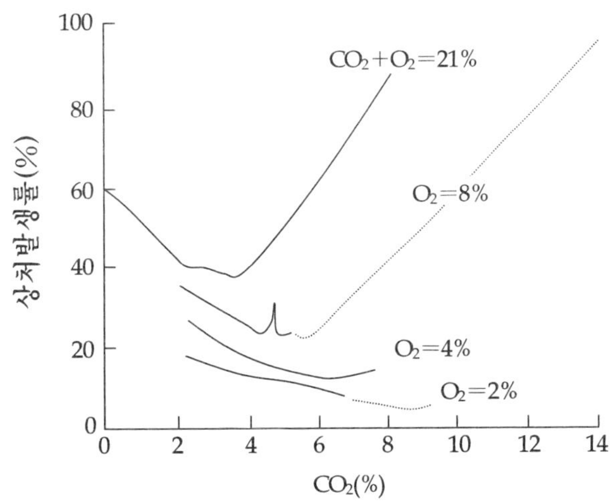

▶ 그림 5·4 산소 및 이산화탄소조성에 따른 저온저장(220일) 사과 상처발생률 변화 ◀

근년에 실용화되어 있는 CA냉장도 이러한 원리를 이용하여 이산화탄소 및 산소의 농도를 조절함과 동시에 여기에 저온의 효과를 더한 방식이다. 이때 이산화탄소 및 산소의 농도는 청과물의 종류, 품종, 숙도 등에 따라 다르다. 일반적으로 이산화탄소의 경우 10% 이상, 산소의 경우 2% 이하는 적당하지 못하다. 이산화탄소 및 산소의 조성비가 다른 환경에서 저온저장(220일)한 사과의 상처발생률은 그림 5·4와 같고, 이 결과에 의하면 이산화탄소 8% 및 산소 2%인 환경에 저온저장하는 것이 가장 좋다.

④ 에틸렌(ethylene) : 과실은 성숙하는 경우 그림 5·5와 같이 호흡 급상승을 하면서 에틸렌을 생성한다. 따라서 미숙과와 과숙과를 함께 두는 경우 에틸렌이 미숙과의 호흡을 상승시켜 성숙이 촉진됨으로 인해 과실의 발색 촉진, 녹색 야채의 퇴색, 포도의 꼭지 갈변 및 과립 탈락, 가지의 꼭지 탈락, 아스파라거스의 경화, 당근의 쓴맛 발생, 고구마의 풍미저하 및 청과물의 병원균 증식 등이 우려된다. 이와 같이 다방면으로 품질을 저하시키는 청과물에서의 에틸렌 발생은 보통 냉장에 비해 CA 냉장이 적다.

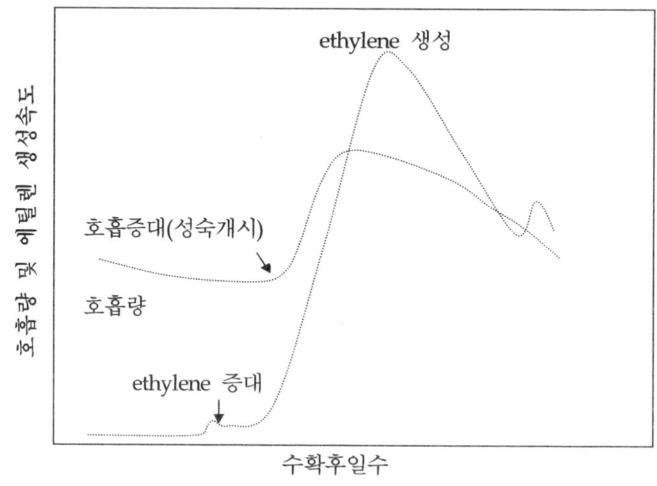

◪ 그림 5·5 과실의 추숙현상에 따른 호흡량과 ethylene 생성량 ◪

2. 휴 면

(1) 정 의

휴면은 식물 중 종자, 씨눈, 감자류 및 양파류 등과 같이 성장이나 성숙 도중에 생활을 휴지하는 현상을 말한다.

2) 종 류

(1) 타발적 휴면

휴면은 환경조건이 나빠졌을 때, 이에 견디어 내기 위한 휴면을 말한다.

(2) 자발적 휴면

생물체의 조직이나 기관의 생리적인 편의를 위한 휴면을 말한다.

3) 휴면기

휴면기에 대하여 양파를 예를 들어 설명하면 다음과 같다. 수확 후의 양파는 휴면에 들어가고, 이 기간 중에는 발아에 좋은 조건이 이루어져도 이에 상관없이 일정기간이 경과된 후에야 발아하게 되며, 이 시기를 휴면 각성기라 한다. 그러나 휴면 각성기 이전에 이미 양파 내부에서 생리적 변화가 전환되는 즉 자발적 휴면에 상당하는 시기가 있어, 이때에 이미 실질적인 휴면은 끝난 것이고, 출아는 단순히 외관상의 변화에 불과하다. 그러나 이 경우에도 환경조건이 좋지 못하면 발아없이 휴면을 계속하므로 이때를 타발적 휴면이라고 볼 수 있다. 따라서 양파의 수확 후의 저장기간은 그림 5·6과 같이 휴면기, 휴면 각성기, 봉아기와 같이 3구간으로 나눌 수 있다.

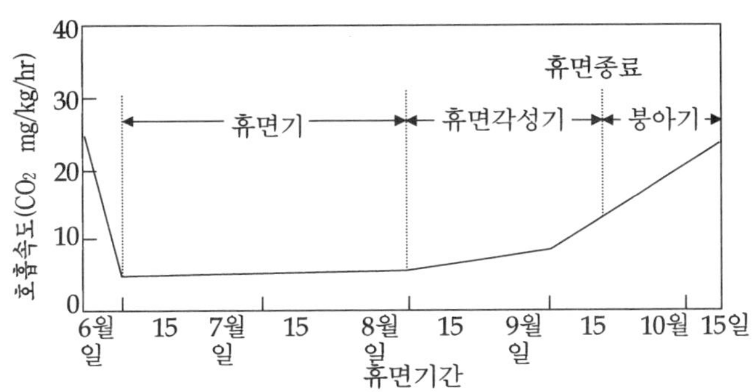

■ 그림 5·6 양파 휴면기 중의 호흡속도 ■

3. 저온장해(chlling injury , low temperature disorder)

1) 정 의

저온장해는 청과물을 저온에 두는 경우 미생물의 증식은 없으나, 이상 증상이 나타나는 현상을 말한다. 일반적으로 냉장 중에 발생하는 현상을 저온장해라고 하나, 냉장 중에는 이상 증상이 일어나지 않다가 냉장 후 상온으로 옮겨 놓은 경우에 이상 증상이 발병하는 경우도 저온장해의 범위에 포함시키기도 한다.

2) 발생조건

저온장해는 청과물의 종류, 품종, 생산지, 숙도, 크기, 냉장 중의 공기 조성 및 습도 등에 따라 차이가 있다. 저온장해는 저온의 일정온도 범위에서 발생하며, 이 범위를 벗어나게 되는 경우 발생하지 않고, 한계온도에 노출되어도 노출시간이 짧으면 발생하지 않아, 단시간의 유통에서는 문제가 되지 않고, 장기간의 유통에서 만이 문제가 된다.

▶ 표 5·11 청과물의 온도에 대한 감수성 ◀

종 류	빙점(℃)	감 수 성 중	감 수 성 대	종 류	빙점(℃)	감 수 성 중	감 수 성 대
사 과	-1.5	○		오렌지	-1.5	○	
바나나	-1		○	파슬리	-1	○	
셀러리	-0.5	○		복숭아	-1	○	
오 이	-0.5		○	서양배	-1.5	○	
레 몬	-1.5		○	고 추	-0.5		○
감 자	-1		○	고구마	-1		○
양 파	-1	○		토마토	-0.5		○

3) 발생기구(mechanism)

저온장해는 청과물의 품온이 낮을 때에 체내에서의 생리기능에 관계되는 생화학적 여러 반응계 간의 불균형으로 생성되는 유해생성물의 축적과 호흡작용으로 생성된 이산화

탄소 및 기타 휘발성가스가 공기 중에 축적되어 중독적인 작용을 나타내어 발생한다고
생각되나, 그 발생과정에 대해서는 아직 충분히 밝혀져 있지 않은 상태이다.

4) 식품의 저온 감수성

저온에 대한 감수성의 강약에 따라 청과물을 분류하면 표 5 · 12와 같다.

표 5 · 12 청과물의 온도 감수성에 따른 분류

저온장해에 감수성이 큰 종류	바나나, 가지, 오이, 감자, 레몬 등
저온장해에 감수성이 중간인 종류	사과, 샐러리, 양파, 복숭아 등
저온장해에 감수성이 작은 종류	

제2절 농산물의 저장 중 품질저하 및 억제

1. 미생물에 의한 품질저하 및 억제

표 5 · 13 미생물의 발육온도 범위

	온 도 (℃)		
	최 저	최 적	최 고
저온성 미생물	~5	10~20	25~30
중온성 미생물	10~25	30~40	35~50
호열성 미생물	25~45	50~60	70~90

1) 품질저하

수분이 많은 청과물은 미생물에 의해 침입받기 쉽다. 미생물은 생육 가능 온도에 따
라 표 5 · 13과 같이 저온성 미생물, 중온성 미생물, 고온성 미생물로 분류된다. 여기
서 고온성 미생물의 경우 통조림 및 레토르트파우치 식품과 같이 고온가열 식품에서,

중온성 미생물의 경우 상온에서 저장하는 대부분의 일반식품에서, 저온성 미생물의 경우 냉동식품과 같이 저온에서 저장하는 식품에서 문제가 된다. 따라서 대부분의 미생물은 중온성 미생물로 0℃부근에서는 생육이 불가능하나, 저온성미생물 중에는 0℃이하에서도 생육이 가능한 종류도 있다.

따라서 대부분이 저온에서 저장되는 저온저장 식품의 경우 저온성 미생물이 문제가 된다.

2) 억제방안

실제로 청과물을 저장하는 경우에 저장 온도를 0℃ 또는 그 이하에 두는 것은 부패 방지에 대단히 유효하나 저온장해 등을 고려하여야 하고, 실제로 이를 고려한 빙결점 이상의 저장에서는 미생물의 증식을 완전히 억제하는 것은 불가능하다.

따라서 저온장해를 일으키지 않는 정도에서 가능한 저온에서 저장하여야 한다.

2. 화학적 성분변화에 의한 품질저하 및 억제

1) 품질저하

수확 후의 청과물은 저장 중 호흡에 의해 끊임없이 성분이 변화하여 품질이 저하된다.

(1) 비타민 C

야채나 과실은 비타민 C의 급원으로서 역할이 크지만, 이 비타민 C는 가공 및 저장 중에 파괴되기 쉽다. 그림 5·7에 나타낸 바와 같이 농산물은 비타민 C의 함유량이 상당히 많으나, 실온에 저장하는 경우 수일 이내에 50% 이하로 감소된다.

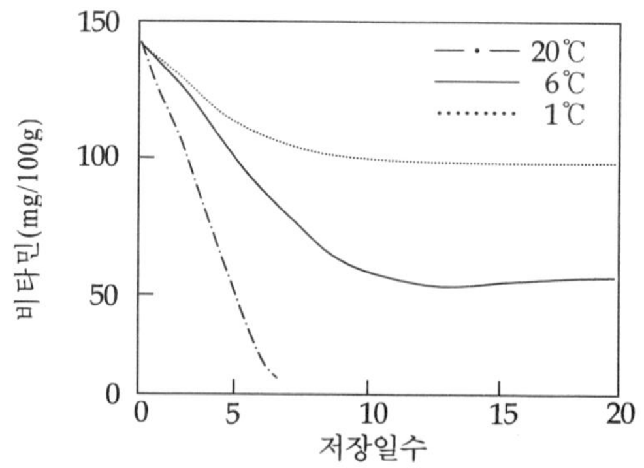

▶ 그림 5·7 저장 중 시금치의 비타민 C함량의 변화 ◀

비타민 C는 0℃ 부근의 저온에서 상당히 안정하지만 가정용 냉장고의 평균온도인 5℃ 부근에서는 급속히 감소한다. 그러나 감자나 밀감 등과 같이 수개월 저장하여야 50% 정도 감소하는 경우도 있다.

(2) 당 및 유리아미노산

① 감소형 : 그림 5·8은 완두, 누에콩, 풋콩, 옥수수 등의 저장 일수 경과에 따른 당 및 유리아미노산 함량의 변화를 나타낸 것이다. 이들은 저장 후 급속히 당 및 유리아미노산이 감소하고, 20℃에 저장하는 경우 1~2일 만에 맛이 결여된다. 이로 볼 때에 유통 체계에서 유의하지 않는 경우 청과물의 품질은 급격히 저하할 우려가 있다.

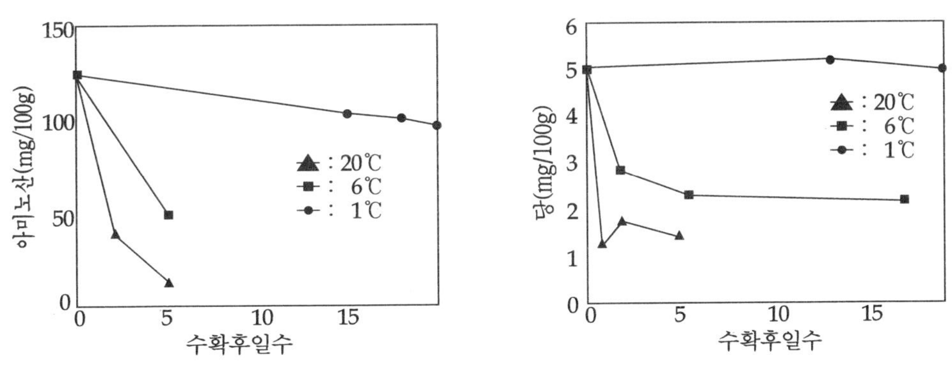

■ 그림 5·8 완두콩의 저장 일수에 따른 당 및 유리아미노산함량의 변화 ■

② 증가형 : 반대로 저온에서 당이 증가하여 맛이 상승하는 청과물도 있다. 감자, 고구마, 밤 등과 같이 전분이 다량 함유된 작물을 저온에 저장하면 그림 5·9와 같이 다당류인 전분이 이보다 저분자의 당류로 전환한다. 특히 감자는 수확 시에 당 함량이 미량이나 저온에서 당이 증가하여 튀김제품으로 이용하고자 하는 경우 열처리 공정 중에 아미노—카르보닐 반응에 의한 갈변으로 품질이 저하되기 쉽다. 일반적으로 가열에 의한 갈변반응은 카르보닐 화합물, 즉 환원당 함량이 0.5% 이상인 경우에 반드시 진행하므로 감자를 튀김제품의 원료로 사용하고자 하는 경우 환원당의 함량이 0.5% 이상이 되어서는 곤란하다.

이와 같은 저장 중 저분자 당류의 증가에 의한 가공 제품의 품질저하를 억제하기 위하여는 저온에서 당의 증가로 튀김공정 중에 갈변하여 품질저하가 야기되는 감자의 경우 약 10℃ 이상에서 저장하면 이 문제는 간단히 해결되나, 발아가 일어날 우려가 있다. 감자를 약 5℃ 정도에 저장하는 경우 당의 증가 정도도 적고, 발아 진행도 비교적 느려, 튀김제품의 원료로 감자를 사용하고자 하는 경우 이 온도대에 저장하는 것이 일반적이다.

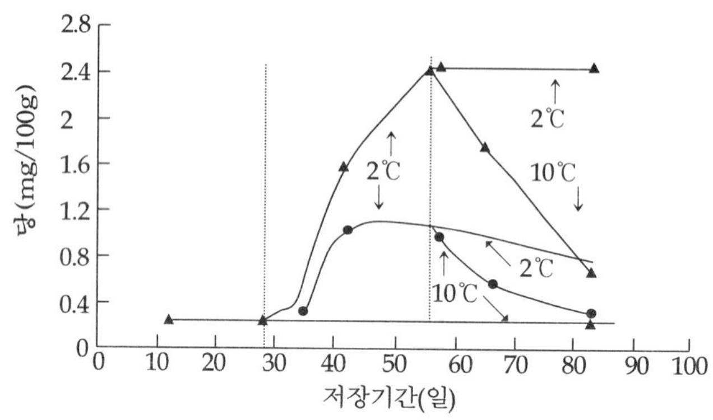

◪ 그림 5·9 감자의 당함량(▼ : 전당, ● : 설탕)에 대한 저장온도의 영향 ◫

3. 물리적 변화에 의한 품질저하 및 억제

1) 품질저하

(1) 증산작용

청과물은 수분함량 (90% 정도)이 많아 증산작용만으로도 품질저하가 크게 일어난다. 수분이 5% 정도 증산되어도 시들음으로 현저하게 품질저하가 야기될 뿐만이 아니라 조직감도 아주 결여된다.

청과물 중에서도 딸기는 증산작용에 특히 민감하여 1% 정도의 감량만으로도 관능적으로 품질저하가 인정될 정도이다.

이와 같이 수분감량을 야기하는 증산속도는 저온저장하는 경우 저하하나 작물의 종류에 따라 큰 차이가 있다.

(2) 기 타

청과물을 데치기(blanching) 등의 아무런 전처리없이 동결 저장하는 경우 세포가 파괴되어 드립(drip) 등의 발생으로 인하여 물리적으로도 치명적인 품질저하를 초래하게 되므로 주의하여야 한다.

2) 억제방안

청과물의 동결에 의한 물리적 변화를 억제하기 위하여 데치기 처리를 실시하는 것도 좋은 하나의 방법이다.

4. 소동물에 의한 품질저하 및 억제

1) 품질저하

농산물은 저장 중 쥐나 곤충 등에 의해 손실이 대단히 많다. 근년에는 식량에 의한 경제적 전쟁이 시도되고 있고, 각국이 앞다투어 최소 비상식량들을 확보하고 있어, 그 저장량은 엄청나다. 그러나 저장 곡류들의 10%정도는 사람이 아닌 곤충이나 해충에 의하여 피해를 받고 있어, 그 손실량은 실로 엄청나다.

2) 억제방안

농산물을 저온에 보관하는 경우 소동물의 침입을 방지할 수 있어 소동물에 의한 피해를 일부 방지할 수 있고, 해충 등도 저온에서는 증식이 불가능하므로 그 피해를 줄일 수가 있다.

5. 생리적 변화에 의한 품질저하 및 억제

1) 품질저하

청과물은 수확 후에도 호흡을 하여 저장 중 품질저하가 일어난다. 예를 들면 감자, 양파, 밤 등은 부패에 의한 손실보다도 발아에 의한 손실이 더욱 크다. 청과류는 성숙이 과도하게 진행되는 경우 연화, 변색, 이미, 이취 등이 발생한다.

2) 억제방안

생리적 변화의 경우도 저온에 의하여 지연시킬 수가 있다. 즉 양파나 밤 등의 경우 0℃ 부근에서는 발아가 억제되고, 과실의 성숙은 지연되어 자연히 저장성을 갖게 된다.

제3절 농산물의 저온저장

식품냉동에서는 식품의 종류에 관계없이 동결점 이상의 보존을 냉장(cold storage)이라 하고, 동결점 이하의 보존을 냉동(동결)저장(freezing preservation)이라 한다. 빙결점은 청과물의 종류에 따라서 차이가 있으나, 대부분은 $-1\sim-2℃$의 범위에 있다. 동결을 하는 경우 세포가 손상을 받고, 그로 인해 해동을 하는 경우 드립 발생 및 변색과 같은 품질저하가 야기된다. 동결에 의한 품질저하는 청과물이 동물성 식품이나 곡류에 비하여 세포구조의 차이로 인하여 현저하게 발생한다. 청과물의 세포는 대개 그림 5·10과 같이 큰 세포가 있고, 세포가 손상을 받으면 액포로부터 다량의 액이 유출하여 세포가 파괴된다. 하지만 동물세포에는 원래 액포가 존재하지 않아 동결에 대하여 비교적 내성이 있어 해동하는 경우에도 과실류 만큼의 품질저하가 일어나지 않는다. 따라서 청과물의 냉장온도는 빙결점$\sim10℃$사이의 범위가 적당하지만, 실제로는 저장고의 온도변동에 의한 동결을 우려하여 최저온도를 $0℃$로 하는 것이 일반적이다.

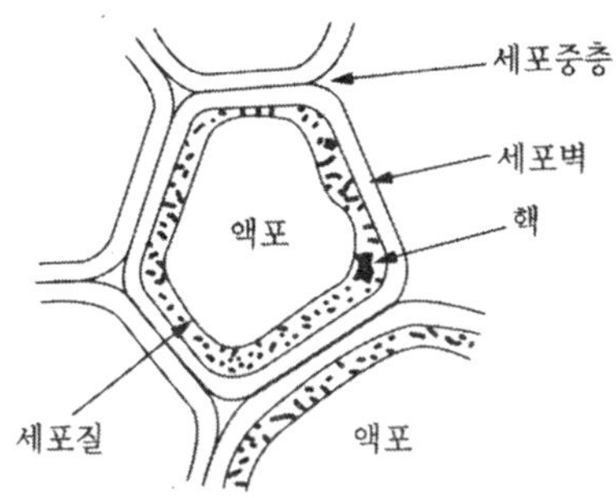

▶ 그림 5 · 10 식물세포의 모식도 ◀

1. 냉장

(1) 전처리

농산물은 동일 종류라도 품종, 생산지, 수확시기, 숙도 등에 따라 냉장 성적이 다르다. 따라서 냉장을 위하여는 냉장적성에 맞는 품종을 적절히 선택하여야 한다. 농산물의 냉장을 위한 전처리는 크게 선별, 세척 및 포장으로 나눌 수 있다.

(1) 선별

냉장을 위한 원료의 선별은 냉장식품의 품질을 좌우하는 큰 요소이므로 특히 엄격하게 실시하여야 한다.

원료의 부적절한 선별로 인해 미생물이 오염되어 그 원료 뿐 만이 아니라 주위의 원료까지 오염되는 것을 억제하기 위하여 냉장 전에 미리 손상이 없고, 병충해가 없으면서 오염이 없는 원료를 선택하여야 하고, 크기 및 숙도가 균일한 것 등을 선택하여야 한다.

(2) 세척

선별이 끝난 원료는 감귤류와 같이 농약을 많이 사용하는 청과물은 냉장 전에 농약 제거를 위하여 세척을 한다.

그러나 소채류와 같이 흙이나 돌 등에 의하여 기계적 손상을 입기 쉬운 원료는 일반적으로 세척을 하지 않는다.

(3) 포장

포장을 하는 경우에는 자재가 청결하고 수분이 없어야 한다. 근년에는 각종 농산물을 합성수지 필름으로 포장하여 수송 또는 냉장하는 경우가 많으나, 이렇게 할 경우 수송 및 판매기간이 짧아야 한다.

2) 예 냉(precooling)

(1) 정의

예냉은 농산물의 저장과 수송을 하기 전에 품온을 내리는 조작을 말한다.

(2) 목적

예냉은 농산물 성분의 산화분해, 발열, 수분증산 등과 같은 생리작용을 지연시키기 위하여 실시한다.

(3) 시기

수확 후 곧 냉각시키는 것이 좋다.

(4) 효과

예냉은 예냉방법과 대상 농산물의 종류 등에 따라 효과에 차이가 있다.

(5) 종류 및 특징

일반적으로 사용되는 예냉법의 종류 및 특징은 표 5 · 14와 같다.

▶ 표 5 · 14 예냉법의 종류 및 특징 ◀

예냉방법	농 산 품	특 징
진공예냉 (vacuum cooling)	상치, 시금치, 옥수수 등과 같이 표면적이 큰 엽채류	· 진공 및 저온 (0℃ 정도)에서 증발시켜 증발잠열에 의해 냉각시키는 방법 · 냉각시간 (보통 30분 이내)이 짧으면서, · 냉각온도가 균일하고, · 일시에 대량처리 가능하면서 깨끗함
냉수예냉 (hydro cooling)	당근, 배, 근채류와 같이 진공예냉이 다소 곤란한 원료	· 냉각된 물에 침지 또는 분무하여 냉각하는 방법 · 예냉 중에 감량이 없고, · 동해의 우려도 없음 · 다량의 수분존재에 따른 미생물의 증식 용이 · 연약한 것에는 사용하기 곤란함
공기예냉 (air cooling)	딸기, 토마토, 포도 등과 같이 수분접촉에 의해 쉽게 품질저하하는 원료	· 냉각된 공기를 송풍하여 냉각하는 방법 · 예냉실을 냉장실로 사용할 수 있으나 예냉속도가 늦음

3) 냉장처리

(1) CA저장 (controlled atmosphere storage)

① 정의 : CA저장이란 저장고 내의 가스조성(산소조성은 낮추고, 이산화탄소조성은 높이면서 나머지를 불활성탄소로 치환)을 변화시키고, 온도를 저온으로 유지하며 습도를 적절히 유지하며 저장 식품의 생리작용을 억제시키고 이로 인해 저장성을 갖게 하는 방법이다.

② 처리대상식품 : CA저장은 주로 농산물, 계란, 생육 등의 저장에 이용되고 있다. 하지만 대부분이 농산물의 저장에 한정되어 이용되고 있다.

③ 특징 : CA저장은 장비 등의 설치에 따른 고비용 뿐만이 아니라, 식품에 따라서는 보통 냉장에 비해 품질상 뚜렷한 차이가 없고, 또한 CA냉장으로 품질저하가 적으며, 보다 장기적인 저장이 가능하다고 하여도 실제 식품의 유통과정상 그다지 장기간의 저장을 필요로 하지 않는 식품은 보통냉장으로도 충분하기 때문이다.

그러나 CA저장은 냉장의 보조수단에 불과하지만 각 식품에 따라 공기조성을 적당히 조절함으로 인하여 일반 냉장보다 장기보존이 가능하다는 것은 분명하나, 환경공기조성의 조정과 공급에 어려움이 있고, 설비가 고가이며, 일부 청과물의 저장성에 효과가 없는 등의 단점도 있다.

④ 공기조성법 : CA저장에 있어 인공적으로 공기조성을 변화시키는 방법으로는 다음과 같고 근년에는 주로 발생기로 인공공기를 만드는 방법이 많이 이용되고 있다.

　·과실 및 채소 자체의 호흡작용을 이용하는 방법

　·이산화탄소 및 질소가스를 첨가하는 방법

　·발생기를 이용하여 인공공기를 만드는 방법

⑤ CA저장조건 : 여러 가지 청과물의 최적 CA저장 조건은 표 5·15와 같다.

▶ 표 5 · 15 청과물의 CA저장 조건과 저장기간 ◀

종 류	온 도(℃)	습 도(%)	환경 공기 조성(%)		저장가능기간
			산 소	이산화탄소	
밀 감	3	85~90	10	0~2	6개월
감	0	90~95	2	8	6개월
일본배	0	85~92	5	4	9~12개월
서양배	0	95	4~5	7~8	3개월
복숭아	0~2	95	3~5	7~9	4주
밤	0	85~90	3	6	7~8개월
바나나	12~14	-	5~10	5~10	6주
딸 기	0	95 - 100	10	5~10	4주
토마토	6~8	-	3~10	5~9	5주
참 외	0	-	3	10	1개월
시금치	0	-	10	10	3주
완두콩	0	95~100	10	3	4주
마 늘	0	85~90	2~4	5~8	10~12개월
마	3~5	90~95	4~7	2~4	8~10개월
감 자	3	85~90	3~5	2~3	8~10개월

(2) 감압 저장

① 정의 : 감압저장법은 감압하여 산소분압의 저하로 저산소상태로 만들고, 동시에 식
품 내에서 에칠렌 등과 같은 유해 가스를 제거하여 저장성을 가지게 하는 방법이다.

② 특징 : 감압저장방법은 다른 과실이나 야채를 혼합하여 저장하기 곤란한 기존의
저장방법과는 달리 간편하게 혼합저장이 가능할 뿐만이 아니라 습도관리가 용이하
고, 예냉도 동시에 할 수 있다.

그러나 각 청과물의 최적 기압에 대하여는 많은 연구가 이루어져야 한다.

(3) 필름포장 저장법

① 정의 : 필름포장 저장법은 청과물을 필름(종류 및 두께에 따라 수증기와 산소 및
이산화탄소와 같은 가스의 투과성이 다름)으로 포장하여 저장 중 포장 내의 가스
조성(산소는 흡수되고 이산화탄소는 배출)을 필름 투과성으로 일정하게 유지하여
저장성을 가지게 하는 방법이다.

② 필름의 종류 : 일반적으로 사용되는 필름으로는 감, 사과, 밀감, 배 등과 같은 과
실의 경우에는 고압 폴리에틸렌 등이, 야채의 경우에는 폴리에틸렌, 폴리프로필렌,
폴리스틸렌, 폴리 염화비닐 등이 있다.

여러 가지 기능성 필름에 의한 청과물의 선도유지 역할은 그림 5·11과 같다.

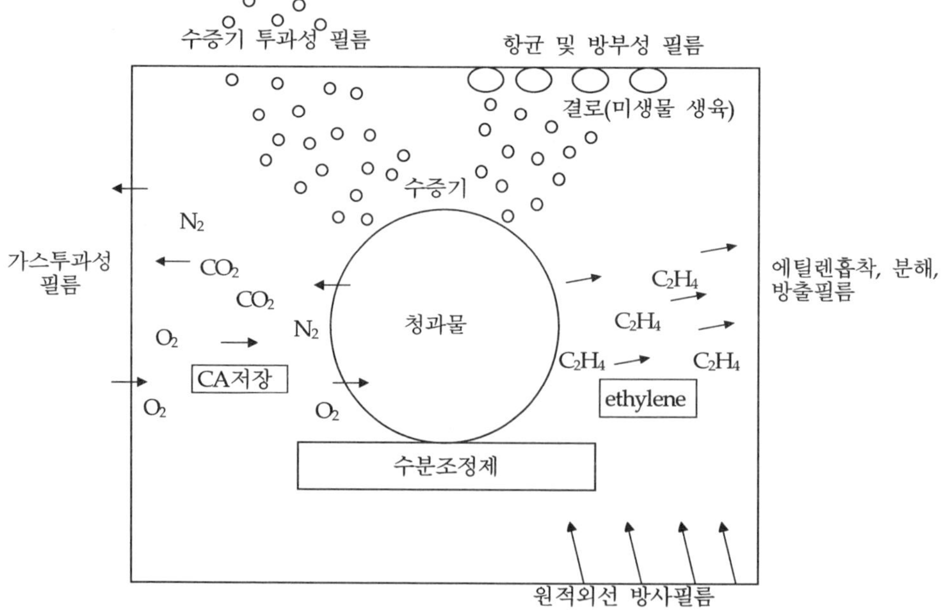

■ 그림 5·11 기능성 필름의 청과물의 선도유지에 대한 역할 ■

③ 기대효과 : 필름포장저장법은 그 자체만으로도 증산방지 및 CA저장 효과를 얻을
수 있으나, 냉장을 병행하는 경우 그 효과가 더욱 큰 방법이다.

　　이 방법은 CA저장 효과가 없고, 증산의 억제에 따른 선도 유지가 주목적인 야
채 등에 많이 이용되는 방법이다. 야채에 대한 필름 포장효과는 표 5·16과 같다.

◖▶ 표 5·16 필름 포장한 야채의 온도별 품질 유지 기간 ◀◗

야채 종류	포장 종류	온　도　（℃）			
		30	20	10	0
가　지	무포장	1일	1일	2일	
	polyethylene - 40	1일	2~4일	7~11일	
양 배 추	바구니		2~3일	10~13일	7~10일
	polyethylene - 40		3~4일		20~25일
아스파라가스	무포장		1~2일		3~ 4일
	polyethylene - 30		3~4일		14~16일

(4) 방사선조사법

① 정의 : 방사선 조사법은 Co^{60} 및 Cs^{137} 등과 같은 동위원소를 냉장 전에 미리 식
품에 조사하여 살균, 살충, 발아억제, 숙도조절 등으로 냉장에 의해 식품의 저장성
을 상승시키고자 하는 방법이다.

② 이용 : 청과물에는 고선량의 조사는 생리장해를 일으킬 위험이 있으므로, 실제로는
저선량에 의한 발아억제, 숙도조절, 표면살균 등에 이용하는 정도이다.

③ 기대효과 : 방사선 선량에 따른 식품의 기대효과는 표 5·17과 같다.

◖▶ 표 5·17 식품에 조사를 위한 선량 ◀◗

조사선량 (Mrad)		조　　사　　목　　적
저선량	0.1	살균효과는 기대하기 어렵고, 주로 발아억제, 기생충 및 곤충의 살멸에 이용
중선량	0.1.~1.0	완전 살균은 불가능하나, 식품 표면의 변패 미생물은 사멸할 수 있어 식품의 저장 기간 연장
고선량	1.0~5.0	식품에 부착한 미생물은 완전 살멸이 가능하나, 조직의 파괴, 이미 및 이취의 생성, 지질의 산화, 비타민의 분해 등과 같은 부반응이 일어나고, 잔존 효소로 인해 저장 중 자가소화를 일으킬 수도 있음

(5) 약제처리

① 정의 : 약제 처리법은 청과물의 호흡, 증산, 발아, 추숙 등과 같은 생리작용과 미생물의 증식 억제를 목적으로 냉장 직전에 처리를 하여 저장기간을 연장하고자 하는 방법이다.

② 처리방법 : 수확 전에 살포하는 방법과 수확 후에 처리하는 방법이 있고, 수확 전 처리법은 농약 취급법에 의해, 수확 후 처리법은 식품위생법에 의해 규제를 받아, 천연물과 허가된 화학적 품목 만이 사용 가능하다. 근년에는 시대적 흐름에 의하여 약제처리법은 소비자들로 호응을 받지 못하고 있는 실정이다.

4) 냉장보관

(1) 냉장온도

청과물은 저장온도가 낮으면 호흡작용, 증산작용과 같은 생리작용이 감소하여 여러 가지 성분의 손실이 적어지고, 미생물의 증식이 억제되어 품질수명을 다소 연장할 수 있다.

그러나 청과물은 종류에 따라 저온에 대한 감수성이 다르며, 감수성이 큰 것은 저온에 대한 내성이 적고, 일정온도 이하로 되면 저온장해를 일으켜 무한정 온도를 낮출 수는 없다.

따라서 청과물의 저장온도는 일반적으로 0℃부근이 좋고, 전 저장기간을 통해 가능하면 ±1℃ 이상이 되지 않게 하는 것이 좋다.

(2) 저장습도

청과물은 감량이나 시들음 현상을 방지하기 위하여 고습도가 요구되나, 고습도에서는 미생물이 증식하여 저장성이 결여된다.

따라서 냉장 중의 습도는 식품 중의 수분이 다소 감소하더라도 미생물에 대해 안전한 습도를 유지하여야 한다.

▶ 표 5·18 청과물의 일반적인 냉장 습도 ◀

대상 농산물	적정 습도
· 대부분 농산물	85~95%
· 샐러리, 상추, 시금치 등 시들음 용이 농산물	90% 이상
· 건조 과일	70% 이하

(3) 환기

농산물의 냉장을 위하여 냉장실의 공기는 적당히 환기시켜야 한다. 그렇지 않은 경우 생리적인 영향 이외에도 감귤, 감자 등은 특이한 냄새성분을 발산하여 다른 식품에 전이시키기도 한다.

일반적으로 단기간의 저장인 경우에는 여러 가지 농산물을 함께 저장해도 좋으나 양파, 감귤, 감자 등은 함께 보관하여서는 곤란하다.

(4) 적재방법

농산물의 냉장을 위해 창고에 적재하는 경우에 고려하여야 하는 사항으로는 면적 및 높이의 최대 이용, 냉장물 주위의 공기 순환 및 포장 방법 등이 있다.
- 냉장물과 시설물과의 간격 : 벽의 경우 30 cm 정도, 냉각관의 경우 30~50 cm 정도
- 바닥 : 냉각 효과를 감소시키지 않고, 공기순환을 좋게 하여 공기의 체류가 없도록 하기 위하여 디딤판을 깔아야 한다.

5) 냉장 중 변화

농산물을 냉장하는 것은 저온에서 생리작용을 억제하여 고품질을 유지하는 것이 목적이나 생리작용을 완전히 정지시킬 수는 없어 다음과 같은 생리작용에 의한 변화가 일어난다.

(1) 감량

냉장 중 가장 대표적인 변화로는 증산작용에 의한 감량을 들 수 있다. 감량은 농산물의 수증기압과 냉장실의 수증기압의 차에 의해 촉진되며, 보통 2~5% 정도가 발생한다.

2) 시들음

수분의 감소로 인해 발생하는 현상으로는 감량 뿐 만이 아니라 시들음 현상도 발생하여, 과실의 경도가 감소하게 된다. 이것은 주로 세포막을 형성하는 불용성 펙틴이 수용성 펙틴으로의 변화와 더불어 전분, sucrose, 환원당, 유기산, 비타민 등의 성분변화가 일어난다.

(3) 빙결

온도조절이 잘못되면 빙결로 인해 빙결 부위가 변질되어 상품가치가 상실된다. 또 변질부가 점차 확대되어 부패된 것처럼 변화하는 동해현상이 일어난다.

(4) 미생물에 의한 변패

일반적으로 미생물은 저온에 대해서도 저항력이 없으나, *Penicillium* 속, *Rhizopus* 속, *Mucor* 속 등과 같이 그렇지 않은 경우도 있다. 따라서 냉장실의 농산물은 곰팡이, 세균, 효모 등에 의해 성분조직이 분해되어 결국 부패하게 하는 경우도 있다.

(5) 저온장해

열대 또는 아열대성 청과물은 어느 한계온도 이하에서는 생리적 장해를 받아 변질하는 저온장해(chilling injury)현상이 일어난다.

▶ 표 5·19 청과물의 저온장해 ◀

청 과 물	장해온도	장해현상
바나나	12℃ 이하	흑변
녹숙 바나나	5℃ 이하	연화
고구마	10℃ 이하	내부 붕괴

2. 동 결

1) 전처리

(1) 선별

농산물은 동일 종류라도 품종, 생산지, 수확시기, 숙도 등에 따라 동결제품의 품질이 달라진다. 따라서 고품질의 동결제품을 얻기 위하여는 동결에 적합한 품종 및 품질을 선택하여야 한다.

① 품종 : 품종은 토지, 기상에 대한 적합성, 병충해에 대한 저항성, 수확량, 수확시기 및 기간 등의 기본적인 요소 외에 형태, 향미, 색택 및 영양가가 좋고, 과육조직이 동결에 적합한 것을 선별하는 것이 좋다.

② 품질 : 품질은 소채류의 경우 신선한 것이, 청과물의 경우 적당한 숙도의 것이 좋고, 기타 색조, 형태, 병충해, 상해, 미생물 오염 등도 고려되어야 한다. 원료의 선도 및 숙도를 판정하는 방법은 다음과 같다(표 5 · 20).

▶ 표 5·20 청과물의 선도 및 숙도 판정법 ◀

판 정 법	방 법
· 화학적 판정법	엽채류의 경우 비타민 C 함량으로, 콩, 옥수수, 고구마 등과 같이 전분질의 것은 자당과 환원당과 같은 전당함유량으로, 과실류는 산 및 당함유량 등을 기준으로 한다.
· 물리적 판정법	두류 등의 경우 염수 침지에 의한 비중분획법으로, 복숭아 등의 경우 경도계법 등으로 측정한다.
· 생물학적 판정법	식물체 내의 경우 각종 효소 외에도 다량의 세균, 효모, 곰팡이 등이 존재하고, 또 곤충, 기생충 및 회충난 등이 있는 경우가 많아, 검사에 의해 동결 농산물에 곤충류가 발견되면 기타 품질이 좋아도 전부를 불합격으로 하여 폐기처분 하여야 한다.

(2) 세 척

동결 전에 세척과 같은 전처리가 불충분하면 기타 다른 품질이 우수하여도 좋은 제품을 기대할 수 없다. 따라서 특수한 경우를 제외하고는 반드시 세척공정은 거쳐야 한다.

(3) 데치기(blanching) 및 가당처리

① 데치기 : 데치기는 원료를 열탕 또는 증기에서 가볍게 가열처리(80~100℃)하는 조작을 말한다. 과거에는 야채류를 동결한다는 것은 동해(凍害)를 입어 상품가치가 없다고 판단하여 실시하지 않았다.

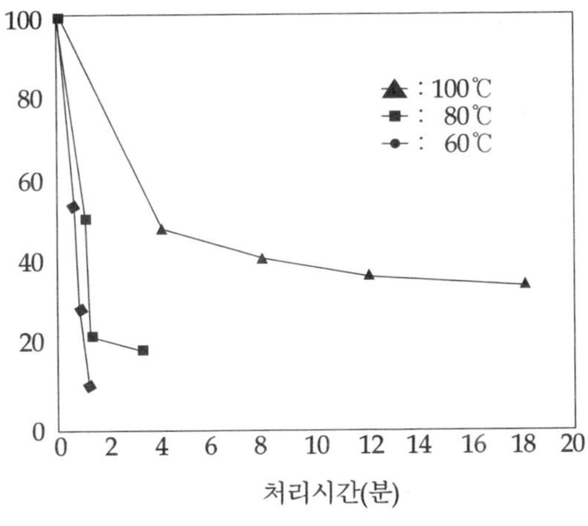

▶ 그림 5·12 완두콩의 peroxidase활성에 대한 데치기 온도와 시간과의 관계 ◀

그러나, 1928년 Kohman은 식물조직 중의 효소인 경우 동결점 이하의 저온
(−20℃)에서도 활성을 유지하여 동결저장 중에 제품의 품질을 저하시키므로, 이
를 데치기한 다음 동결을 실시하는 경우 그림 5·12와 같이 효소의 활성을 감소
시켜 고품질의 제품을 얻을 수 있다는 논리를 전개하였고, 그 이후에 데치기 기
법을 도입한 동결야채 생산품이 급증하게 되었다.

• 데치기 시간 : 데치기 시간은 표 5·21과 같이 야채의 종류에 따라 다르고, 동일 품
  종의 경우도 크기에 차이가 있다. 데치기 시간이 과도하거나 부족한 경우는 황갈색
  화 등과 같은 제품의 변색, 향미 및 조직 악변의 원인이 되어 저장성을 저하시킨다.

▶ 표 5·21 야채의 일반적인 데치기 시간 ◀

종　류	데치기 시간	종　류	데치기 시간
아스파라거스	2~4분	옥수수(과립)	2~3분
양　배　추	1~1.5분	시　금　치	1.5분

• 데치기 종류 : 열탕 데치기는 경제적이고, 면적이 적으며 열교환이 좋고, 가열이 균
  일하여 좋으나, 가용성 성분이 유출되어 용수가 오염된다는 단점도 있다. 증기 데
  치기는 경비가 많이 들고, 면적이 크게 차지하며 가열이 불균일하나, 영양 성분의
  손실이 적다는 장점이 있다.

• 데치기에 의한 성분 유실 : 데치기에 의한 소채류 가용성 성분의 유실은 단백질, 무
  기질, 비타민 등으로 표 5·22와 같이 10~30% 범위에 이른다.

▶ 표 5·22 당근의 데치기 후 각종 성분의 잔존율 ◀

종류	무　기　질			단　백　질			비　타　민 C		
	데치기 수단 (시간)			데치기 수단 (시간)			데치기 수단 (시간)		
	물(1분)	물(6분)	증기(3분)	물(1분)	물(6분)	증기(3분)	물(1분)	물(6분)	증기(3분)
sliced	85	76	90	70	70	74	74	61	78
diced	71	67	83	77	76	93	77	54	80
whole	94	84	91	90	90	91	81	56	68

② 가당처리 : 과실은 향미를 그대로 유지하기 위하여 보통 데치기를 실시하지 않고,

전처리 (whole, 반절 (半切) 및 slice 등)하여 대부분 그대로 동결한다. 과실에는 여러 종류의 효소가 존재하나, 그 중에서 중요한 것은 과육의 갈변현상에 관여하는 종류들이다. 과육은 전처리 또는 동결 냉장 중에 공기 중에 노출되는 경우 산화되어 갈색의 반응생성물을 형성한다.

이와 같은 갈변현상을 억제하기 위한 대표적인 방법으로는 가당처리를 들 수 있다. 가당처리는 과육 3~7에 대하여 1에 해당하는 당 또는 30~50%의 당액으로 과실의 육을 피복하여 과실이 공기와의 접촉을 억제할 뿐만이 아니라, 자유수를 감소시켜 미생물의 증식도 억제시키고, 과실의 향미 저하 억제 및 해동시에 외관을 개선시켜 준다.

가당처리 이외에 갈변현상을 억제하기 위하여 주로 실시하는 방법으로는 유기산 (주로 구연산)에 의한 pH 조절법, 아황산처리법, 비타민 C 첨가(0.05~0.2%)법 등이 있고, 진공포장에 의해 갈변현상을 억제하는 경우도 있다.

(4) 냉각 및 포장

데치기는 열처리에 의해 효소 실활과 동시에 식물표면의 미생물도 대부분 살균되나, 이 정도의 온도와 시간으로서는 완전 살균이 어려워, 내열성 세균, 포자 등과 같은 많은 미생물은 잔존한다. 따라서 데치기 한 것은 냉수 또는 냉풍으로 급냉시켜 이들의 최적온도 (55~60℃)범위를 신속히 벗어나는 것이 좋다. 냉수에 의한 급냉은 시금치 등 부착 수분량이 많은 엽채류의 경우 탈수의 정도나 방법도 문제가 된다. 탈수가 불충분하면 포장바닥에 고인 물이 빙결되어 외관을 나쁘게 하고, 내용량도 적게되어 불량의 원인이 된다.

2) 동 결

일반적으로 농산물의 조직은 어육조직이나 축육조직에 비하여 내동성이 결여되어, 동결에 의해 세포조직이 손상되고, 이로 인하여 해동하는 경우 동결 전의 세포조직과는 상당히 달라진다. 이러한 결점을 막기 위해 야채의 경우 데치기를 하고, 과실의 경우 가당처리를 한 후 포장을 하고 이어서 동결종온을 −15℃의 저온이 되도록 급속동결한다. 그리고 저장은 −20℃ 이하에서 심온냉장을 하여야 한다.

급속동결 및 심온냉장을 하지 않는 경우 농산물은 대형 빙결정의 생성으로 세포조직이 손상되어 해동 후에 조직감 파괴, 드립 (drip)의 유출 등과 같은 물리적 변화로 품질저하가 우려된다. 따라서 동결속도가 빠를수록 결정이 작게 되어 조직에 대한 손상이 적고 품질이 좋다. 또한 동결종온을 낮추어 미동결 수분을 적게 하고, 저온에서 변동폭이 적게 하여 결정의 성장을 억제하는 것이 품질 유지에 효과적이다. 그러나 동결속도 및 동결종온은 동결품의 생산원가와 직결되는 문제이므로 제품의 종류에 알맞는 방법을 선택하여야 한다.

채소류를 동결하는 방법으로는 다음과 같은 특징을 가진 송풍식 동결법, 접촉식 동결법, 유동층식 동결법 등이 있다.

(1) 송풍식 동결법

① 정의 : 송풍식 동결법은 동결 원료를 저온(-35~-45℃)에서 공기를 순환(풍속 3~5m / s)시켜 동결하는 방법이다.

② 특징 : 동결시간은 풍속이 빠르면 당연히 빨라진다. 따라서 송풍식 동결법은 송풍 속도에 따라 급속동결이 가능하여 품질이 우수한 장점이 있으나, 송풍에 의해 건조가 진행될 우려가 있다.

③ 장치 : 송풍식 동결장치는 그림 5·13과 같다.

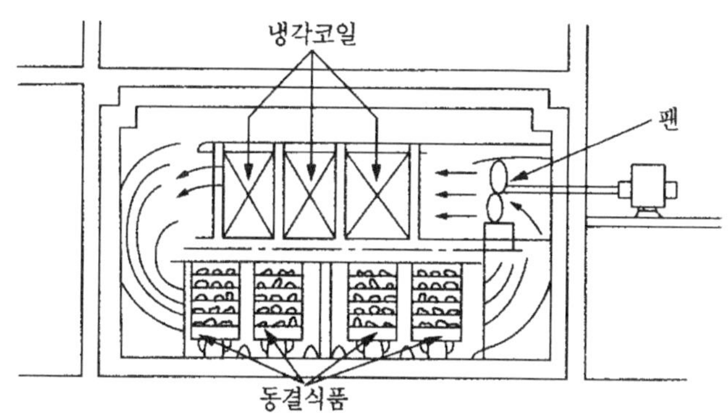

▶ 그림 5·13 송풍식 동결장치 ◀

(2) 접촉식 동결법

① 정의 : 접촉식 동결법은 흔들리는 선상에서 동결하기 위하여 고안된 방법이나 동결품의 품질이 우수하여 현재에는 육상에서도 대부분이 채택되고 있는 동결방법으로, 냉각된 2장의 금속판 사이에 식품을 접촉시켜 동결하는 방법이다. 이 때에 금속판은 내부가 비어 있어, 이 속을 냉매가 통과하면서 금속을 냉각시킨다.

② 특징 : 포장 야채류의 상하면이 금속판과 접촉하므로 약 1시간 전후에 동결이 가능하면서 외관이 좋은 냉동품을 생산할 수 있다.

③ 장치 : 접촉식 동결장치는 그림 5 · 14와 같다.

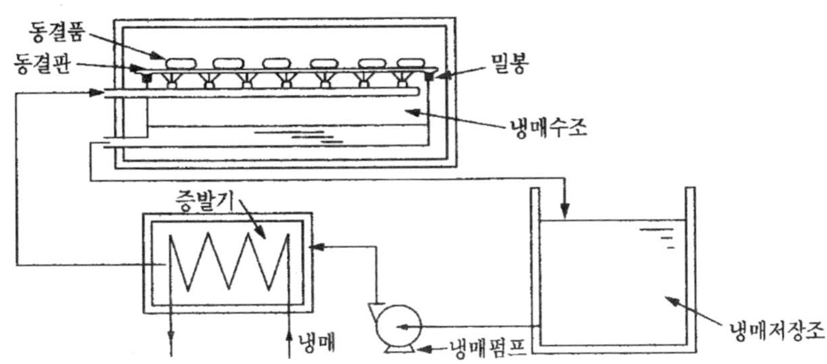

▶ 그림 5 · 14 접촉식 동결장치 ◀

(3) 유동층식 동결법

① 정의 : 유동층식 동결법은 컨베어 없이 유동하면서 동결되는 방법으로 농산물에 가장 많이 이용되는 방법이다.

② 특징 : 입구에서 투입된 원료는 다수의 구멍에서 분출되는 냉풍(−35℃ 전후)에 의해 유동되면서 동결되므로 냉풍과 원료의 접촉 면적이 커 급속동결된다. 유동층 식 동결법은 완두콩, 옥수수, 강남콩, 당근, 인삼 등과 같이 유동화가 가능하고 비 교적 소형으로 형상이 균일한 식품에 효과가 있다. 그리고 원료 표면에 얇은 빙의 가 형성되어 내부의 수분증발을 막아 동결 중 감량이 적고, 급속동결 및 심온동결 되어 해동 후의 품질이 좋다.

③ 장치 : 유동층식 동결 장치는 그림 5 · 15와 같다.

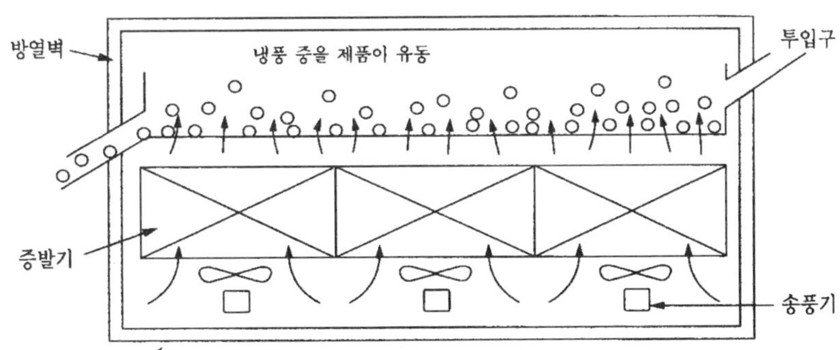

▶ 그림 5 · 15 유동층식 동결장치 ◀

3) 해 동

동결 농산물이 전처리, 동결 및 저장이 정상적으로 되었더라도 해동이 잘못되는 경우 그 식품의 품질이 저하하므로 해동에 대하여 소홀히 하여서는 안된다. 따라서 그 제품의 품질을 그대로 인정받기 위하여는 해동을 하는 주체인 소비자들에게 해동방법을 올바르게 인식시켜야 한다.

(1) 동결 야채류

해동공정을 생략하고, 바로 자숙하여 일반적으로 해동과 자숙을 동시에 실시한다. 또한 동결 전에 데치기 처리가 되어 있으므로 동결 야채류의 조리시간은 생야채보다 1/2~1/3정도 단축한다. 그렇지 않은 경우 풍미가 나빠질 우려가 있다.

(2) 과실류

저온에서 산소의 접촉을 막기 위하여 밀봉 포장한 상태 그대로 자연 해동하여 해동 종온이 0~5℃정도가 되도록 하여 과육 중심부에 빙결정이 약간 남을 정도가 좋고, 고온에서 장시간 해동하는 경우 드립의 다량 발생으로 품질이 저하한다. 해동이 종료되면 과육은 효소나 미생물의 활동에 알맞는 기질상태가 되므로 주의를 하여야 한다. 따라서 과실류의 자연해동은 냉장고 내에서 실시하는 것이 좋고, 급속해동을 하고자 하는 경우에는 실온의 공기나 유수 중에서 실시한다.

4) 농산물 동결 각론

(1) 시금치

① 선별 : 신선하고, 병충해가 없는 20~30 cm 크기의 것을 선정하되, 1일 처리능력에 맞추어 입하한 다음 뿌리가 아래로 가도록 광주리 등에 담아 물을 뿌린 후 시

원하고 그늘진 곳에 둔다.

② 세척 : 토사, 먼지 등과 같은 이물질과 병충해 등을 세척 제거하고, 뿌리를 0.5 cm 정도 남겨두고 절단한다.

③ 결속 : 다음 공정에서 흐트러지지 않게 일정 단위(400~500 g 또는 1~2 kg)로 묶는다.

④ 데치기 : 결속한 것을 광주리에 넣고 비등수 중에 뿌리쪽을 담근(40~60초) 뒤에 잎쪽을 데치기(15~30초간) 한다.

⑤ 냉각 : 즉시 유수 중에 투입하여 예냉(5분정도)한 후 수빙(水氷) 중에서 급냉(3분 정도)시켜 냉각(10℃ 이하)시킨다.

⑥ 탈수 : 이 작업이 불충분하면 동결하는 경우 수분이 침출되어 외관을 나쁘게 하고 내용량 부족을 초래하며 심하면 조직이 손상된다.

⑦ 칭량, 포장 : 내용물을 일정 단위(500 g 또는 1 kg)로 칭량하되 2~5% 정도 많이 칭량한다. 그리고 잎 끝을 가지런히 접어 넣은 다음 공기가 잔존하지 않도록 포장한다.

⑧ 동결, 냉장 : −30℃ 이하에서 급속동결하여 외포장한 후 냉장(−20℃ 이하)한다.

2) 껍질 콩

① 선별 : 꼬투리 털이 적으면서 선록색(황록색 : 과숙)의 것을 선별한다.

② 꼬투리 따기 : 손 또는 적당한 기구로 꼬투리를 딴다.

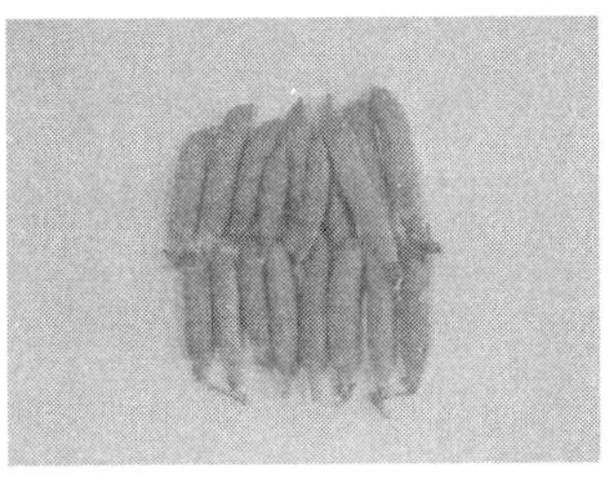

③ 재선별 : 마르고, 납작하면서 병충해 입거나 외상 입은 것 그리고 미숙 또는 과숙한 것과 이물질(변색, 잎, 가지 등)을 제거하고 우수한 원료를 선별한다. 이 경우 원료는 한 곳에 쌓아두면 발열하여 품질이 저하되므로 통풍을 잘 해주어야 한다.

④ 세척 : 중성세제의 희석액에서 충분히 교반하면서 세척한 후 유수 중에서 이물질(세제, 토사 등)을 제거한다.

⑤ 데치기 : 데치기는 비등수 중에서 3~5분간 실시한다. 그러나 꼬투리 속의 공기가 팽창하여 갈라지는 것을 막기 위해 2단자숙(1차 : 80℃에서 2분간, 2차 : 비등수에서 2~3분간 또는 90℃에서 3분간)을 실시하기도 한다. 데치기를 하는 경우 엽록소는 유기산으로 인해 황갈색의 pheophytine으로 가수분해되어 색조가 저하하

므로 이를 방지하기 위하여 중합인산염 0.2%, 식염 2% 정도를 첨가하여 중화 (pH 6.5~7.5 정도)시켜 주는 경우도 있다. 그리고 용수는 pH의 변화, 오염정도 등을 보아 적당한 시기에 교환하여 주어야 한다.

⑥ 냉각 : 데치기가 끝나면 즉시 냉수(5℃ 이하) 중에서 급냉한다.

⑦ 탈수 : 위생적인 용기에서 탈수를 충분히 실시한다.

⑧ 포장, 동결 : 포장 용기에 일정 내용량(200, 300, 400, 500 g 등)으로 칭량한 후 포장한다. 이어서 −30℃ 이하에서 동결한 다음 냉장(−20℃ 이하)한다.

(3) 토 란

① 선별 : 형상은 구형에 가까우면서 육색이 백색 또는 담황색이고, 육질은 섬유질이 적고 치밀한 것이 좋다.

② 세척, 박피 : 세척기에서 물과 함께 회전시켜 토사를 제거하고, 마찰에 의해 박피를 실시한다.

③ 재선별 : 세척이 끝나면 상해부, 청색부 등을 칼로 제거하고 크기(L : 50 g 이상, M : 31~50 g, S : 15~30 g, SS : 8~15 g)별로 선별한다. 이때 박피되어 있으므로 공기와 접촉되면 산화 갈변되므로 수중에 침지하는 것이 좋다.

④ 데치기 : 데치기는 비등수 중에서 크기 별(L : 10분, M : 8~9분, S : 7분)로 달리 실시한다. 과도한 데치기나 교반은 연화, 붕괴의 원인이 된다. 데치기의 정도는 백색육질이 주변에서 투명하게 되어 중심부에 지름이 2~3 mm의 백색이 남을 정도가 좋다.

⑤ 냉각 : 표백을 위해 0.1% 정도의 구연산을 첨가한 냉수로 중심부까지 완전히 냉각시킨다. 냉각을 하는 경우에 수침시간을 너무 길게 하면 점성이 저하되어 해동 후 품질이 저하된다.

⑥ 동결

⑦ 칭량 : 500 g단위로 실시한다.

⑧ 글레이징 : 저장 중 품질저하 억제를 위하여 글레이징을 한다.

⑨ 포장, 저장 : 폴리에틸렌 주머니에 포장하고, 다시 외포장한 다음 냉장(−20℃ 이하)한다.

(4) 밀 감

밀감 동결품은 아무런 전처리를 하지 않은 whole 제품과 외과피 및 내과피를 제거한 것을 그대로 또는 시럽을 가하여 동결한 제품이 있다. 여기서는 whole 제품에 대하여 만 언급하기로 한다.

① 선별 : whole 제품의 원료로는 조생과(11월 이전에 수확)보다는 만생과(12월 이후에 충분히 완숙)가 좋다. 발색이 양호한 신선한 것이 좋으며, 미숙과는 동결후 쓴맛이 나므로 좋지 않다. 외피에는 상해, 병충해 없는 것을 선정하여야 한다.

② 세척 : 중성세제의 희석액 중에 침지하여 먼지 등을 수세한 후에 분무하거나 흐르는 물 중에서 세제를 씻어낸다.

③ 선별 : 크기 별(3L : 120~135 g, 2L : 100~120 g, L : 90~100 g, M : 80~90 g, S : 70~80 g, 2S : 60~70 g, 3S : 50~60 g 또는 M : 75~105 g, S : 60~85 g, SS : 50~70 g)로 선별한다.

④ 동결, 냉장 : 팬에서 동결하여 글레이징처리한다. 포장지에 M은 40개, S는 50개, SS는 60개, 소매용의 것은 4~6개 넣는다. 이것은 다시 외포장 후 냉장(−20℃ 이하)한다.

(5) 딸기

냉동 딸기제품은 whole, slice, juice용의 3종이 있다. Whole제품은 10 g 전후의 과립을 그대로 또는 과립 3~5 g에 설탕 1 g의 비율로 균일하게 혼합한 것이고, slice는 과립을 세절(5~6 mm)한 것을 whole처럼 포장한 것이다.

① 선별 : 이른 아침에 딴 신선한 것, 발색이 완전하고 완숙된 것, 형이 완전한 것을 원료로 선별한다. 그리고 과육이 상하기 쉽고, 상한 과육에서 나온 과즙은 다른 딸기를 악변시키므로 제거하는 것이 좋다.

② 꼭지따기 : 스푼 모양의 칼로 꼭지를 제거하면서 발색 불량, 병충해, 상해 등이 있는 불량품은 선별 제거한다. 꼭지를 제거하면 조직의 파손에서 오는 이상호흡이 시작되어 품질이 급격히 저하되므로 신속히 다음 공정으로 옮겨 작업을 진행시켜야 한다.

③ 세척, 수세 : 충분한 유수로 토사, 먼지 등을 제거한다. 이때 딸기는 물에 뜨므로 연속작업에서는 다음 공정으로의 이송에 이용되기도 한다. 또한 수세만으로는 생균수 감소 등에 효과가 적어 중성세제 희석액에서 세척하거나 50~100 ppm 농도의 차아염소산나트륨용액에 5~10분 침지한 후 충분히 수세한다. 수세가 과도한 경우 과육이 퇴색되므로 주의하여야 한다.

④ 탈수, 선별 : 너무 높게 쌓지 않도록 하여 탈수한 다음, 크기별(LL : 13 g 이상,

L : 8~12 g, M : 6~8 g, S : 6 g 이하)로 선별한다. 그리고 이 공정에서부터는 세균오염에 특히 유의하여야 한다. Slice용은 slicer에서 5~6 mm 크기로 절단한다.

⑤ 포장 : whole 제품은 그대로 또는 과육 3~5에 설탕 1의 비율로 균일하게 혼합한 후 300 g단위로 동결한다. 팬에 동결할 때는 겹쳐지지 않게 1단으로 동결한다. slice제품은 딸기 80%, 설탕 20%를 넣어 육질이 허물어지지 않게 저으면서 설탕이 녹게 한다.

⑥ 동결, 냉장 : 심온동결 (−35℃ 이하, 3~4시간이내)한 후 폴리에칠렌주머니에 포장하여 냉장 (−20℃ 이하)한다.

▶ 표 4 · 23 농산식품의 성질과 저장 조건 ◀

식품명	저장 온도 (℃)	상대 습도 (%)	저장 기간	수 분 함유량 (%)	평 균 동결점 (℃)	비 열 (kcal/kg · hr · ℃) 동결점 이 상	동결점 이 하	동결 잠열 (kcal/kg)
사 과	-1~3	85~90	4개월	84.1	-2.0	0.87	0.45	7.2
바나나	12~13	85~95	2주	75.5	-1.7	0.81	0.43	60.0
앵 두	-1~2	80~85	10~14일	83.0	-2.2	0.87	0.45	66.7
멜 론	6~10	75~85	2~4주	92.7	-1.7	0.94	0.48	73.3
수 박	2~5	75~85	2~3주	92.1	-1.6	0.97	0.48	73.3
레 몬	13~15	85~90	1~4개월	89.3	-2.2	0.92	0.46	70.6
오렌지	2~5	85~90	8~10주	87.2	-2.2	0.90	0.46	68.9
귤	0~3	90~95	3~4주	87.3	-1.1	0.92	0.46	69.8
복숭아	0~2	80~85	2~4주	86.9	-1.4	0.90	0.46	68.9
서양 배	-1~2	85~90	1개월	83.5	-2.2	0.86	0.45	65.6
자 두	0~2	80~85	3~8주	85.7	-2.2	0.88	0.44	68.3
포 도	0~2	80~85	3~8주	81.9	-2.5	0.86	0.47	64.4
딸기(신선)	0~2	80~85	7~10일	90.0	-1.1	0.82	—	71.7
딸기(동결)	-23~-18	—	1년	—	—	—	0.45	—
파인애플	4~7	85~90	2~4주	85.2	-1.1	0.88	0.43	67.8
감	0~2	85~90	2~3주	78.2	-2.2	0.85	0.43	62.2
무화과	-2~0	65~75	5~7일	78.0	-2.7	0.82	0.48	62.2
아스파라거스	0~2	85~90	3~4주	93.0	-1.2	0.94	0.46	74.5
사탕무	0~2	95~98	1~3개월	87.6	-2.8	0.90	0.47	70.0
양배추	0~2	90~95	3~4개월	92.4	-0.4	0.95	0.46	73.3
당 근	0~2	95~98	4~5개월	88.2	-1.3	0.97	0.48	70.0

식품명	저장 온도 (℃)	상대 습도 (%)	저장 기간	수 분 함유량 (%)	평 균 동결점 (℃)	비 열 (kcal/kg·hr·℃) 동결점 이 상	동결점 이 하	동결 잠열 (kcal/kg)
샐러리	0~2	90~95	2~4개월	93.7	-1.3	0.94	0.49	75.0
오 이	8~10	80~85	10~14일	96.1	-0.8	0.94	0.48	76.1
가 지	9~11	85~90	7~10일	92.7	-0.9	0.90	0.46	73.3
부 추	0~2	85~90	1~3개월	88.2	-1.5	0.96	0.48	70.0
치 자	0~2	90~95	2~3주	94.8	-0.4	0.90	0.46	75.6
양 파	0~2	70~75	6~8개월	87.5	-1.0	0.90	0.47	68.9
버 섯	0~2	85~88	2~3일	91.1	-1.0	0.93	0.42	72.3
푸른 완두(생)	0~2	85~90	1~2주	74.3	-1.1	0.99	0.22	58.9
푸른 완두(건조)	2~5	—	6개월	—	—	0.28	0.43	7.8
감 자	8~10	85~90	2개월	77.8	-1.7	0.82	0.47	61.3
호 박	10~13	70~75	2~6개월	90.5	-1.0	0.92	0.48	72.7
무 (봄산)	0~2	90~95	10일	93.6	-0.7	0.95	0.48	74.3
무 (겨울산)	0~2	90~95	2~4개월	93.6	-0.7	0.95	0.48	74.5
시금치	0~2	90~95	10~14일	92.7	-1.0	0.94	0.48	73.5
토마토 (미숙)	13~21	85~90	2~5주	94.7	-0.6	0.95	0.48	74.3
토마토 (성숙)	10~13	85~90	7~10일	94.1	-0.9	0.95	0.48	74.5

▶ 표 4 · 24 기타 식품의 성질과 저장 조건 ◀

식품명	저장 온도 (℃)	상대 습도 (%)	저장 기간	수 분 함유량 (%)	평 균 동결점 (℃)	비열 (kcal/kg·hr·℃) 동결점 이 상	동결점 이 하	동결 잠열 (kcal/kg)
샐러드유	5~10	—	6개월	0	—	—	—	—
	0~3	—	1년	0	—	—	—	—
마가린	5~10	60~70	6개월	—	-9.5	0.65	0.34	19.4
	0~3	60~70	1년	—	—	—	—	—
아이스 크림	-23~-18	60~70	3개월	67	-2.4	0.8	0.45	53.3
	-29~-26	60~70	4~6개월	—	—	—	—	—
크림(가당)	-20~-18	—	2~3개월	—	—	—	—	—
쨈	0~2	75	6개월	36	—	0.48	—	—
설 탕	4~7	—	—	—	—	—	—	—

식품명	저장 온도 (℃)	상대 습도 (%)	저장 기간	수 분 함유량 (%)	평 균 동결점 (℃)	비열 (kcal/kg · hr · ℃)		동결 잠열 (kcal/kg)
						동결점 이　상	동결점 이　하	
초콜릿	7~10	75	6개월	—	—	0.3	—	—
시 럽	4~7	80	6주	36	-2.2	0.64	—	—
농축 주스	-1~2	—	3~6주	—	—	—	—	—
청 주	4~7	—	—	—	—	0.9	—	—
맥 주	1~4	—	6개월	90.2	-2.2	0.92	—	—
포도주	7~10	—	6개월	—	—	0.9	—	—
사이다	-1~2	—	3개월	—	-1.7	0.9	—	—
빵	0~2	—	수 주	32~37	—	0.70	0.34	11.6~13.3
보 리	-2~10	50~60	수개월	—	—	—	—	—
올리브유	7~10	85~90	4~6주	75.2	-1.4	0.8	0.42	—
건조 과일	0~2	50~60	9~12개월	25	—	0.4	0.3	10

제 6 장

냉동식품의 저온저장 중 품질변화

제1절 냉장 중 식품성분의 변화

1. 수분의 증발

　식품 중의 수분이 증발하면 중량의 감소가 일어나고, 이어서 과일과 야채의 시들음 현상, 연화, 적색육의 변색 및 비타민 C 등의 산화작용도 수반한다.

2. 생리작용에 의한 성분변화

　냉장 중 과일, 야채의 경우 성숙작용이 진행되어 당, 유기산 및 비타민 C 등이 감소하고, 계란의 경우 알칼리성으로 되어 선도가 저하하게 된다.

3. 숙 성

　냉장 중 식육은 자가소화작용이 진행되어 연화와 풍미가 향상되나, 너무 과도하게 진행되는 경우 상품의 가치를 잃기 쉽다.

4. 지질의 변화

냉장 중에도 식품 중의 유지는 가수분해, 지방산의 산화와 중합 등의 변화로 풍미악화, 산패 및 점성의 증가 등과 같은 변화가 일어난다.

5. 미생물의 증식

일반적으로 저온저장 중에는 미생물의 증식이 억제되기는 하나 완전 억제는 불가능하여 저온 미생물을 중심으로 서서히 증식과 식품성분의 분해작용을 하여 최종적으로는 변패를 야기한다.

6. 이취 전이

저온미생물에 의한 식품성분의 분해로 이취가 생성되는 경우도 있고, 마늘과 같은 풍미가 강한 식품과 혼재하여 저장하였을 때에 마늘로부터 이취가 옮겨오는 경우도 있다.

7. 노 화

식품 중의 전분이 α상태로 있는 경우 일정 범위에서는 β화가 용이하여 노화가 신속히 진행되어 품질을 저하시킨다.

8. 저온 장해

바나나 및 토마토와 같은 청과물을 CA저장 또는 냉장시 일정 온도 이하에서 저장한 경우 저온장해라고 하는 품질저하 현상이 일어난다.

제2절 동결저장 중 식품성분의 변화 및 억제

1. 동결저장 중 식품성분의 변화

1) 단백질 변성

▣ 표 6 · 1 냉동에 의한 단백질 변성설 ▣

단백질 변성설	특　징
기계적 손상설	빙결정 생성으로 세포간 배열이 기계적으로 손상된다는 학설
세포 파괴설	빙결정의 팽압에 의해 세포막이 파괴된다는 학설이며, 기계적 손상설이 극단적으로 심한 경우에 해당
기체분리 팽창설	수분에 용해한 기체가 유리되면서 체팽창하여 이것이 빙결정 자체의 팽압에 더하여져 미동결 수분은 큰 빙결정을 형성
탈수 손상설	빙결정 생성의 결과 삼투압 차이로 수분이 유리되어 세포 내에는 염류가 농축되고 pH가 변화하기 때문

(1) 기구 (mechanism)

　냉동 중에는 육질의 손상이 일어나나, 그에 대한 기구(mechanism)에 대해서는 명확하지 않고 단지 기계적 손상설, 세포파괴설, 기계 분리 팽창설 및 탈수손상설 등과 같은 몇가지 설로 일반화되어 있다.

(2) 결 과
① 육질의 sponge화－육조직감의 저하
② pH의 변화
③ 드립의 증가 등－보수력의 감소로 인한 중량 감소

(3) 억제방안
① 동결 전 수세 : 동결 전 수세에 의한 변성인자의 제거로 단백질 변성을 억제할 수 있다. 즉 동결변성에 관여하는 구리 및 철이온은 물로서 쉽게 제거되며, 마그네슘과 칼슘이온은 식염수(농도 0.1~0.35%)로 수세한다. 이 이외에도 수세에 의하여

formaldehyde, 유리지방산 등이 제거되어 동결변성을 억제할 수 있다.

② 당류 및 당알코올의 첨가 : 포도당 등과 같은 당류와 솔비톨과 같은 당 알코올을 2~6% 범위에서 단백질에 첨가하는 경우 당분자 중의 OH기에 의해 단백질 분자 간의 반응기가 서로 반응하여 결합하는 것을 방지함으로 단백질 변성을 억제한다.

③ 중합인산염의 첨가 : 중합인산염을 단백질에 첨가하는 경우 중합인산염의 강한 염용효과, pH 상승 등으로 actomyosin의 수화를 촉진하여 보수력 상승, 금속이온 봉쇄작용에 기여함으로 단백질 변성을 억제한다. 연제품의 경우 중합인산염 첨가에 의해 단백질 변성을 억제하는 대표적인 제품이다.

④ 기타 : 기타 단백질 변성을 억제하기 위한 물질로는 아미노산 및 그 유도체 등이 있다.

2) 변 색

냉동에 의한 변색은 냉동 중에만 특별히 진행되는 것이 아니고, 상온에서 진행되는 것이 냉동 중에도 상온에 이어 서서히 진행되는 것이다.

(1) 동 물

근육색소인 myoglobin (적색)은 도살 후에 산소와의 반응에 의해 초기에는 oxymyoglobin (선홍색)으로 되고, 이를 오랜기간 방치하는 경우 metmyoglobin (적자색)으로 되어 품질이 일시적이나 저하하게 된다.

(2) 야채류

chlorophyll은 혼재하여 있는 유기산에 의하여 갈색의 pheophytin으로, 이중결합을 많이 가진 carotenoid의 경우 산화 퇴색한다.

(3) 수산물

새우의 경우 tyrosin이 tyrosinase에 의하여 흑색의 melanin으로 되어 흑변한다.

(4) 기타

동결저장 중 수분의 증발로 인한 색소 농축 변색, 형광 미생물의 증식에 의한 변색 및 지질의 산화 갈변하는 경우가 있다. 이중 지질산화에 의한 갈변은 주로 중성지질에 의한 갈변이라기 보다는 인지질에 의한 산화갈변이다. 동결저장 중 중성지질에 비하여 인지질의 산화가 용이한 것은 인지질 분해 효소가 저온에서 활성이 높고, 중성지질에 비하여 인지질의 불포화도가 높으며, 저온에서도 액상 유지가 용이하기 때문이다.

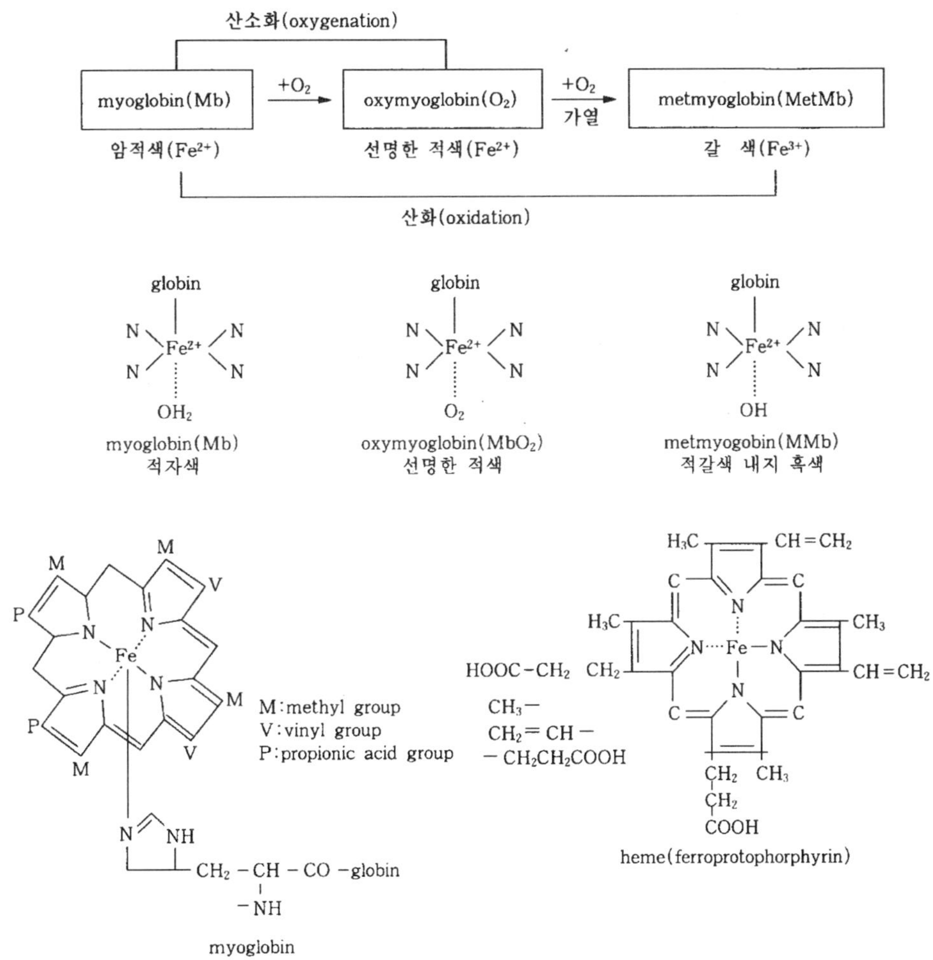

그림 6·1 동물의 사후 변색과정

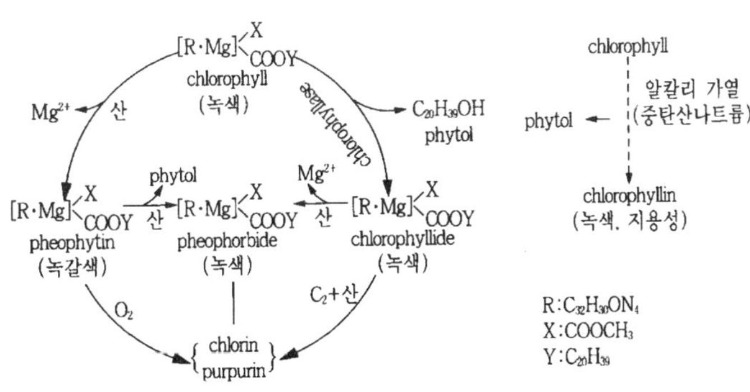

그림 6·2 chlorophyll의 변색과정

3) 냄새의 이행

지질산화에 의한 산화취가 강한 식품과 마늘과 같은 냄새가 강한 식품을 혼재하여 저장하였을 때에 마늘로부터 냄새가 옮겨와 이취가 발생하므로 주의하여야 한다.

4) 승 화

동결식품은 동결 중에 빙결정이 승화하여 중량감소, 산화에 의한 품질저하 등이 야기되므로 가능하다면 밀착 포장으로 승화를 방지하여야 한다.

5) 전분의 노화

일반적으로 농산식품의 경우 상온보다는 저온에 의하여 노화가 촉진된다.

6) 무기질의 감소

무기질 함량은 동결 중에는 거의 변화가 없으나, 해동시에는 드립과 함께 유출되어 감소한다.

7) 드립의 발생

드립의 발생은 단백질의 동결 변성으로 보수력이 결여되어 수분을 재흡수하지 못하고 유출시키기 때문에 발생하며, 이로 인해 수용성 영양 성분이 손실되고, 중량적 손실이 야기된다.

2. 동결저장 중 식품성분의 변화 억제방안

1) 데치기(blanching)

동결 내성이 약한 과실이나 야채를 동결하는 경우 빙결정의 생성 및 기체 팽압으로 세포막이 파괴되고, 효소에 의한 갈변이 진행된다. 이를 억제하기 위하여 데치기를 실시하며, 그 주목적은 다음과 같다.

① 동결 중 효소(phenoloxidase 등)의 불활성화에 의한 갈변방지
② 원료 중의 수분이 유리되고, 세포막의 탄력화에 의한 동결팽창 내성 강화로 조직
  의 연약화 방지
③ 원료에 부착한 미생물의 살균
④ 가열 팽창에 의한 기체 제거 및 체내의 유기산 제거로 냉동 중 변색 억제

2) 가당처리

과실을 동결하는 경우 세포벽이 파괴될 뿐 만이 아니라 수용성 산화 효소에 의해 갈
변이 진행되나, 이를 억제하기 위하여 데치기를 실시 할 수 없는 과실의 경우 가당처리
를 하여 향미유지를 한다. 가당처리 과실은 과실이 당 또는 당액에 의해 피복되어 공기
와의 접촉이 억제되어 갈변이 방지되고, 삼투압 차이에 의하여 수분의 유출로 동결속도
도 신속하여 에너지가 절감될 뿐만이 아니라 빙결정이 적음으로 인해 단백질의 변성도
적어 고품질의 제품이 된다.

3) 가염 처리

명태, 넙치, 가자미 등과 같은 백색육을 동결 및 해동을 하는 경우 다량의 드립이 발
생하여 영양성분이 손실되고, 무게가 감소할 뿐 만이 아니라, 조직감이 결여되어 저급
품으로 취급되기 쉽다. 이러한 경우 3~5%의 식염수용액(0~2℃)에 침지(0.5~1시간)
하는 가염처리를 하는 경우 가당처리와 같이 육 중의 수분이 미리 유리되어 빙결정의
생성이 적음으로 인해 해동하는 경우 드립의 유출이 적게 되어, 보다 고품질의 냉동식
품을 제조할 수 있게 된다.

4) 인산염 처리

일반적으로 단백질의 변성은 pH 6.5 이하에서 용이하게 진행되므로 인산염으로 처
리하는 경우 식품의 pH를 6.5~7.2 정도로 유지하고, 변성 촉진 인자인 금속이온을
봉쇄하여 단백질의 변성을 억제하게 된다.

5) 산화방지제 처리

일반적으로 동결저장 중에도 식품은 지질의 산화가 진행되어 유리지방산을 산생하게
되고, 이로 인해 단백질 변성을 촉진하게 된다. 또한 지질산패 그 자체가 식품의 품질

을 저하하는 요인이므로 tocopherol, ascorbic acid, erythorbic acid 등과 같은 산화방지제를 유도기에 적절히 처리함으로서 고품질의 냉동품을 제조할 수 있게 된다.

▶ 표 6·2 산화방지제 ◀

명 칭		분 자 식	사 용 방 법	침지시간
수용성	ascorbic acid	$C_6H_8O_6$	0.5~2.0% 수용액을 만들어 사용	유도기 이전의 동결 전 식품을 5~10분간 침지한 후 동결
	sodium ascorbate	$C_6H_7O_6Na$		
	erythorbic acid (isoascorbic acid)	$C_6H_8O_6$		
	sodium erythorbate (sodium isoascorbate)	$C_6H_7O_6Na$		
지용성	BHA (buthyl hydroxyanisol)	$C_{11}N_{16}O_2$	용제에 농도가 10~20%되도록 하여 가용화 시킨 다음 물에 tocopherol, BHA 및 BHT는 0.01~0.02%, 분산액을 만들어 사용	
	BHT (buthyl hydroxytoluene)	$C_{15}H_{24}O$		
	tocopherol	$C_{29}H_{50}O_2$		

6) 글레이징 처리(빙의처리)

동결 식품을 냉수 중에 수초간 침지한 후 건져 올리면 부착한 수분은 표면에 얼어붙어 박빙의 막이 생기는 것이 글레이즈이고, 이와 같은 처리가 글레이징이다. 글레이징 처리는 공기를 차단하여 건조 및 산화에 의한 표면의 변질을 방지하기 위하여 실시한다.

▶ 표 6·3 글레이징처리 조건 ◀

처리 항목	처리 조건	비 고
실내 온도	-5~-10℃	
용수 온도	1~3℃	온도가 이보다 낮은 경우 빨리 빙결되어 작업에 지장을 초래함
동결품 온도	-15℃ 이하	보통 -20℃가 적절
처리 시간	3~5초	
처리 횟수	2~3회	
글레이즈 무게	2~5%	
글레이즈 두께	2~3 mm 이상	
재 실시 기간	3개월	

7) 포장 처리

일반적으로 냉동식품은 다음과 같은 목적을 위하여 포장처리를 하여야 한다.
① 공기 차단에 의한 산화 방지
② 수분의 증발 및 승화 방지에 의한 감량 방지
③ 물리적 충격 완화 효과
④ 소비자의 구매 의욕 상승 효과

8) 삼투압 탈수 처리

식품을 탈수 시트로 처리하는 경우 식품 중의 다량의 수분이 외부로 유출되어 저수분식품으로 된다. 이를 냉동저장 하는 경우 빙결정에 의한 식품의 품질저하가 적어 우수한 냉동식품의 제조가 가능하다.

제 7 장

해 동(defrosting, thawing)

해동은 냉동식품을 조리하거나 가공하기 위하여 식품 내에 형성된 빙결정을 다시 녹이는 조작을 말한다. 이 때에 녹은 물은 동결 전과 같이 식품의 조직 구조 내로 다시 흡수되는 것이 이상적이나, 대부분의 경우는 동결 중에 일어난 단백질의 변성으로 인하여 다시 흡수되지 않고, 분리되어 드립으로 발생한다. 해동공정 중에는 냉동식품보다 온도가 높은 매체 즉, 공기, 물, 얼음, 증기, 금속판, 오븐 등이 사용되는데 이들을 해동 매체라 한다.

1. 해동에 의한 복원성

1) 형태적 복원

산업적 규모로 동결된 동결품은 조직세포 내에 존재하는 수분이 동결과정 중에 서서히 세포 외로 흘러 나와서 일반적으로 세포 외 동결을 한다. 세포 외 동결 제품을 해동하면 세포 외의 얼음은 녹아 세포 내로 흡수되어서 세포의 형태는 원형으로 복원된다.

이러한 흡수에 의한 복원을 형태적 복원이라고 하며, 동결 저장 초기의 세포 내에서는 복원이 충분히 이루어지나 저장기간이 연장됨에 따라서 세포의 흡수능이 약하여져 많은 양의 수분이 세포 내로 흡수되지 못하고 세포 외에 남아, 세포는 복원이 불충분한 상태로 해동이 종료되며 자유드립 (free drip)으로 유리된다. 즉 동결육의 품질이 우수한 경우에는 조직 세포의 활성이 높기 때문에 흡수 복귀도 충분히 일어난다고 볼 수 있다.

2) 본질적 복원

세포 내로 흡수된 물은 세포 내의 단백질과 단단히 결합 (수화)하여야 하고, 이와 같이 흡수된 물과 단백질이 단단히 결합된 상태를 본질적 복원이라고 한다. 본질적 복원이 충분히 진행되어야 동결 전의 육이 가지고 있던 높은 보수성 및 조직이 살아나게 된다. 형태적 복원이 충분히 진행된 경우에도 본질적 복원인 수화가 불충분한 경우에는 해동품으로서의 품질이 저하하게 된다. 그러므로 본질적 복원은 필수조건이며, 형태적 복원은 수화를 유도하기 위한 전제조건이라 할 수 있다. 수화의 근원은 세포 내의 단백질이며, 수화를 방해하는 근원은 동결저장 중에 진행한 단백질의 동결변성이다. 따라서 단백질 변성을 억제한 고품질의 동결육은 수화가 충분히 진행되어서 본질적인 복원이 달성된다고 할 수 있다.

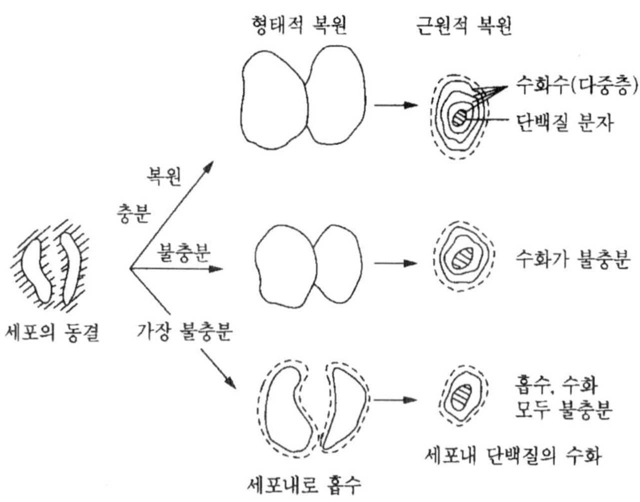

▶ 그림 7·1　해동에 의한 복원의 형태 ◀

2. 해동의 종류

1) 완전해동

대부분 동결식품을 해동하여 이용하고자 하는 경우 완전해동을 하는데, 이는 어떠한 해동방법에 의해서 원상태로 만들어 조미하거나 형상을 바꾼 후에 가열 조리하는 것이 보통이다. 해동 전에는 조미가 잘 되지 않으므로 반드시 해동시킨 후에 실시하여야 한다.

2) 반해동

해동시의 온도조절은 용도에 따라서 다르나 해동 후에 보존할 필요가 있을 경우에는 반해동 상태로 두면 보존 중에 나머지 해동이 진행하게 된다. 이러한 반해동상태에서는 빙결율이 적으므로, 식품을 칼로 자를 경우 완전 해동한 경우보다 오히려 절단작업이 쉬우며, 원하는 모양으로 절단하는 것이 가능하다.

3) 별도의 해동이 불필요한 경우

IQF (individual quick freezing) 제품에서는 조리 전의 준비를 하는 동안에 조리에 지장이 없을 정도로 자연히 해동되고, 또한 조리 냉동식품 및 반조리 냉동식품 등은 얼린 그대로 가열조리가 가능하도록 만들어져 있어 특별히 해동공정이 필요없다.

4) 해동시켜서는 안되는 경우

생선스틱, 생선패티 등은 특별히 결착제를 사용하지 않고, 동결에 의해 형상을 유지하고 있으므로 만약에 이를 가열조리 전에 해동시키는 경우 식품의 형태가 허물어져 상품가치를 잃게 된다. 따라서 이와같은 제품의 경우 해동시켜서 사용하여서는 안된다.

3. 해동곡선

해동곡선은 해동 중 식품 내의 온도변화를 나타낸 곡선으로, 대체로 냉동곡선의 역의 형태이다. 이 곡선은 그림 7·2와 같이 최대 빙결정 생성대에 해당되는 온도범위($-5 \sim -1{}^\circ\text{C}$)에서 온도 상승이 늦어 평탄한 곡선이 나타나는데, 이는 가온시키는 열량의 대부분이 빙결정을 녹이는 융해잠열로 사용되어 실제로 온도 상승에 작용하는 열량이 적기 때문이다. 그리고 평탄한 곡선은 식품의 중심부로 갈수록 현저하다. 그러나 어느 것이나 평탄부의 온도보다 낮은 부분에서는 급경사를 나타내는데, 이것은 초기온도 상승이 급격히 이루어진다는 것을 의미한다. 따라서 해동곡선에서 평탄부로 나타나는 온도대인 $-5 \sim -1{}^\circ\text{C}$를 최대 해동 온도대 또는 유효 해동 온도대(effective thawing temperature zone)라 한다.

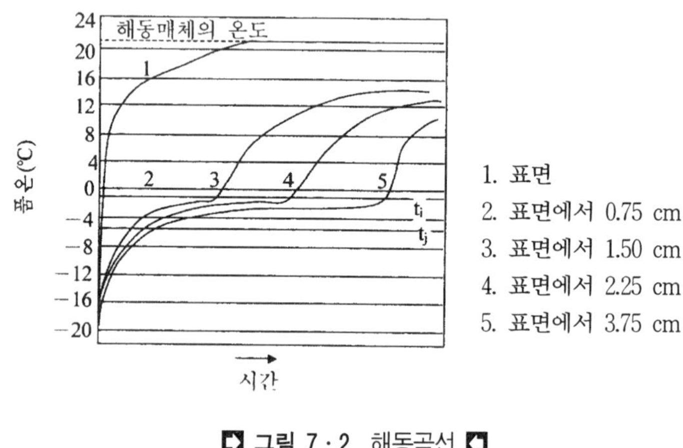

◆ 그림 7·2 해동곡선 ◆

4. 해동종온

1) 완전해동

해동종온을 얼마로 하는가는 식품의 종류와 용도에 따라 차이가 있다. 신선한 어육, 축육 등과 같은 동결제품을 해동한 후에도 보존할 필요가 있을 경우에는 동결이 일어나지 않는 온도에서 가능한한 낮은 온도가 좋다. 이 온도대는 최대 해동온도대의 상한 온도, 즉 빙결점에 가까운 온도이다. 신선한 어육과 축육의 빙결점은 대부분이 $-1{}^\circ\text{C}$ 전후이므로 식품의 온도중심점이 일반적인 식품의 빙결점인 $-1{}^\circ\text{C}$에 달한 때가 빙결률이 0이 되는 완전 해동상태로 볼 수 있겠으나, 표면은 해동매체의 온도에 가까워지므로 −1℃보다 높다. 이 때의 시간적인 차이는 두께와 직경이 클수록 현저하며 표면이 10℃이상이 되면 그 부분의 변질이 빨라지므로 표면부가 10℃이상이 되지 않도록 하여야 한다.

2) 반해동

완전해동은 해동공정 중에 품질이 저하할 우려가 있으므로, 온도 중심점이 −1℃로 되는 것과는 상관없이 칼로 절단할 수 있을 정도의 온도대 즉 유효해동온도대의 하한 온도와 상한온도의 중간정도의 온도에서 해동을 종료하는 것이 고품질을 유지하는데 좋다. 일반적으로 냉동품의 가공은 반해동상태에서 착수하고, 그 이후의 해동은 가열 조리 중에 진행시키는 방법을 취하기도 한다. 가공은 반해동상태에서 실시하는 것이 간편하며, 드립도 억제할 수 있다. 특히 신선한 상태에서 식용으로 이용하는 경우 해동법으로서 반해동이 좋다.

5. 해동속도

1) 해동 열량

해동을 위해 가하여진 단위 시간당의 열량을 Q (kcal / hr)라 하고, 열전달율을 α (kcal / m^2 · hr · ℃), 표면적을 A(m^2), 동결식품의 온도를 t_1(℃), 해동 매체의 온도를 t_2(℃)라 하면 해동열량은 다음과 같이 나타낼 수 있다.

$$Q = \alpha \times A \times \triangle t$$

이 식을 통하여 보면 해동 속도를 빠르게 하기 위하여는 해동 매체의 온도를 높이면 되지만 고온에 의해 품질을 저하하게 할 우려가 있어 대부분의 식품 해동에 있어서는 해동 매체의 온도를 과도하게 상승시킬 수는 없다. 그러므로 해동 매체의 온도를 적절하게 하면서 해동속도를 효과적으로 상승시키는 방법은 다음과 같다.
① 식품을 세절하여 표면적 증대
② α값이 큰 해동매체를 유체로 사용

③ 유속을 신속

　일반적으로 유체 중에서의 해동은 동결시킬 때보다 시간이 더 많이 소요된다. 이는 식품의 열전도도가 동결시에는 표면이 빙결되어 향상되나 해동시에는 표면이 녹아서 저하되기 때문이다.

2) 해동속도가 품질에 미치는 영향

　과거에는 냉동식품을 해동하고자 하는 경우 다음과 같은 논리에 근거를 두고 일반적으로 완만해동 하는 것이 우수한 품질을 유지한다고 하였다.
　① 유출하는 드립이 세포 및 조직에 재흡수 될 수 있는 시간적 여유가 있고,
　② 축육 또는 어체가 큰 어육 등을 해동하는 경우 급속해동에 비하여 온도 경사가 적어 외부의 품질 변화가 적다

　그러나 이 논리에서 두 번째 논리인 온도 경사가 거의 없다는 논리는 인정받고 있으나, 단백질이 변성하는 경우 보수력이 거의 결여되고, 전자 현미경으로 해동과정을 관찰한 결과 단백질의 보수력은 해동 10~20분으로 충분하다는 사실로 미루어 보아 첫 번째 논리인 해동 드립이 장시간에 걸쳐 서서히 재흡수 된다는 논리에는 무리가 있다. 오히려 장시간에 걸쳐 해동하는 경우 해동 일정시간 이후에는 오히려 품질이 저하한다는 사실로 미루어 보아 완만해동한 제품이 반드시 우수하다고 할 수는 없다. 단, 축육의 경우 완만 해동을 하는 경우 해동 중에 숙성이 진행하여 육질이 향상된다.
　따라서 근년에는 미생물, 효소 및 산화 억제를 위하여 해동시간을 단축하는 방법을 선호하고 있다. 그러나 해동속도가 과도하게 빠른 경우 표면의 온도 상승으로 오히려 변질을 촉구한다. 두께 등에 따라 차이가 있으나, 일반적으로 약 15℃(온도 중심점 10℃ 이하)에서 2시간 정도 해동한다.

6. 해동방법

(1) 공기 중 해동

　공기 중 해동은 상온의 공기 중에서 해동하는 방법이다.

▶ 표 7 · 1 공기중 해동의 특징 ◀

장 점	단 점
· 설비 필요 없음	· 완만해동
· 식품의 종류에 구애 없음	· 해동시간 예측 어려움
	· 표면변색, 건조, 오염용이

2) 송풍 해동

송풍해동은 다습한 공기 (15~20℃)를 순환 (2~6㎧)시켜 해동하는 방법이다.

▶ 표 7 · 2 송풍해동의 특징 ◀

장 점	단 점
	· 표면 건조 용이
· 신속	· 운전경비 다소 소요
	· 미생물의 오염 용이

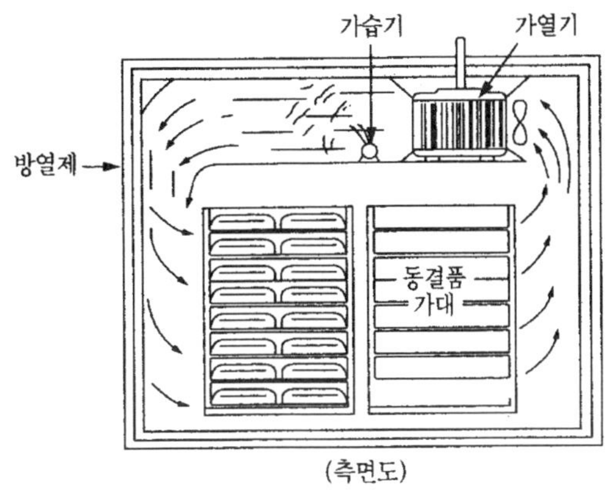

▶ 그림 7 · 3 송풍 해동 장치 ◀

3) 침수 해동

침수해동은 액체(정지 청수, 유동 청수 및 염수)에 직접 침수시켜 해동시키기도 하나 일반적으로 비닐팩에 넣어서 해동하는 방법이다.

■ 표 7 · 3 침수해동의 특징 ■

장 점	단 점
· 신속	· 액량 적은 경우 완만 해동
· 표면 변질 신속	· 유수 사용시 경제적 손실
	· 비닐 포장 등의 번거로움

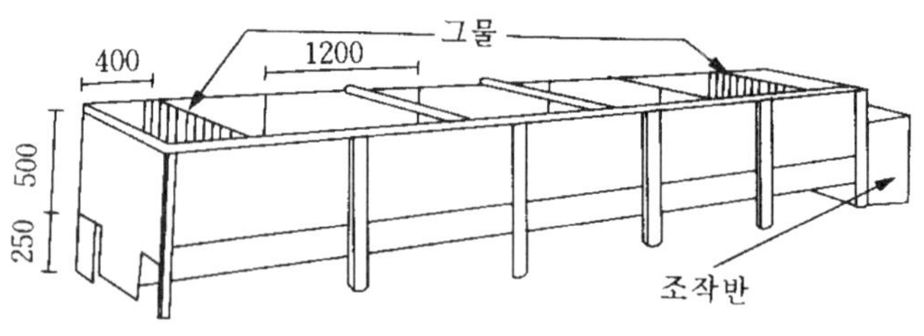

■ 그림 7 · 4 유수 해동 장치 ■

4) 수증기 해동

수증기 해동은 감압 하(10~15 mmHg)에서 생성한 수증기(15℃)를 사용하여 해동하는 방법이다.

■ 표 7 · 4 수증기해동의 특징 ■

장 점	단 점
· 해동 속도 신속	· 특별한 해동설비 필요
· 변질 적음	
· 균질 해동	
· 미생물 오염방지	

(5) 접촉 해동

접촉해동은 온수를 흘린 금속판 사이에 해동하려는 원료를 끼워 해동하는 방법이다.

◧ 표 7 · 5 접촉해동의 특징 ◩

장 점	단 점
· 급속 해동	· 특별한 장치 필요
· 균일 해동	

6) 전기 해동 = 고주파 해동

전기 해동은 고주파(915~2,450 MHz)를 이용하는 유전 가열에 의한 해동 방법으로 전자레인지(일반적으로 2,450 MHz)에 의한 해동방법이며, 다른 방법은 외부 가열식이나 이 유전 가열에 의한 해동 방법은 내부 가열식이다.

◧ 표 7 · 6 전기 해동의 특징 ◩

장 점	단 점
· 급속 해동	· 해동 종온 불균질
· 드립량 적음	· 부정형 식품에 적용 곤란
· 변색, 이미, 이취 적음	· 해동 경비 다량 소모
· 용기채 해동 가능	

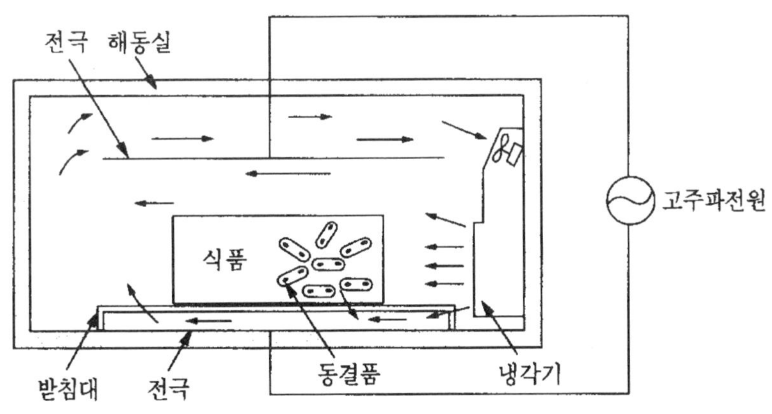

◧ 그림 7 · 5 유전 가열 해동의 원리 및 구조 ◩

7. 해동에 의한 품질변화

동결식품을 해동하는 경우 다음과 같은 해동에 의한 품질변화를 들 수 있다.

① 육질 연화
② 미생물 및 효소의 활동 용이
③ 산화 용이
④ 표면 건조
⑤ 정미성분 및 영양성분의 손실

8. 해동 중 유의사항

고주파 해동(전기 해동) 등의 일부 해동법을 제외하고, 대부분의 해동법은 해동시에 다음과 같은 사항에 주의하여야 한다.

① 해동 매체의 온도는 가능하다면 낮아야 한다.
② 동결식품은 두께를 작게 하고, 해동매체가 잘 순환될 수 있도록 개체별로 분리하여야 한다.
③ 해동매체는 유동시켜야 하고, 동결식품에 비하여 많은 양을 사용하여야 한다.
④ 침수해동을 하는 경우에는 물에 가용성 성분의 용출을 방지하면서, 물의 침투방지를 위하여, 그리고 공기 중 해동을 하는 경우에는 건조, 산화 및 오염방지를 위하여 밀착 포장하여 해동하여야 한다.
⑤ 품온을 가능한 한 낮게 유지하기 위하여 해동 후에 보존을 요하는 경우에는 0℃ 정도에서 냉장하여야 한다.

제2절　드 립(drip)

1. 정 의

드립은 동결식품을 해동한 경우 빙결정이 녹아서 생성한 수분이 동결 전의 상태로 육질에 흡수되지 못하고 유출한 액즙을 말한다.

2. 종 류

1) 유출드립(자연드립, free drip)

해동 중 또는 해동 후에 자연적으로 흘러나오는 액즙을 말한다.

2) 압출드립(강제드립, expressible drip)

유출드립이 나온 다음 일정 압력 $(1\sim2\,\mathrm{kg}/\mathrm{cm}^2)$으로 가압할 때에 흘러나오는 액즙을 말한다.

▶ 표 7·7 여러 가지 조건과 드립의 발생량 ◀

요 인	드 립 발 생 량
신선도	① 일반원료 : 신선〈선도저하, ② 축육 : 신선〉숙성
동결속도	급속동결〈완만동결
냉장온도	저온저장〈고온저장
냉장온도 변동폭	크다〉작다
냉장기간	짧다〈길다
일반성분	① 수분 : 많다〉적다, ② 지질 : 많다〈적다
원료 종류	축육〈어육
전처리 과정	식염, 당류, 중합인산염 : 첨가〈무첨가
표면적	작다〈크다

3. 발생 원인

동결에 의해 식품조직의 물리적 손상으로 보수력이 감소하여 빙결정이 녹은 수분을 수화하지 못하고 유출하게 된다.

4. 발생량

다음과 같은 조건인 경우에 드립의 발생량이 적다.
① 원료 : 신선 (해동경직이 수반되는 경우 제외)
② 동결속도 : 신속
③ 동결냉장온도 : 낮고, 상하변동 적음
④ 동결냉장기간 : 단기간

5. 발생에 의한 품질변화

① 단백질, 엑스분, 염류, 비타민 등과 같은 수용성 성분의 손실
② 엑스분 등과 같은 풍미성분의 감소로 인해 맛이 결여
③ 중량 감소
④ 조직감 감소

6. 측 정

1) 자연드립

일정한 크기의 시료 (예 : 2×2×2 cm) 무게를 측정한 다음 직경 3 cm의 여과지를 상하에 두고 상온에서 3시간 방치한 후 시료의 무게를 측정하여 다음과 같은 계산식에 의하여 자연드립량을 계산한다.

드립량(%)＝(채취 시료의 해동 전후 무게 차 / 채취 시료의 해동 전 무게)×100

2) 압출드립

유출드립을 측정한 후 시료에 일정한 압력 $(1\ kg/cm^2)$을 가하고 다음과 같은 식에 의하여 유출드립을 계산하였다.

드립량(%)＝(가압 전후 시료의 무게 차 / 자연 드립 후 시료의 무게)×100

제 8 장

저온 유통

제1절 T.T.T.(time temperature tolerance)

1. 품질유지 특성곡선

T.T.T.는 시간과 품온에 따른 품질 내성을 의미하는 것으로, 이 값 1은 관능요원이 관능검사에 의하여 처음으로 품질 저하가 인정되었을 때의 변화량을 의미하는 것이고, 동결식품의 품질유지 특성 곡선은 각 온도에서 품질저하가 처음으로 인정된 일수를 연결한 그래프이다.

2. 1일당의 품질변화량

품질 저하가 인정된 T.T.T.값 1을 각 온도에서 저장한 일수로 나눈 값으로, 1일에 품질이 변화한 정도를 나타낸 값이다.

3. 유통 중 T.T.T.값 계산

유통 중 T.T.T.값은 다음의 방법으로 산출한다.

① 먼저 각 온도에서 1일 품질 변화량을 산출한다.

② 각 온도에서 저장일수와 1일 품질변화량을 곱하여 각 온도에서 저장 품질 변화량을 산출한다.

③ 각 온도에서 구한 저장 품질 변화량을 모두 합하여 전 온도에서 저장 품질 변화량, 즉 T.T.T.값을 산출한다.

④ 최종적으로 T.T.T.값에 따른 시간과 품온에 따른 품질내성을 판단한다.

예제 : 그림 8·1 곡선 6 (어육, 다지방)을 생산자가 −25℃에서 20일간 저장하고, 이어서 도매상의 동결고(−20℃)에서 20일간 저장한 후, 소매상의 동결고(−15℃)에서 30일간 저장하였다면 이 제품의 T.T.T.값은 얼마가 되겠는가?

풀 이 이상의 각 온도에 있어서의 1일당의 품질 변화량에 저장일수를 곱하면 각 과정에서의 품질 변화량이 산출된다.

온도	품질내성일수	1일당 품질 변화량		저장 일수		품질 변화량
−25 ℃	110일	1 / 110＝0.00909	×	20	＝	0.1818
−20 ℃	75일	1 / 75＝0.01333	×	20	＝	0.2667
−15 ℃	45일	1 / 45＝0.02222	×	30	＝	0.6667
					합계	1.1152

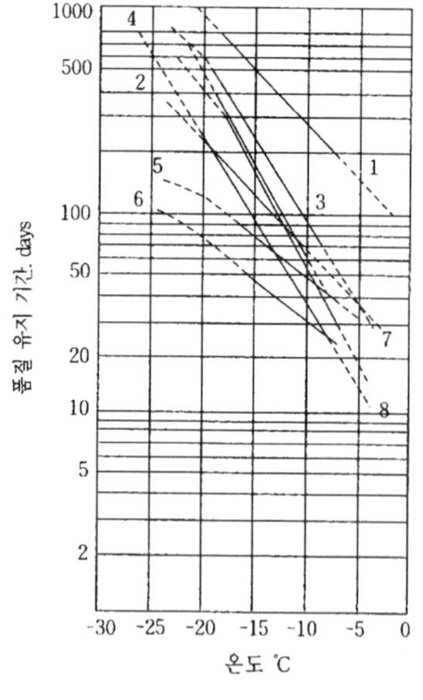

1. 닭고기 포장양호
2. 닭고기 포장불량
3. 쇠고기
4. 돼지고기
5. 어육(소지방)
6. 어육(다지방)
7. 완두
8. 시금치

◪ 그림 8·1 동결식품의 품질유지 특성 곡선 ◪

즉, TTT의 값은 1.1152가 된다. 관능 검사에서 처음으로 품질 변화가 인정될 때의 변화량이 1.0이므로 1.0보다 큰 것은 그만큼 품질이 많이 변화하였다는 것을 나타내는 것이다. 또 합계치 1.1152에 대한 각 과정에서의 변화 비율을 알 수 있어 식품의 냉동 보관상 큰 도움이 된다.

제2절 저온유통설비

저온 유통이란 생선 및 동결 식품을 생산지에서 소비자에게까지 유통하는 사이에 저온으로 보존하는 시스템(system)으로, 저온 유통을 구성하는 것은 생산지 출하시의 예냉, 동결 및 냉장시설, 중계지 및 소비지의 냉장고, 소매점의 쇼케이스 (showcase), 가정용 냉장고와 수송 및 배송 설비이다.

1. 수송 및 배송의 정의

식품을 저온으로 운반하는 데 사용되는 냉동차는 용도에 따라 수송차와 배송차로 나누어진다.

1) 수송차

수송차란, 생산 공정에서 소비지의 냉동 창고나 배송 센터까지 비교적 장거리를 수송하는 것으로, 주로 대형 트럭이 사용된다.

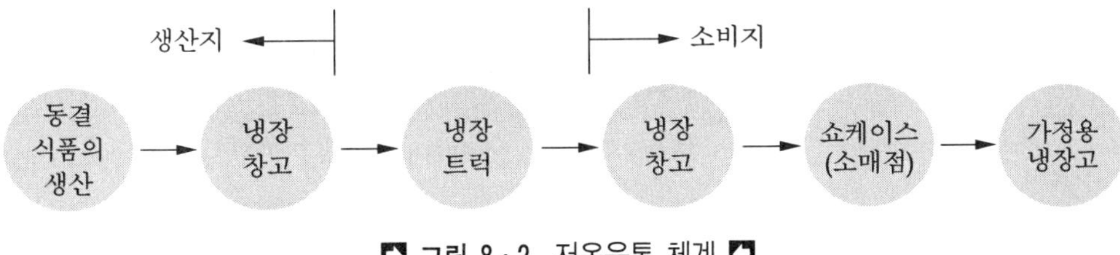

◀ 그림 8 · 2 저온유통 체계 ▶

2) 배송차

배송차란 소비지의 냉동 창고에서 판매점 및 슈퍼마켓의 매장까지 비교적 단거리를
수송하는 것으로, 소형 트럭이 사용된다.

2. 냉각장치의 종류

수송, 배송용 냉각 장치는 기계식, 액체 질소식, 드라이 아이스 및 얼음식, 냉동판식
으로 분류되며, 이 중에서 현재 가장 많이 사용되는 것은 기계식이고, 다음은 냉동판식
이다. 액체 질소식은 특수한 용도에 만 사용되고 있다.

1) 기계식

기계식은 압축기와 냉매를 사용하는 것으로, 소위 말하는 기계식 냉동기이다. 기계식
은 현재 트럭용 냉동 장치의 약 80%를 차지하고 있는데, 그 이유는 고내 온도를 화물
에 따라 임의로 선정할 수 있어서 단거리 및 장기간 수송이 가능하기 때문이다. 기계식
에는 다음과 같은 종류가 있다.

(1) 압축기 구동 방식에 의한 분류

기계식 냉동 장치에서 차의 엔진으로 압축기를 구동하는 것을 주엔진 (main
engine)식 또는 직결식이라 부르고, 압축기 구동 전용 엔진을 장비한 것을 부엔진
(sub engine)식 또는 전용 엔진식이라 부른다.

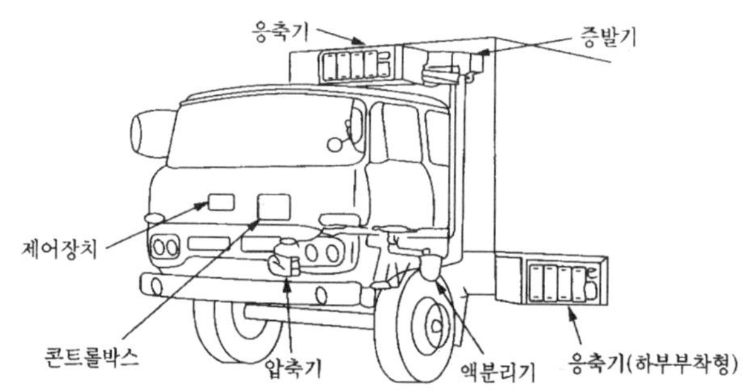

◪ 그림 8 · 3 주엔진식 냉동장치 ◪

주엔진식은 소형차 대부분 또는 중형차의 일부분에 채용되고 있다. 이 방식은 압축기 구동 전용 엔진이 필요 없기 때문에 소형, 경량이며 가격도 저렴한 특징이 있으나, 차의 속도에 따라 엔진의 회전 속도가 다르기 때문에 냉동 능력이 변동하는 결점이 있다.

부엔진식은 차의 주행 속도에 관계없이 일정한 냉동 능력을 얻을 수 있는 장점이 있는 동시에 냉동 장치를 자유롭게 설계할 수 있는 이점이 있으나, 주엔진식에 비해 대형이며 무겁고 가격이 비싼 결점이 있다.

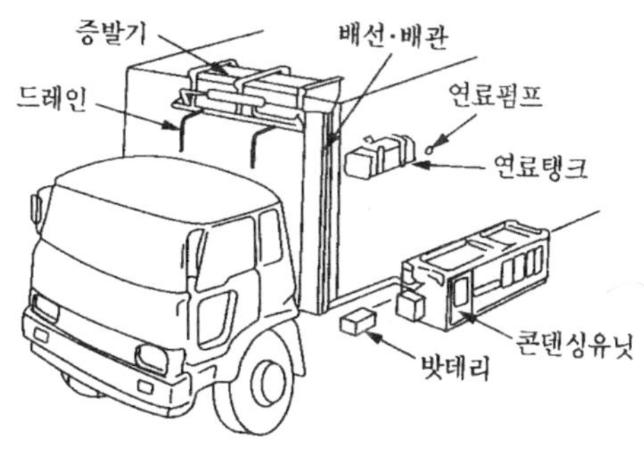

▶ 그림 8·4 부엔진식 냉동장치 ◀

이 방식은 대형차의 장거리 수송에 적합하다.

(2) 냉동 장치 자체의 형태에 따른 분류

냉동 장치에는 그 자신의 기본 형태로 일체형과 분리형의 두 종류가 있다. 일체형은 장착 및 보수가 용이하기 때문에 수출용 냉동 트럭은 대부분 이 형식이다. 반면에 분리형은 차체의 하부에 콘덴싱 유닛(condensing unit)을 장치한 것이다. 이 형식은 기계 부품이 노면에 노출되어 있기 때문에 노면의 상태에 따라 파손의 우려가 있다는 결점이 있다.

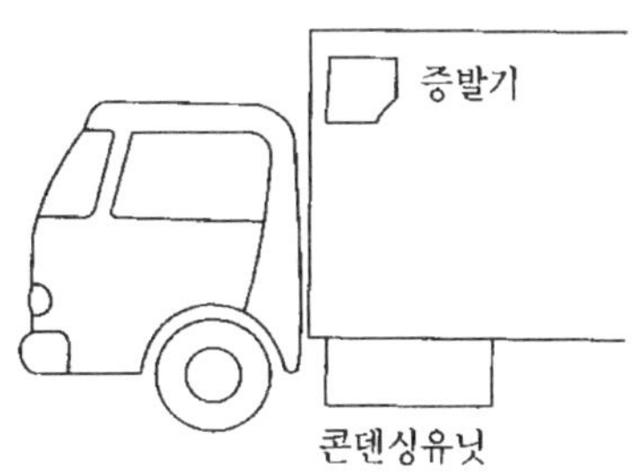

▶ 그림 8·5 분리형 냉동장치 ◀

2) 액체 질소식

액체 질소의 기화 잠열과 기화한 질소가 소정의 고내 온도까지 상승하는 데 필요한 열량으로써 고내를 냉각하는 방법이다.

이 방식의 특징은 비점이 −196℃라는 액체 질소를 사용하기 때문에 급속 냉각이 가능하고, 소음이 없으며 구조가 단순하여 고장이 적은 특징이 있으나, 유지비가 비싸며 쉽게 액체 질소를 얻을 수 없는 결점이 있다.

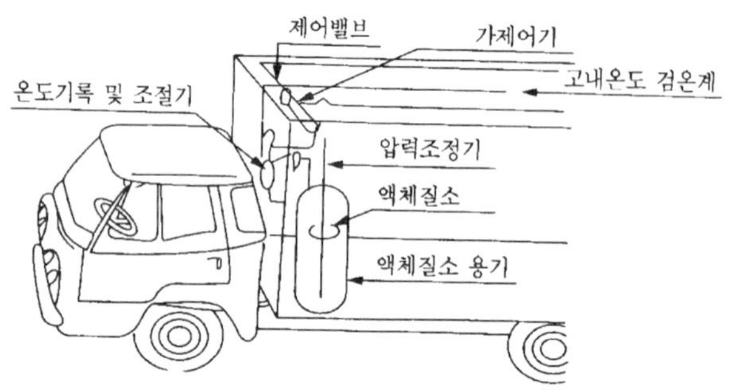

➡ 그림 8 · 6 액체 질소식 냉동차 ⬅

3) 냉동판식

금속 용기에 축냉제를 충진하고, 여기에 냉매 배관을 통하여 냉각시킨 후, 냉각된 축냉재의 융해 잠열 및 감열로 고내를 냉각하는 것이다.

축냉식 냉동판 방식은 취급이 간단하고 고장이 적으며 유지비도 저렴한 장점이 있으나, 냉동판의 중량때문에 화물 적재량이 감소하며, 또 사용 온도 범위도 다양하지 못하기 때문에 화물 배송용에만 사용된다.

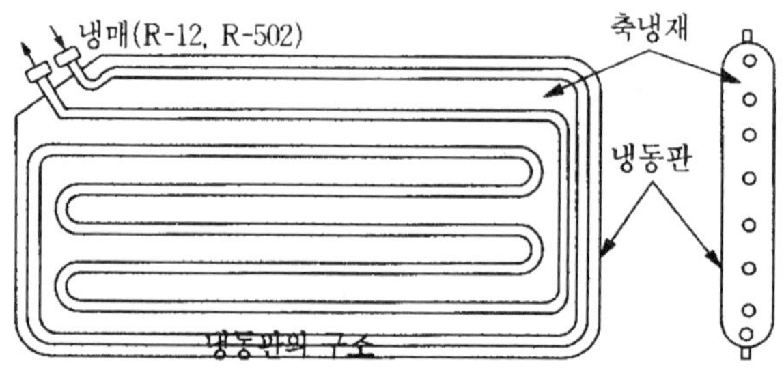

➡ 그림 8 · 7 냉동판식 냉동장치 ⬅

4) 드라이 아이스식 및 얼음식

보냉차의 고내에 드라이 아이스(dry ice) 및 얼음 등의 냉각제를 사용하는 예도 많다. 이 경우에도 액체 질소식과 같이 한 번 사용하고 버리며, 또 온도 조절이 불가능한 점은 냉동판식과 같다. 설비적으로는 보냉용 자체 뿐으로 냉각장치를 필요로 하지 않으므로 제작비가 싸지만, 냉각제 소비량을 적게 하기 위하여 단열 성능을 강화시킬 필요가 있다.

① 드라이 아이스식 : 드라이 아이스식은 승화열(승화 온도 : $-78.5℃$)을 이용하여 고내를 냉각하는 방법으로, 드라이 아이스 1 kg당 약 153 kcal의 냉각력이 있다. 동결 식품에서는 큰 문제가 없지만, 냉장하여 운반하는 식품에는 직접 접촉하지 않도록 해야 하며, 야채류의 호흡 작용을 저해하지 않도록 주의해야 한다.

② 얼음식 : 얼음식은 융해열을 이용하여 고내를 냉각시키는 방법으로, 1 kg당 약 80 kcal의 냉각력이 있으나, $0℃$ 이하의 온도로 유지하는 것은 불가능하다.

3. 냉동 컨테이너

컨테이너는 육상 → 해상 → 육상의 일관 수송 과정에서 인력을 배제하여 수송 원가를 절감시킬 수 있는 효과적인 수송 수단의 하나이다.

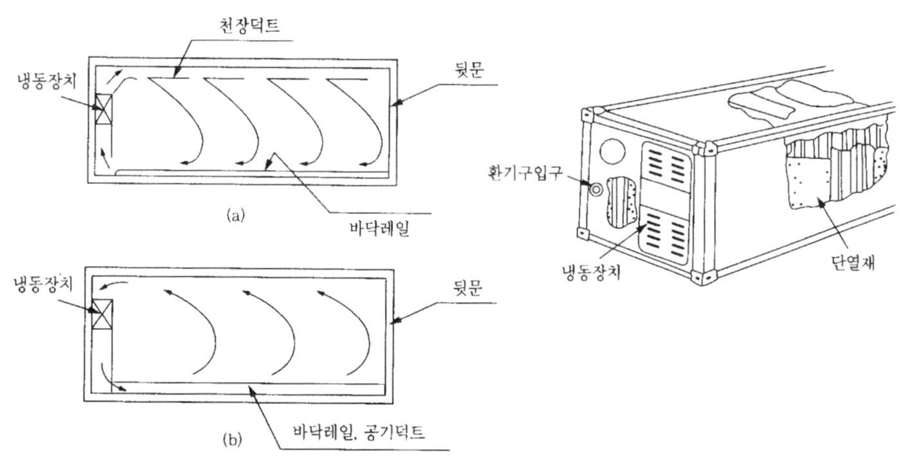

◆ 그림 8·8 컨테이너의 냉풍순환방식 및 장치 ◆

냉동화물을 위한 컨테이너의 냉각 방법으로는 드라이 아이스나 액체 질소 등이 사용되기도 했으나, 현재로는 소형 냉동장치를 장비한 컨테이너가 주로 사용되고 있다. 해·육 수송 과정에서 계속적으로 받게 되는 진동, 동요, 충격 등을 충분히 견딜 수 있도록 고려되어야 하며, 해수, 조풍으로 인한 부식에도 견딜 수 있는 표면처리가 되어야 한다. 화물의 종류에 따라 $-25 \sim 25 \, ℃$까지의 범위에서 실온 조절이 가능하도록 되어 있으며, 특히 과일이나 야채 등 호흡 작용을 계속하는 화물을 위해서는 산소와 이산화탄소의 농도 조절을 위한 환기가 가능한 구조로 되어야 한다.

▶ 표 8·1 각종 냉동차의 특성 비교 ◀

냉각장치	장 점	단 점
기계식	고내 온도 제어 용이	복잡한 구조로 고장 용이
	적재화물에 따라 수송온도제어 가능	소음이 큼
	운전 경비 저렴	설비비가 높음
		대형차의 경우 냉각에 장시간 소요
		제상을 요함
액체 질소식	고내 온도 제어 용이	운전 경비 고가
	적재화물에 따라 수송온도제어 가능	액화 질소 보급이 불편
	냉각속도 신속	소형차의 경우 설비비가 고가
	고장 적고, 보수비 저렴	질식의 위험이 있음
	소음 없음	
	산화에 용이한 물품에 적합	
냉동판식	운전 경비 저렴	장거리수송 부적합(온도제어 곤란)
	고장이 적고 보수비 저렴	설비비 고가
	소음 없음	설비 중량이 무거움
		냉각 속도가 완만
		제상 요망
드라이 아이스식	시설비 극히 저가	고내 온도차 큼(온도제어 불가능)
	고장 염려 없고, 보수비 저렴	냉각 속도 완만
	소음 없음	운전 경비 고가
		취급 주의 요망(질식 위험)

제 9 장

냉동식품의 포장 및 법규

제1절 포장의 기초

1. 정 의

포장은 식품의 보존성과 위생적인 안전성을 높이고, 편의성과 보호성을 부여하며, 판매를 촉진하기 위하여 알맞은 재료나 용기를 사용하여 식품에 적절한 처리를 하는 기술이나 또는 그렇게 한 상태를 말한다.

2. 목 적

1) 보호성

상품의 유통과정, 물품의 이동 또는 보관과정에서 상품 또는 물품이 받는 충격, 진동, 습기, 온도, 미생물, 충해, 광선 및 가스로부터 내용물을 보호하는 기능을 한다.

2) 수송자(수송, 보관 및 하역)의 편리성

포장은 수송을 위한 사전작업으로서 수송, 보관 및 하역을 거쳐 소비자에게 인도될 때에 한 번의 조작으로 많은 상품을 유통시켜, 유통의 편리성 뿐 만이 아니라 유통비 절감 기능도 있다.

3) 판매 촉진

제품의 외관을 아름답게 함으로서 소비자들의 구매 의욕을 증진시켜 상품의 판매를 촉진시키는 기능을 한다.

4) 사용자의 편리성

제품을 포장함으로서 양을 정확히 할 수 있고, 자동조작을 할 수 있으며, 신용에 의한 선택의 편리성 등이 부여된다.

3. 종 류

1) 포장의 기능적 분류

(1) 낱포장(individual packaging)

포장할 식품을 최종 소비로 나누어 직접 포장 재료와 접촉시켜 포장하는 것으로서 식품 포장의 기본이 된다. 이 낱포장은 내용물의 보존성을 높이고, 위생적인 안전성을 부여하며 판매 및 소비를 편리하게 하는 기능을 한다.

(2) 속포장(inner packaging)

낱포장을 보호하거나 또는 낱포장한 것을 적당한 수량으로 묶어 판매단위로 구분하기 위하여 다시 포장한 것을 말한다.

(3) 겉포장(external packaging)

포장된 물품의 외부 포장을 말하며, 낱포장 및 속포장한 것을 다시 포장하여 유통과정에 있어서 수송이나 보관을 편리하게 하고, 또한 충격, 진동 및 가압 등으로 인한 손상이 없도록 보호하는 기능을 가진다.

▶ 표 9·1 식품 포장의 종류 ◀

분류 기준	포장의 종류
기능적 분류	낱포장, 속포장, 겉포장
용도별 분류	공업포장, 상업포장
형태별 분류	상자포장, 포대포장, 양철관
재료의 종류별 분류	종이포장, 플라스틱포장, 골판지포장, 병포장, 금속관포장
재료의 성상별 분류	강성용기포장, 유연포장, 반강성용기포장
포장 방식별 포장	진공포장, 가스치환포장, 탈산소제 첨가 포장, 무균포장
포장 주목적별 분류	방습포장, 방진포장, 방수포장, 기체 차단 포장
포장 작업의 공정별 분류	1차포장, 2차포장, 3차포장
재사용 여부에 따른 분류	재사용 포장, 1회 사용 포장

2) 포장의 용도별 분류

산업 자재의 포장을 공업 포장이라 하고, 일반 소비 물자의 포장을 상업포장이라 한다. 식품포장은 일반적으로 상업 포장에 속하는데, 상업포장은 판매 및 소비를 위한 포장이라고 할 수 있으므로 상품포장, 소비자포장 또는 소매포장이라고도 한다.

3) 기 타

① 포장 상품의 형태에 따라 상자포장, 포대포장 등으로, ② 포장 재료의 성상에 따라 강성용기포장(양철관, 유리병 등), 유연용기포장(종이나 플라스틱 필름 등), 반강성용기포장(플라스틱이나 알루미늄박 등) 등으로, ③ 포장재료의 종류에 따라 종이포장, 플라스틱 포장, 골판지 포장, 병포장 포장, 금속관 포장 등으로, ④ 포장하는 방식에 따라 진공포장, 가스치환포장, 탈산소제 첨가 포장, 무균 포장 등으로, ⑤ 포장의 주목적에 따라 방습포장, 방진포장, 방수포장, 기체 차단 포장 등으로, ⑥ 포장 작업의 공정순서에 따라 담은 포장과 직접 접촉하는 1차 포장, 골판지 상자와 같이 다수의 1차 포장을 담은 2차 포장, 골판지 상자들을 수축 필름으로 싼 pallot과 같은 3차 포장으로, ⑦ 포장 재료의 재사용 여부에 따라 포장상품을 사용하고 난 후 그 포장재료를 다시 사용할 수 있는 재사용 포장, 다시 사용할 수 없는 일회사용 포장 등으로 분류된다.

제2절 포장재료

1. 종 류

▶ 표 9·2 포장재료의 종류 ◀

식품포장의 종류	포장재료의 종류
종이 및 판지제품	포장지, 봉지, 종이컵, 판지상자, 골판지 상자
유연포장 용기	셀로판, 폴리에틸렌, 폴리프로필렌, 폴리염화비닐, 알루미늄박 등
금속용기	양철관, 알루미늄관, TFS관 등
유리용기	유리병, 기타 유리용기
플라스틱 용기	플라스틱병, 플라스틱통
목제용기	나무통, 나무상자
포백제품	무명, 삼베, 합성섬유 등
가식성 포장 재료	동물의 내장 등
완충재	플라스틱 발포, 볏짚, 종이 등으로 만든 완충재

2. 구비조건

▶ 표 9·3 식품 포장재료의 구비조건 ◀

	구 비 조 건	
위생성	무해, 무독, 무미, 무취 등	
보호성	비중과 물리적 강도	인장강도, 신장도, 충격강도, 완충성 등
	차단성	방습성, 방수성, 기체 차단성, 단열성, 차광성, 자외선 차단성 등
안전성	내수성, 내유성, 내광성, 내한성, 내약품성, 내열성 등	
작업성	경탄성, 활성, 대전성, 열접착성	
편리성	개봉 용이성	
상품성	내용물의 표시, 투명성 및 광택, 인쇄 적성, 단위 포장	
경제성	가격, 생산성, 수송 및 보관적성	

1) 위생성

인체에 유독, 유해한 성분을 함유하는 재료는 사용할 수 없고, 재료 자체가 특이한 맛이나 냄새를 함유하고 있는 경우 식품에 옮겨 올 우려가 있으므로 이들을 지녀서도 안된다. 따라서 아무리 뛰어난 기능을 가진 포장재료라도 위생적인 안전성이 없다면 식품포장에 사용할 수 없다.

▶ 표 9 · 4 식품 포장 재료에서 옮겨 올 수 있는 물질 ◀

포 장 재 료	이 행 물 질
금속 포장재	철, 주석, 도료성분, 첨가제 등
플라스틱 포장재	첨가제 등
요업용기	납, 카드뮴 등의 중금속 및 비소 등
종이 포장재	표백제, 착색제, 형광염료, 보존제, 펄프용 방부제 등

2) 보호성

(1) 비중과 물리적 강도

포장재료는 될 수 있는대로 가벼우면서도 물리적 강도가 큰 것이 바람직하다. 그러나 일반적으로 비중이 작은 것이 강도가 떨어지는 경향이 있다. 포장재료는 포장작업을 할 때나 또는 유통과정 중에 쉽게 찢어지거나 터져서는 안되며, 충격, 팽창, 굴절, 마찰 등에 잘 견디어야 한다.

(2) 차단성

포장재료의 차단성이라는 것은 수증기, 산소, 빛, 열, 물 등 내용식품의 품질을 저하시키는 요인을 차단하는 성질을 말한다. 그러므로 보존성 면에서 보면 포장재료가 갖추어야 할 가장 중요한 조건은 차단성이라 할 수 있다.

3) 안전성

식품을 포장하였을 때에 포장재료가 식품의 성분에 의하여 변질되거나 또는 주위 환경조건에 따라 변성되어서는 안된다. 포장재료의 성질 변화에 악영향을 미치는 것으로는 수분, 빛, 약품, 유지, 열 등을 들 수 있다. 따라서 식품 포장재는 내약품성, 내수성, 내유성, 내한성 및 내열성이 있어야 하고, 특히 냉동식품 포장재의 경우 내수성 및 내한성이 우수하여야 한다.

4) 작업성

포장재료는 작업에 지장이 없을 정도의 경탄성, 활성, 대전성, 열접착성 등을 유지하여야 한다.

(1) 경탄성

경탄성은 딱딱하고 굳은 성질을 말하며 식품 포장재로서는 너무 강하여도 안되고, 너무 연약하여도 안되므로 적당한 정도의 경탄성을 유지하여야 한다.

(2) 활 성

활성은 포장 재료 표면의 미끄러운 성질을 말하며, 고속도의 자동 포장기에 있어 활성이 적당하지 않으면 기계를 고속으로 가동시킬 수 없어서 작업 능률에 지장을 준다.

(3) 대전성

대전성은 포장 재료가 전기를 나타내는 성질을 말하며, 플라스틱은 그 분자 구조의 규칙성으로 인하여 정전기가 발생하기 쉬워 먼지를 흡착하게 되고, 이는 자동 포장 작업이나 인쇄 작업 중 고장의 원인이 될 뿐만이 아니라 불결하게 보여 상품가치를 저하시키며 식품을 오염시키기도 한다.

(4) 열접착성

열접착성은 플라스틱 필름 등을 가열하여 압착시키면 연화되어 쉽게 접착하는 성질을 말하며, 이 접착성은 다른 포장재료에서는 볼 수 없는 특성으로, 이 특성이 플라스틱 필름의 수요를 급증시키는 한 원인이다.

5) 편리성

포장 제품의 개봉성은 소비자의 기호도에 아주 큰 영향을 미치므로 생산자가 포장재료를 선택하는 아주 중요한 하나의 원인이 된다.

6) 상품성

포장제품의 판매를 촉진시키기 위하여 정확한 내용물의 표시가 있어야 하고, 포장색

깔과 모양 등의 디자인이 아름다워야 하며, 판매하기에 알맞은 단위 포장으로 사전 포장이 되어 있어야 한다.

7) 경제성

포장재료는 ① 값이 저렴하여야 하고, ② 쉽게 구할 수 있으며, ③ 생산성이 높아야 한다. 또한 ④ 무게가 가볍고, ⑤ 부피가 작으며, ⑥ 모양도 적절히 조절할 수 있어서 수송이나 보관에 적절하여야 한다.

제3절 포장방법

1. 진공포장

진공포장은 용기 중의 공기를 제거한 후에 밀봉하는 방법으로, ① 호기성 미생물의 발육을 억제하고, ② 식품 성분의 산화 및 변색을 억제하며, ③ 건조를 억제할 뿐 만이 아니라, ④ 식품의 수축 및 성분의 유리에 대하여 억제하는 효과가 있다

2. 가스충전포장

가스 충전 포장은 용기 중의 가스를 제거한 후에 질소 또는 탄산가스 등을 주입하여 밀봉하는 방법으로 ① 호기성 미생물의 발육을 억제하고, ② 식품 성분의 산화, 변색을 억제하며, ③ 건조를 억제하고, ④ 충격 완화에 용이한 등의 장점이 있다.

3. 무균포장

멸균처리 식품을 ① 가열, ② 과산화수소 분무 또는 침지, ③ 자외선 등을 이용하여 미리 멸균한 포장용기에 무균 환경 하에서 충진 및 밀봉하는 방법으로 ① 풍미가 거의 손상이 없고, ② 조직, 색, 영양가의 저하가 없다.

제 10 장

냉동품의 기준 법규

제1절 냉동식품의 식품위생법규

1. 정 의

　냉동식품이라 함은 제조, 가공 또는 조리한 식품을 장기보존할 목적으로 동결처리하여 용기, 포장에 넣어진 것으로 냉동보관을 요하는 식품을 말한다. 다만, 동결과정을 거친 식품이라 하더라도 이 공전에서 식품별 기준 및 규격이 제정되어 있는 아이스크림 제품류, 발효유류, 식육가공품, 알가공품, 어육가공품 및 식용얼음 등은 그 기준 및 규격을 적용하되, 식육 가공품 성분 규격 중 미생물 규격 항목이 없는 세균수와 대장균은 이 성분규격을 함께 적용한다(단, 비가열식품은 제외).

2. 원료의 구비조건

　① 원료는 선도와 품질이 양호한 것이어야 한다.
　② 부패, 변질되기 쉬운 원료는 10℃ 이하에서 보존하여야 하며, 동결한 원료는

-15℃ 이하에서 보존하여야 한다.

③ 기준 및 규격이 제정된 식품 또는 첨가물은 그 기준과 규격에 적합한 것이어야
한다.

3. 제조 및 가공기준

① 원료는 전처리과정을 거쳐 먹지 못하는 부분이나 이물 등을 제거하여야 한다.

② 냉동된 원료의 해동은 위생적으로 실시하여야 하며, 물을 사용할 때에는 음용에
적합한 흐르는 물로서 하여야 한다.

③ 원료의 처리는 위생적이고, 가급적 신속하게 실시하여야 한다.

④ 원료 및 제품과 직접 접촉하는 기계, 기구류는 씻기 쉽고, 불침투성이며, 살균하
기 쉬워야 한다.

⑤ 유탕처리에 사용하는 유지는 신선한 것이어야 한다.

⑥ 동결하기 전에 가열하는 제품은 그 중심부의 온도를 63℃이상에서 30분간 가열하
거나 이와 동등 이상의 효력이 있는 방법으로 가열살균 하여야 한다.

⑦ 전처리 또는 제조, 가공이 완료된 제품은 가능한 신속히 동결하여야 하며, 품질변
화를 억제하기 위하여 가급적 급속동결을 하여야 한다.

⑧ 제품은 미생물의 2차 오염이 방지되도록 깨끗하고, 위생적인 용기에 넣거나 밀봉
포장하여야 한다.

4. 사용할 수 있는 첨가물

① 식품 첨가물(감미료, 강화제, 밀가루 개량제, 발색제, 산미료, 산화방지제, 식품
제조용제 및 기타 유화제, 조미료, 착색료, 호료 등)은 다음의 범위 내에서 사용함
을 원칙으로 한다.

② 식품 첨가물 공전에서 식품별 사용이 정하여진 것은 그 기준에 따라야 하며, 그
사용 기준이 정해지지 아니하여 일반식품의 제조 가공에 사용할 수 있는 첨가물에
있어서도 가능한한 일정 범위 내에서 최소량을 사용하여야 한다.

5. 주원료 성분 배합 기준

1) 용어의 정의

① 비가열 섭취 냉동 식품 : 식용으로 섭취할 때에 조리 또는 가열을 요하지 아니하는 것을 말한다.

② 가열 후 섭취 냉동 식품 : 식용으로 섭취할 때에 조리 또는 가열을 요하는 것을 말한다.

2) 성분 배합 기준

업소별 배합 기준에 의한다.

6. 성분 규격

	비가열 섭취 냉동식품	가열 후 섭취 냉동식품	
		동결 전 가열제품	동결 전 비가열제품
성상	고유의 색택과 향미를 가지고 이미, 이취가 없어야 한다.	고유의 색택과 향미를 가지고 이미, 이취가 없어야 한다.	고유의 색택과 향미를 가지고 이미, 이취가 없어야 한다.
세균수(CFU/g)	10^5 이하	10^5 이하	3.0×10^6 이하
대장균군(CFU/100 g)	10 이하	10 이하	–
대장균			음성이어야 한다.

7. 표시 규격

① 비가열 섭취냉동식품, 가열후 섭취 냉동식품(동결전 가열제품 또는 동결전 비가열제품)으로 구분 표시하여야 한다.

② 냉동보관 방법과 조리시의 해동방법을 표시하여야 한다.

③ 조리 또는 가열 처리를 요하는 제품은 조리 또는 가열처리 방법을 표시해야 한다.

8. 보존 및 유통 기준

① 제품은 −15℃ 이하에서 보존 및 유통하여야 하고, 유통시에는 계속 그 온도를 유지하여야 한다.

② 제품을 차량 등에 싣거나 냉장고에 넣는 작업은 신속히 행하여 제품의 온도가 상승되지 않도록 하여야 한다.

③ 권장 유통 기한

- 냉동만두 및 냉동 피자류 : 3개월(−15℃ 이하)
- 기타 : 9개월(−15℃ 이하)

제2절　냉동품의 수산물 검사 법규

1. 정 의

냉동품이라 함은 수산동·식물을 원료로 하여 원형, 처리 또는 가공하여 동결시킨 제품을 말한다.

2. 품명표시

냉동품은 원료용 앞에 냉동이라 붙이고, 착색, 자숙 등과 같이 가공과정이 타 냉동품과 특이하여 구별을 요할 때에는 품명 다음에 (　)를 하여 표시한다.

(예) 냉동새우 (착색, 자숙)와 같이 표기한다.

3. 품질검사

1) 검사용 시료

(1) 개별 동결한 제품으로 소포장되어 있지 아니한 것

개별 동결한 제품으로 소포장되어 있지 아니한 것은 외포장 용량의 10% 범위내에서 발췌한다.

(2) 개별 동결한 제품으로 소포장되어 있는 것

개별 동결한 제품으로 소포장되어 있는 것은 외포장 내의 소포장을 적당히 발췌한다. 그러나, 개별 동결한 제품으로 소포장되어 있거나 또는 있지 아니한 것 중 이화학 검사(세균, 위해물, 기생충 등)가 필요한 경우에는 외관검사용 시료 중에서 최하위품을 발췌하여 실험에 사용한다.

2) 온도측정

(1) 냉동품 온도의 정의

냉동품의 온도는 제품의 중심온도를 기준으로 하나, 중심온도 측정이 곤란한 경우에는 냉장실 온도를 기준으로 한다.

(2) 냉동품 중심온도의 측정

냉동품의 중심온도 측정은 다음과 같은 방법으로 실시한다.

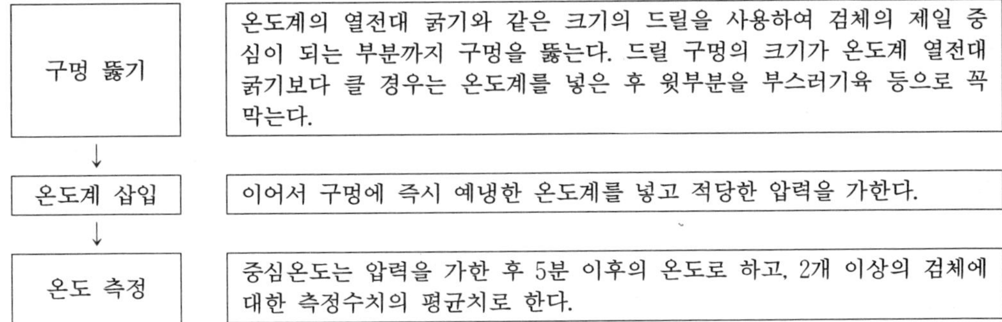

3) 중량 측정

중량 측정은 다음과 같은 방법으로 실시한다.

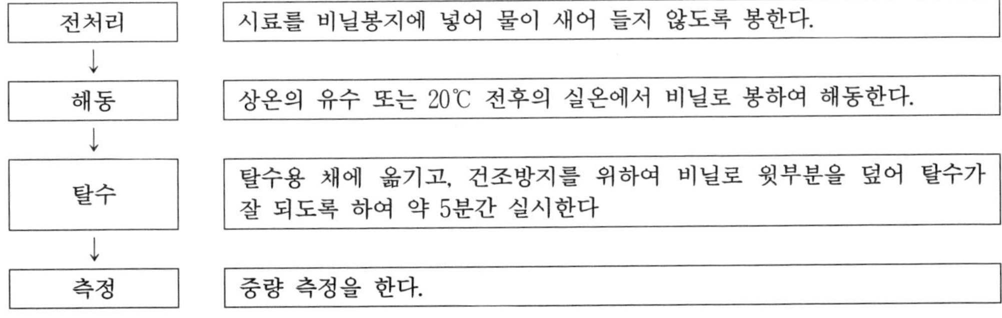

4) 이화학적 검사

(1) 검사 대상

이화학적 검사는 관능검사에 의하여 품질판정이 곤란한 경우 실시한다.

(2) 검사 대상

① 규정이 있는 경우 - 규정에 따른다.
② 규정에 없는 경우 - 세균(생균, 분변계 대장균, 기타 세균 등), 위해물(수은, 방
  사능 등)은 수요자 요청에 의한다.

그러나, 외관검사 결과 품질이 떨어진 제품의 경우 생산 지도상 필요한 때에는 휘발
성염기질소를 측정하여야 한다.

4. 검사판정

검사판정은 채점 결과가 다음의 경우에는 불합격으로 한다.

판정	A	B	C	D	E
불합격			6항목		
			4항목	1항목	
			3항목	2항목	
				3항목	
					1항목 이상

5. 어종별 처리형태

(1) 어 류

용 어	설　　　　　　　　　　　　　　　　명
Round	두부, 내장을 포함한 원형 그대로의 것
Semi-dressed	Round상태의 어체에서 아가미와 내장을 제거한 것
Dressed	두부와 내장을 제거한 것
Pan dressed	Dressed로 처리한 어체에서 지느러미와 꼬리를 제거한 것
Fillet	Dressed 상태에서 척추골 부분을 제거하고 2개의 육편으로 처리한 것을 말한다. 단, 학공치, 뱀장어, 붕장어, 보리멸 등은 dressed로 한 후 등뼈 제거 제품의 경우 fillet로 분류하고, 이 경우 fillet는 껍질이 붙은 것 (skin-on), 꼬리가 있는 것 (tail-on) 등으로 구분하여 표시한다.
Chunk	Dressed 또는 fillet를 일정한 크기의 가로로 절단한 것
Steak	Dressed 또는 fillet를 2 cm 정도의 두께로 절단한 것
Slice	Steak보다 더욱 얇게 절단한 것
Dice	어육을 2-3 cm의 육면체형으로 절단한 것
Chop	어육 채취기로써 채육한 것
Ground	고기갈이로서 고기갈이한 것
Shreded	아주 잘게 채썰기를 한 것
Loin	혈합육과 껍질을 제거한 것
Fish-block	어육을 일정한 형틀에 넣고 눌러서 단단하게 한 것으로 모서리의 각이 바르고 면이 평평하여야 한다. 이와 같은 fish block은 single fish block 과 assorted fish block으로 나누어진다. · singe fish block - 단일어종의 어육으로 만든 것 · assorted fish block - 한가지 이상 어종의 어육으로 만든 것
Stick	Fish-block을 세절하여 각봉형으로 만든 것

(2) 갑각류

어 종	분 류 기 준	용 어		설 명
새 우 류	처리 형태	껍질 유	Whole or Head on	머리가 붙어 있는 것
			Headless or Shell on	머리를 제거한 것
			Shell on, Tail off	머리 및 꼬리를 제거한 것
		껍질무	Tail on — Regular	꼬리가 붙어 있으면서 탈장 아니한 것
			Tail on — Deveined	꼬리가 붙어 있으면서 탈장한 것
			Tail off	꼬리를 제거한 것
	조리 형태	Fantail or Butterfly		새우를 가르고 껍질을 벗긴 것으로 꼬리지느러미 부근의 껍질을 그대로 남겨둔 것
		Butterfly, Tail off		새우를 가르고 꼬리지느러미와 모든 껍질을 제거한 것
		Round		새우를 가르지 않고 껍질을 벗기되 꼬리부분은 그대로 남겨둔 것
		Round, Tail off		새우를 가르지 않고 꼬리지느러미와 껍질을 제거한 것
		Pieces		각 개체의 일부분 또는 조각을 말하며, 꼬리지느러미와 껍질을 제거한 것
		Composite units		각 개체가 둘, 통째 또는 조각 등으로 구성되어 있으며, 꼬리지느러미와 껍질이 제거된 것

어 종	용 어	설 명
게 류	Round	날것 또는 자숙한 게를 원형대로 냉동한 것
	Crab meat	게의 다리살 또는 통살을 block 상태로 냉동한 것

(3) 연체동물

어 종	용 어	설 명
오징어류, 문어류, 쭈꾸미, 꼴뚜기, 낙지 등	Round	원형대로 냉동한 것
	Dressed	원형대로 냉동하지 아니하고 완전히 탈피, 탈장한 것을 어육으로 한 것

(4) 패류

어 종	용 어	설 명
굴, 바지락, 홍합, 피조개 등	Individual form	날것 또는 자숙한 것을 개별 (IQF)로 냉동한 것
	Block form	날것 또는 자숙한 것을 일정한 block 형태로 냉동한 것

6. 품종별 평점기준

(1) 어류

항 목		기 준	평점
품 질 검 사	형 태	1. 고유의 형태를 가지고 손상과 변형이 없는 것 2. 고유의 형태를 가지고 손상과 변형이 거의 없는 것 3. 경미한 손상은 있으나 변형되지 아니한 것 4. 현저한 손상과 변형이 있는 것	A B C E
	색 택	1. 고유의 색택을 가지고 있는 것 2. 색택이 약간 떨어지는 것 3. 변색이 경미하여 산화 갈변현상이 약간 있는 것 4. 변색이 심하거나 산화 갈변현상으로 황갈색을 띤 것	A B C E
	선 도	1. 부패취(황화수소취 및 암모니아취), 기타 이취가 없이 신선한 것 2. 부패취(황화수소취, 암모니아취) 및 이취가 있는 것	A E
	선 별	1. 크기가 균일하고 다른 종류의 어류가 혼입되지 아니한 것 2. 크기가 대체로 균일하고 다른 종류의 어류가 혼입되지 아니한 것 3. 크기가 현저하게 다르거나 다른종류의 어류가 혼입되어 있는 것	A B E
	이물질	1. 이물질(혈액, 펄, 기타)이 없는 것 2. 이물질(혈액, 펄, 기타)이 있는 것	A E
	glazing	1. 투명하며 충분하게 glazing이 되어있는 것 2. 투명하며 glazing이 비교적 잘되어 있는 것 3. 약간 불투명하며 glazing 상태가 보통인 것 4. 불투명하며 glazing 상태가 불량한 것으로 건조 및 산화갈변을 방지할 수 있는 포장을 한 것으로 glazing하지 아니한 것은 제외한다.	A B C E
	온 도	1. 중심온도가 -18℃ 이하(횟감용은 -40℃ 이하)인 것 2. 중심온도가 -18℃ 이하(횟감용은 -40℃ 이하)에 미달된 것	A E
	건 조	1. 건조되어 있지 아니한 것 2. 경미한 건조를 나타내나 glazing이 충분히 되어 있는 것 3. 경미한 건조를 나타내고 glazing이 충분히 되어 있지 아니한 것 4. 심히 건조되어 체표면적의 1/3 이상이 건조되고 회백색을 띠고 있는 것	A B C D
	중 량	1. 정미량 이상인 것 2. 정미량 미달인 것	A E

항 목		기 준	평점
이화학검사	생균수	1. 100,000 (CFU 이하 /g) 인 것 2. 100,000 (CFU 초과 /g) 인 것	A E
	위해물	1. 인체에 위해로운 수준 미달인 것 2. 인체에 위해로운 수준 이상인 것	A E
포장검사	포장조건	1. 포장조건에 적합한 것 2. 포장조건에 적합하지 아니한 것	A E
	포장표시	1. 포장표시를 규정대로 한 것 2. 포장표시를 규정대로 하지 않은 것	A E

【 참고사항 】

- 어류를 round, drawn 또는 semi-dressed, dressed 또는 pan-dressed 형태로 처리한 것과 어체 형태로 처리한 후 자숙, 꼬지, 훈연, 조미, 구운제품은 위의 표에 준하여 평점한다.
- 크기는 균일하여야 하며 상자당, 중량당 마리수로 임의 구분하여 표시할 수 있다.
- 복어의 처리는 유독성 부분 (난소, 정소, 간장, 위장, 피, 담낭, 혈액, 점막, 지느러미 등)을 철저히 제거하여야 하며, 독이 있는 부분을 식품에 혼입되지 않도록 필요한 조치를 강구한다. 다만, round 형태의 것은 위에 준하지 아니한다.

(2) Fillet

항 목		기 준	평점
품질검사	형 태	1. 고유의 형태를 가지고 손상과 변형이 없는 것 2. 고유의 형태를 가지고 손상과 변형이 거의 없는 것 3. 경미한 손상이 있으나 변형되지 아니한 것 4. 현저한 손상과 변형이 있는 것	A B C E
	색 택	1. 고유의 색택을 가지고 있는 것 2. 색택이 약간 떨어지는 것 3. 변색이 경미하며 산화 갈변현상이 약간 있는 것 4. 변색이 심하거나 산화 갈변현상으로 황갈색을 띤 것	A B C E
	선 도	1. 부패취(황화수소취, 암모니아취) 및 기타 이취없이 신선한 것 2. 부패취(황화수소취, 암모니아취) 및 이취가 있는 것	A E

항 목		기 준	평 점
품	선별	1. 크기가 고르며 흠이 없고 양호한 것 2. 크기가 고르며 흠이 거의 없고 보통인 것 3. 크기가 비교적 고르며 흠이 다소 있는 것 4. 크기가 고르지 않고 흠이 많고 불량한 것	A B C E
	이물질	1. 혈액, 껍질, 지느러미, 비늘 등 기타 협잡물이 없는 것 2. 혈액, 껍질, 지느러미, 비늘 등 기타 협잡물이 거의 없는 것 3. 혈액, 껍질, 지느러미, 비늘 등 기타 협잡물이 있는 것	A B E
	glazing	1. 투명하며 충분하게 glazing 되어 있는 것 2. 투명하며 glazing이 비교적 잘 되어 있는 것 3. 약간 불투명하며 glazing 상태가 보통인 것 4. 불투명하며 glazing 상태가 불량한 것으로 건조 및 산화갈변을 방지할 수 있는 포장을 한 것 중 glazing하지 아니한 것은 제외한다.	A B C E
질	온 도	1. 중심온도가 -18℃ 이하 (횟감용은 -40℃)인 것 2. 중심온도가 -18℃ 이하 (횟감용은 -40℃)에 미달된 것	A E
검	건 조	1. 건조되어 있지 아니한 것 2. 경미한 건조를 나타내나 glazing이 충분히 되어 있는 것 3. 경미한 건조를 나타내고 glazing이 충분히 되어 있지 아니한 것 4. 심히 건조되어 체표면적의 1/3이상이 건조되어 회백색을 띠고 있는 것	A B C D
사	뼈	1. 뼈가 없는 것 2. 뼈가 거의 없는 것 3. 뼈가 다소 있는 것 4. 뼈가 많은 것	A B C E
	배 열	1. 배열이 양호한 것 2. 배열이 거의 일정한 것 3. 배열이 비교적 일정한 것 4. 배열이 극히 불량한 것	A B C E
	육 질	1. 육질이 양호한 것 2. 육질이 보통인 것 3. 육질이 불량한 것	A C E
	중량	1. 정미량 이상인 것 2. 정미량 미달인 것	A E

항 목		기 준	평 점
이화학검사	생균수	1. 100,000 (CFU 이하 /g) 인 것 2. 100,000 (CFU 초과 /g) 인 것	A E
	위해물	1. 인체에 위해로운 수준 미달인 것 2. 인체에 위해로운 수준 이상인 것	A E
포장검사	포장조건	1. 포장조건에 적합한 것 2. 포장조건에 적합하지 아니한 것	A E
	포장표시	1. 포장표시를 규정대로 한 것 2. 포장표시를 규정대로 하지 않은 것	A E

【 참고사항 】

- 어류는 fillet, steak, stick, chunk, dice 등의 처리를 한 것과 어육형태로 처리한 후 자숙, 꼬지, 훈연, 구운 것, 어패류 혼합, 조미, 우엉 감은, 다시마 감은, 빵가루 묻힌, 치즈넣은 및 베이컨 감은 제품 등은 앞의 표에 준하여 평점한다.
- 학공치, 뱀장어, 붕장어, 보리멸 등을 semi-dressed 또는 dressed로 처리한 후 등뼈를 제거한 제품은 전부 fillet로 취급한다.
- 뼈의 평점은 직경 3 mm 이상의 것을 기준으로 하고, semi-dressed 또는 dressed로 처리한 후 등뼈를 제거한 것의 두부 및 꼬리뼈는 제외한다.
- 어패류 혼합제품 중 어육의 혼입이 많을 때에는 어육에, 패류의 혼입이 많을 때에는 패류에 적용한다.

(3) 블록형 어육

항 목		기 준	평 점
품질검사	형 태	1. 고유의 형태를 가지고 손상과 변형이 없는 것 2. 고유의 형태를 가지고 손상과 변형이 거의 없는 것 3. 손상 및 변형이 심한 것	A C E
	색 택	1. 고유의 색택을 가지고 있는 것 2. 변색이 경미하여 산화 갈변현상이 약간 있는 것 3. 변색이 심하거나, 산화 갈변현상으로 황갈색이나 녹색을 띤것	A C E
	선 도	1. 부패취(황화수소취, 암모니아취) 및 기타 이취가 없고 향미, 향취가 양호한 것 2. 부패취(황화수소취, 암모니아취) 및 기타 이취가 있고 향미, 향취가 불량한 것	A E

항 목		기 준	평 점
품 질 검 사	선 별	1. 공기공간, 얼음공간, 패인곳, 울툭불툭한 모서리, 포장으로 인해 손상된 것이 없고 양호한 것	A
		2. 공기공간, 얼음공간, 패인곳, 울툭불툭한 모서리, 포장으로 인해 손상된 것이 거의 없고 보통인 것	B
		3. 공기공간, 얼음공간, 패인곳, 울툭불툭한 모서리, 포장으로 인해 손상된 것이 심하고 불량한 것	E
	협잡물	1. 혈액, 껍질, 지느러미, 비늘 등 기타 협잡물이 없는 것	A
		2. 혈액, 껍질, 지느러미, 비늘 등 기타 협잡물이 거의 없는 것	B
		3. 혈액, 껍질, 지느러미, 비늘 등 기타 협잡물이 있는 것	E
	glazing	1. 투명하며 충분하게 glazing 되어 있는 것	A
		2. 투명하며 glazing이 비교적 잘 되어 있는 것	B
		3. 약간 불투명하며 glazing 상태가 보통인 것	C
		4. 불투명하며 glazing 상태가 불량한 것으로 건조 및 산화갈변을 방지할 수 있는 포장을 한 것으로 glazing하지 아니한 것은 제외	E
	온 도	1. 중심온도가 -18℃ 이하인 것	A
		2. 중심온도가 -18℃ 미달인 것	E
	처 리	1. 처리 및 손질이 잘 되어 흠이 없는 것	A
		2. 처리 및 손질이 다소 불충분하여 흠이 약간 있는 것	C
		3. 처리 및 손질이 불량하여 흠이 심한 것	D
	건 조	1. 건조되어 있지 아니한 것	A
		2. 전체 표면적의 10%이하 건조되어 있는 것	C
		3. 전체 표면적의 11%이상 건조되어 있는 것	D
	뼈	1. 뼈가 없는 것	A
		2. 뼈가 4 cm^2 이내의 원주표면을 점하는 크기 및 길이	D
		3. 뼈가 4 cm^2 이상의 원주표면을 점하는 크기 및 길이	E
	배 열	1. 배열이 양호한 것	A
		2. 배열이 보통인 것	C
		3. 배열이 종횡으로 불량한 것	E
	모 각 도	1. 10 mm 이내의 편차를 갖는 모퉁이 각도면이 3면중 1면이 있고 2면은 편차가 없을 때	A
		2. 10 mm 이내의 편차를 갖는 면이 있고 1면이 편차가 없을 때	C
		3. 10 mm 이상의 편차를 갖는 면이 있을 때	E

항 목		기 준	평 점
품질검사	모퉁이 각도	1. 10 mm 이내의 편차를 갖는 모퉁이 각도면이 3면중 1면이 있고 2면은 편차가 없을 때	A
		2. 10 mm 이내의 편차를 갖는 면이 2면이 있고 1면은 편차가 없을 때	C
		3. 10 mm 이상의 편차를 갖는 면이 있을 때	E
	육 질	1. 육질의 상태(견고성, 탄력성 등)가 양호한 것	A
		2. 육질의 상태(견고성, 탄력성 등)가 보통인 것	B
		3. 육질의 상태(견고성, 탄력성 등)가 떨어진 것	E
	중 량	1. 정미량 이상인 것	A
		2. 정미량 미달인 것	E
	기생충	1. 기생충/kg이 없는 것	A
		2. 기생충/kg이 있는 것	E
이화학검사	생균수	1. 100,000 (CFU 이하 /g) 인 것	A
		2. 100,000 (CFU 초과 /g) 인 것	E
	분변계 대장균	1. 음성인 것	A
		2. 양성인 것	E
	살모넬라균	1. 음성인 것	A
		2. 양성인 것	E
	위해물	1. 인체에 위해로운 수준 미달인 것	A
		2. 인체에 위해로운 수준 이상인 것	E
포장검사	포장조건	1. 포장조건에 적합한 것	A
		2. 포장조건에 적합하지 아니한 것	E
	포장표시	1. 포장표시를 규정대로 한 것	A
		2. 포장표시를 규정대로 하지 않은 것	E

【 참고사항 】

ⓟ 명태, 대구류의 fillet block으로 가공한 것은 앞의 표에 의하여 평점한다.

ⓟ 이화학적 검사 항목 중 생균수, 분변계 대장균의 세균검사는 품종별로 월 2회 이상 주기적인 세균검사를 실시하여야 하며, 세균 검사 결과가 기준에 미달할 때에는 재검사를 실시하고 이때에도 미달할 때에는 해당 생산품에 대하여 재가공, 용도 변경 등을 지도한다.

(4) 어 란

항 목		기 준	평 점
품 질	형 태	1. 성숙한 생식소 만인 것 2. 노쇠하였거나 미숙한 생식소의 혼합이 거의 없는 것 3. 노쇠하였거나 미숙한 생식소의 혼입이 약간 있는 것 4. 노쇠하였거나 미숙한 생식소의 혼입이 많은 것	A B C E
	색 택	1. 색택이 균일한 것 2. 색택이 대체로 균일한 것 3. 색택이 균일하지 아니한 것 4. 변색이 심한 것	A B C E
	선 도	1. 부패취(황화수소취, 암모니아취), 기타 이취가 없이 신선한 것 2. 부패취(황화수소취, 암모니아취) 및 이취가 있는 것	A E
	선 별	1. 선별이 양호한 것 2. 선별이 보통인 것 3. 선별이 약간 떨어진 것 4. 선별이 불량한 것	A B C E
	협잡물	1. 협잡물(이물 및 혈액, 기타)이 없는 것 2. 협잡물(이물 및 혈액, 기타)이 있는 것	A E
검 사	glazing	1. 투명하며 충분하게 glazing 되어 있는 것 2. 투명하며 glazing이 비교적 잘 되어 있는 것 3. 약간 불투명하며 glazing 상태가 보통인 것 4. 불투명하며 glazing 상태가 불량한 것으로, 건조 및 산화갈변을 방지할 수 있는 포장을 한 것 중 glazing하지 아니한 것은 제외	A B C E
	온 도	1. 중심온도가 -18℃ 이하인 것 2. 중심온도가 -18℃ 초과한 것	A E
	건 조	1. 건조되어 있지 아니한 것 2. 경미한 건조를 나타내는 것 3. 건조된 부분이 다소 있는 것 4. 건조된 부분이 많이 있는 것	A B C D
	난 질	1. 난질이 양호한 것 2. 난질이 보통인 것 3. 난질이 약간 떨어진 것	A B E
	중 량	1. 정미량 이상인 것 2. 정미량 미달인 것	A E

항 목		기 준	평 점
이화학검사	생균수	1. 100,000 (CFU 이하/g) 인 것 2. 100,000 (CFU 초과/g) 인 것	A E
	위해물	1. 인체에 위해로운 수준 미달인 것 2. 인체에 위해로운 수준 이상인 것	A E
포장검사	포장조건	1. 포장조건에 적합한 것 2. 포장조건에 적합하지 아니한 것	A E
	포장표시	1. 포장표시를 규정대로 한 것 2. 포장표시를 규정대로 하지 않은 것	A E

【 참고사항 】

- 어류의 생식소를 처리하며 냉동한 것은 앞의 표에 의하여 평점한다.
- 크기는 균일하여야 한다.
- 손상란 만을 모아서 가공한 것은 파치로 구분하고 선별의 평점을 생략한다.

1) 기타(어류의 내장, 뼈 및 껍질 등)

항 목		기 준	평 점
품질검사	형 태	1. 고유의 형태를 가지고 손상과 변형이 없는 것 2. 고유의 형태를 가지고 손상과 변형이 거의 없는 것 3. 경미한 손상이 있으나 변형되지 아니한 것 4. 현저한 손상과 변형이 있는 것	A B C E
	색 택	1. 고유의 색택을 가지고 있는 것 2. 색택이 약간 떨어지는 것 3. 변색이 경미하여 산화 갈변현상이 약간 있는 것 4. 변색이 심하거나 산화 갈변현상으로 황갈색을 띤 것	A B C E
	선 도	1. 부패취(황화수소취, 암모니아취) 및 기타 이취가 없이 신선한 것 2. 부패취(황화수소취, 암모니아취) 및 기타 이취가 있는 것	A E
	선 별	1. 선별이 양호한 것 2. 선별이 대체로 양호한 것 3. 선별이 보통인 것 4. 선별이 극히 불량한 것	A B C E

항 목		기 준	평 점
품질검사	협잡물	1. 협잡물(이물, 혈액, 기타 이물)이 없는 것 2. 협잡물(이물, 혈액, 기타 이물)이 있는 것	A E
	glazing	1. 투명하며 충분하게 glazing 되어 있는 것 2. 투명하며 glazing이 비교적 잘되어 있는 것 3. 약간 불투명하며 glazing 상태가 보통인 것 4. 불투명하며 glazing 상태가 불량한 것으로 건조 및 산화갈변을 방지할 수 있는 포장을 한 것으로 glazing하지 아니한 것은 제외	A B C E
	온 도	1. 중심온도가 -18℃ 이하인 것 2. 중심온도가 -18℃ 미달된 것	A E
	건 조	1. 건조되어 있지 아니한 것 2. 경미한 건조를 나타내나 glazing이 충분히 되어 있는 것 3. 경미한 건조를 나타내고 glazing이 충분히 되어 있지 아니한 것 4. 심히 건조된 부분이 체표면적의 1/3이상이고 회백색을 띠고 있는 것	A B C D
	육 질	1. 장기가 양호한 것 2. 장기가 보통인 것 3. 장기가 약간 떨어진 것	A C E
	중 량	1. 정미량 이상인 것 2. 정미량에 미달된 것	A E
이화학검사	생균수	1. 100,000 (CFU 이하 /g) 인 것 2. 100,000 (CFU 초과 /g) 인 것	A E
	위해물	1. 인체에 위해로운 수준 미달인 것 2. 인체에 위해로운 수준 이상인 것	A E
포장검사	포장조건	1. 포장조건에 적합한 것 2. 포장조건에 적합하지 아니한 것	A E
	포장표시	1. 포장표시를 규정대로 한 것 2. 포장표시를 규정대로 하지 않은 것	A E

【 참고사항 】

◉ 어류의 내장, 뼈 및 껍질 등을 원료로 가공한 냉동품은 앞의 표에 의하여 평점한다.
◉ 어류의 뼈 및 껍질을 원료로 가공한 냉동품은 평점 항목 중 육질은 평점하지 아니한다.

2) surimi

항 목		기　　　　　　　　　　　　준	평 점
품	형 태	1. 고기갈이 및 연마상태가 양호한 것 2. 고기갈이 및 연마상태가 보통인 것 3. 고기갈이 및 연마상태가 약간 떨어진 것 4. 고기갈이 및 연마상태가 불량한 것	A B C E
	색 택	1. 고유의 색택이 양호한 것 2. 고유의 색택이 보통인 것 3. 고유의 색택이 약간 떨어진 것 4. 변색을 나타내는 것	A B C E
질	선 도	1. 부패취(황화수소취, 암모니아취) 및 기타 이취가 없이 신선한 것 2. 부패취(황화수소취, 암모니아취) 및 이취가 있는 것	A E
	협잡물	1. 협잡물(뼈, 껍질, 기타 이물질)이 없는 것 2. 협잡물(뼈, 껍질, 기타 이물질)이 있는 것	A E
검	온 도	1. 중심온도가 -18℃ 이하인 것 2. 중심온도가 -18℃ 미달된 것	A E
	건 조	1. 건조되지 아니한 것 2. 건조가 경미하나 산화 갈변현상이 없는 것 3. 건조가 심하나 산화 갈변현상이 없는 것	A C D
사	육 질	1. 절곡시험 A급인 것으로 육질이 양호한 것 2. 절곡시험 B급인 것으로 육질이 보통인 것 3. 절곡시험 C급인 것으로 육질이 보통인 것 4. 절곡시험 D급인 것으로 육질이 극히 불량한 것	A B C E
	중 량	1. 정미량 이상인 것 2. 정미량 미달된 것	A E
이 화 학 검 사	생균수	1. 100,000 (CFU 이하/g) 인 것 2. 100,000 (CFU 초과/g) 인 것	A E
	위해물	1. 인체에 위해로운 수준 미달인 것 2. 인체에 위해로운 수준 이상인 것	A E
포 장 검 사	포장조건	1. 포장조건에 적합한 것 2. 포장조건에 적합하지 아니한 것	A E
	포장표시	1. 포장표시를 규정대로 한 것 2. 포장표시를 규정대로 하지 않은 것	A E

【 참고사항 】

● 어육을 갈아서 fish block, stick, 게맛 생선묵, 크로켓, 빵가루 묻힌 것 또는 기타 형태로 성형한 가공품은 앞의 표에 의하여 평점하여야 한다. 다만, 크로켓, 빵가루 묻힌 제품의 경우 육질은 평점하지 아니한다.

● 절곡시험은 시료를 95~100℃에 10분 정도 증자한 후 3 mm정도의 두께로 세절(0.3 cm×7 cm×1.5 cm)하여 포개 접는 회수에 따라 균열이 생기는 정도를 측정한다.

3) 갑각류

항 목		기 준	평 점
품 질 검 사	형 태	1. 고유의 형태를 가지고 손상과 변형이 없는 것 2. 고유의 형태를 가지고 손상과 변형이 거의 없는 것 3. 경미한 손상과 변형이 있는 것 4. 현저한 손상과 변형이 있는 것	A B C E
	색 택	1. 고유의 색택이 양호하고 적색, 흑색이 없는 것 2. 고유의 색택이 보통이고 적색, 흑색이 없는 것 3. 변색이 경미하나 적색, 흑색이 없는 것 4. 변색이 심하거나 적색, 흑색이 있는 것	A B C E
	선 도	1. 부패취(황화수소취, 암모니아취), 기타 이취가 없이 신선한 것 2. 부패취(황화수소취, 암모니아취) 및 이취가 있는 것.	A E
	선 별	1. 크기가 균일하고 다른 종류의 혼입이 없는 것 2. 크기가 대체로 균일하고 다른 종류의 혼입이 없는 것 3. 크기가 약간 균일하지 않으나 다른 종류의 혼입이 없는 것 4. 크기가 균일하지 않고 다른 종류의 혼입이 있는 것	A B C E
	협잡물	1. 협잡물(각부, 펄, 기타 이물질)이 없는 것 2. 협잡물(각부, 펄, 기타 이물질)이 있는 것	A E
	glazing	1. 투명하며 충분하게 glazing 되어 있는 것 2. 투명하며 glazing이 비교적 잘 되어 있는 것 3. 약간 불투명하며 glazing 상태가 보통인 것 4. 불투명하며 glazing 상태가 불량한 것으로 건조 및 산화갈변을 방지할 수 있는 포장을 한 것 중 glazing하지 아니한 것은 제외	A B C E
	온 도	1. 중심온도가 -18℃ 이하인 것 2. 중심온도가 -18℃ 미달된 것	A E
	건 조	1. 건조되지 아니한 것 2. 경미한 건조를 나타내거나 glazing이 충분히 되어 있는 것 3. 경미한 건조를 나타내고 glazing이 충분히 되어 있지 아니한 것 4. 심히 건조되어 표면적의 1/3이상이 건조된 것	A B C D
	육 질	1. 육질이 양호한 것 2. 육질이 보통인 것 3. 육질이 약간 떨어진 것	A C E

항 목		기 준	평 점
품질검사	배 열	1. 배열이 양호한 것 2. 배열이 보통인 것 3. 배열이 약간 떨어지는 것 4. 배열이 불량한 것	A B C E
	중 량	1. 정미량 이상인 것 2. 정미량 미달된 것	A E
이화학검사	생균수	1. 100,000 (CFU 이하/ g) 인 것 2. 100,000 (CFU 이상 /g) 인 것	A E
	위해물	1. 인체에 위해로운 수준 미달인 것 2. 인체에 위해로운 수준 이상인 것	A E
포장검사	포장조건	1. 포장조건에 적합한 것 2. 포장조건에 적합하지 아니한 것	A E
	포장표시	1. 포장표시를 규정대로 한 것 2. 포장표시를 규정대로 하지 않은 것	A E

【 참고사항 】

● 새우류, 게류, 가재류를 원형(whole or head or round), 머리를 자른것 (headless or shell on), 꼬리를 자른것(tail off), 탈각(peeled, shell off or shelled), 채육(meat)하여 동결한 것은 앞의 표에 준하여 평점한다. 그리고, 자숙, 조미, 꼬지, 훈제, 빵가루 묻힘 및 기타 처리제품의 경우도 여기에 포함한다

● Count는 단위중량당 마리수로 정하여야 하고, 이 때 그 크기는 균일하여야 한다.

4) 패 류

항 목		기 준	평 점
품질검사	형 태	1. 고유의 형태를 가지고 손상과 변형이 없는 것 2. 고유의 형태를 가지고 손상과 변형이 거의 없는 것 3. 경미한 손상은 있으나 변형되지 아니한 것 4. 손상과 변형이 심한 것	A B C E
	색 택	1. 고유의 색택을 가지고 있는 것 2. 색택이 약간 떨어지는 것 3. 약간 변색되었으나 불투명한 색이 없는 것 4. 변색이 심하고 불투명한 색을 나타내는 것	A B C E

항 목		기 준	평 점
품질검사	선 도	1. 부패취(황화수소취, 암모니아취), 기타 이취가 없이 신선한 것 2. 부패취(황화수소취, 암모니아취) 및 이취가 있는 것	A E
	선 별	1. 크기가 균일하고 다른 종류의 혼입이 없는 것 2. 크기가 대체로 균일하고 다른 종류의 혼입이 없는 것 3. 크기가 약간 다르나 다른 종류의 혼입이 없는 것 4. 크기가 균일하지 않고 다른 종류가 혼입된 것	A B C E
	협잡물	1. 협잡물(각편, 펄, 토사, 기타 이물질)이 없는 것 2. 협잡물(각편, 펄, 터사, 기타 이물질)이 있는 것	A E
	glazing	1. 투명하며 충분하게 glazing 되어 있는 것 2. 투명하며 glazing이 비교적 잘 되어 있는 것 3. 약간 불투명하며 glazing 상태가 보통인 것 4. 불투명하며 glazing 상태가 불량한 것으로 건조 및 산화방지를 할 수 있는 포장을 한 것 중 glazing하지 아니한 것은 제외	A B C E
	온 도	1. 중심온도가 -18℃ 이하인 것 2. 중심온도가 -18℃ 미달된 것	A E
	건 조	1. 건조되지 아니한 것 2. 경미한 건조를 나타내거나 glazing이 충분히 되어 있는 것 3. 경미한 건조를 나타내고 glazing이 충분히 되어 있지 아니한 것 4. 단위포장의 1/3이상이 건조되어 불투명색을 나타내는 것	A B C D
	육 질	1. 육질이 양호한 것 2. 육질이 보통인 것 3. 육질이 약간 떨어지는 것	A C E
	중 량	1. 정미량 이상인 것 2. 정미량 미달된 것	A E
이화학검사	생균수	1. 100,000 (CFU 이하/g) 인 것 2. 100,000 (CFU 이상/g) 인 것	A E
	위해물	1. 인체에 위해로운 수준 미달인 것 2. 인체에 위해로운 수준 이상인 것	A E
포장검사	포장조건	1. 포장조건에 적합한 것 2. 포장조건에 적합하지 아니한 것	A E
	포장표시	1. 포장표시를 규정대로 한 것 2. 포장표시를 규정대로 하지 않은 것	A E

【 참고사항 】

- 패류(수출용 패류의 생산관리 및 동 가공품 검사규칙에 의한 패류 제외)를 block form, Individual form 또는 기타의 특수한 형태(어패류 혼합, 빵가루 묻힘, 한쪽 껍질에 미역넣은 피조개, 패류 내장, 구운 등)로 처리 가공하여 냉동한 것은 앞의 표에 의하여 평점하여야 한다.
- 크기는 단위중량 또는 중량당 개수로서 정하며 개수의 크기는 균일하여야 한다.
- 자숙, 냉장한 패류는 평점항목 중 glazing 온도의 평점은 아니한다.

5) 오징어 및 문어류

(1) 검사대상

오징어류, 문어류, 쭈꾸미, 낙지 및 기타 연체류

(2) 평점기준

품종별 평점기준 중 어체 또는 일반 어육 등의 평점기준에 준하여 평점한다.

(3) 참고사항

- 오징어 및 문어류를 round, dressed, 기타 처리형태로 가공 냉동한 것은 앞의 표에 의하여 평점한다.
- 크기는 균일하여야 하며 상자당, 중량당 마리수 등으로 임의 구분하여 표시한다.

6) 해조류

항 목		기　　　　준	평 점
품 질 검 사	형 태	1. 고유의 형태를 가지고 손상과 변형이 없으며, 조체 발육이 양호한 것.	A
		2. 고유의 형태를 가지고 손상과 변형이 거의 없으며, 조체 발육이 대체로 양호한 것	B
		3. 경미한 손상과 변형이 있으며, 조체 발육이 보통인 것	C
		4. 현저한 손상과 변형이 있으며, 조체 발육이 불량한 것	E
	색 택	1. 고유의 색택을 가지고 양호한 것	A
		2. 고유의 색택이 보통이고 변질되지 아니한 것	B
		3. 색택이 다소 떨어지고 경미한 변색을 나타내는 것	C
		4. 색택이 불량하고 심한 변색을 나타내는 것	E
	선 별	1. 선별이 양호한 것	A
		2. 선별이 보통인 것	B
		3. 선별이 약간 떨어진 것	C
		4. 선별이 불량한 것	E
	협잡물	1. 협잡물(잡초, 토사, 규조류 등)이 없는 것	A
		2. 협잡물(잡초, 토사, 규조류 등)이 거의 없는 것	C
		3. 협잡물(잡초, 토사, 규조류 등)이 있는 것	E
	온 도	1. 중심온도가 -18℃ 이하인 것	A
		2. 중심온도가 -18℃ 미달한 것	E

항 목		기 준	평점
품질검사	처 리	1. 손질이 잘되고 세척 상태가 양호한 것 2. 손질 및 세척상태 보통인 것 3. 손질 및 세척상태가 약간 떨어진 것 4. 건조가 심하여 퇴색된 것	A B C D
	건 조	1. 건조되어 있는 것이 거의 없는 것 2. 경미한 건조가 있는 것 3. 체표면적의 1/3이상이 건조된 것 4. 건조가 심하여 퇴색된 것	A B C D
	중 량	1. 정미량 이상인 것 2. 정미량 미달인 것	A E
이화학검사	위해물	1. 인체에 위해로운 수준 미달인 것 2. 인체에 위해로운 수준 이상인 것	A E
포장검사	포장조건	1. 포장조건에 적합한 것 2. 포장조건에 적합하지 아니한 것	A E
	포장표시	1. 포장표시를 규정대로 한 것 2. 포장표시를 규정대로 하지 않은 것	A E

7) 붉은 대개 액즙

항 목		기 준	평 점
품질검사	색택	1. 고유의 색택이 양호한 것 2. 고유의 색택이 보통인 것 3. 고유의 색택이 떨어진 것	A B E
	향미	1. 고유의 향미가 양호하고 짠맛이 거의 없는 것 2. 고유의 향미가 보통이고 약간 짠맛이 있는 것 3. 고유의 향미가 없으며 짠맛이 많은 것	A B E
	협잡물	1. 협잡물(토사, 패각, 기타 이물질)이 없는 것 2. 협잡물(토사, 패각, 기타 이물질)이 있는 것으로 여기에서 　미세한 붕육은 제외	A E
	온도	1. 중심온도가 -18℃ 이하인 것 2. 중심온도가 -18℃ 미달된 것	A E
	중량	1. 정미량 이상인 것 2. 정미량 미달인 것	A E
이화학검사	생균수	1. 100,000 (CFU 이하/g) 인 것 2. 100,000 (CFU 초과/g) 인 것	A E
	위해물	1. 인체에 위해로운 수준 미달인 것 2. 인체에 위해로운 수준 초과한 것	A E

8) 기타 수산물

기타 수산물이라 함은 성게, 갯지렁이, 개불, 해삼창자, 우렁쉥이 등 앞에서 언급되지 않은 냉동 수산물의 가공품을 말하며 평점 방법은 다음과 같다.

품 명	적 용
냉동성게(란) 냉동해삼	어란에 준한다. 어류 중 어체 및 기타에 준한다.
해삼창자 갯지렁이 개불 우렁쉥이	패류에 준한다.
기타	별도 지시에 의하여 집행한다.

제3절 유럽 연합(EU)에 수출하는 수산물 가공시설의 위생관리 기준

1. 가공공장의 시설, 장비 및 위생관리기준

1) 시설 및 장비에 관한 일반 조건

시 설	기 준
작업장	충분히 넓어야 하고, 위생적으로 유지시킬 수 있도록 설계되어야 하며, 오염구역과 비오염구역으로 구분하여야 한다.
바닥	작업장, 처리실, 준비실 바닥은 물이 잘 빠지고 오물이 끼지 아니하도록 시설이 되어 있어야 한다. 어상자 또는 처리용구는 방수 깔판 위에 놓아야 하며, 깔판은 청소와 소독이 용이하도록 제작하여야 한다.
배수구	배수로는 구멍이 있는 덮개로 덮어 물이 잘 빠지고, 오물이 끼지 아니하도록 하며, 배수구에는 설치류의 출입을 방지할 수 있는 시설을 설치하여야 한다.
벽	표면이 평활하고 불투성의 내구성 재료로 설치하여 청소가 용이해야 한다.
천정	천정이나 지붕 받침대는 청소가 용이하여야 한다.
출입문	출입문은 비부식성 재료로써 청소가 용이하도록 만들어야 한다.
환기시설	적당한 환기시설이 있어야 하며, 필요한 경우 수증기 등의 배출 시설을 갖추어야 한다.
조명시설	작업장 및 처리가공 공장은 밝기가 적절하도록 자연채광이나 조명시설이 있어야 한다.
방충시설	작업장, 준비실, 냉장실은 곤충이나 설치류의 출입을 차단할 수 있도록 시설해야 하며, 필요한 경우 곤충류 박멸등이 있어야 한다.
세면시설	작업장과 화장실 출입구에는 적당한 수의 세면대 및 소독 세정제가 있어야 하며, 세면대의 수도꼭지는 수동식이 아니어야 하고, 손을 씻고 말릴 수 있는 시설이나 일회용 종이타올을 비치하여야 한다.
작업도구	칼, 도마, 콘테이너(용기), 폐기물통, 작업대 등은 비부식성 자재로 만들어야 하고, 특히 폐기물통은 오염을 방지할 수 있도록 뚜껑이 있고 새지 않아야 하며, conveyer belt는 청소가 용이하여야 한다.
폐기물 저장소	폐기물 저장소는 처리장과 멀리 떨어진 곳에 설치하여야 하며, 청소가 용이하여야 한다.
용수시설	처리용수는 음용에 적합한 수도수를 사용하여야 하며, 수도수가 여의치 않을 경우 음용수의 규정에 적합한 지하수를 사용할 수 있다. 필요시는 청정해수를 사용할 수 있으며, 비음용수를 동시에 사용할 경우에는 잘못 사용하지 아니하도록 용수 급수관을 색깔로 구분 표시하여야 하고, 관에 연결된 호수는 끝이 바닥에 닿지 아니하도록 하여야 한다.
탈의실	종업원수에 따른 충분한 크기의 탈의실과 세면대, 수세식 화장실이 있어야 하며, 벽과 바닥은 방수처리 되어 청소가 용이하여야 한다.
화장실	화장실 출입구에는 신발을 담구어 소독할 수 있는 소독조를 비치하여야 하고, 출입문은 작업장쪽으로 직접 열리지 않아야 하며, 비부식성 자재로 만들어 청소가 용이하여야 한다.

2) 일반 위생 관리 기준

항 목	기 준
종업원 건강	종업원은 정기적 건강진단을 받아야 하며, 신체의 노출부에 전염성 찰상, 상처 또는 장티푸스 등의 전염성 질환이 있거나 그 감염자는 수산물을 처리·가공하는 업무에 종사하게 하여서는 안된다.
위생복	충분한 수량의 깨끗한 위생복 및 위생모를 비치하고, 위생모 착용시는 머리카락이 밖으로 나오지 아니하도록 하여야 한다.
종업원 유래 오염원	가공공장에 종사하는 종업원은 메니큐를 바르지 아니하여야 하며, 식품이 땀, 머리카락, 화장품, 의약품, 기타 이물질에 오염되지 아니하도록 하여야 한다.
흡연, 음주	공장 내(작업장, 창고 등)에서는 흡연, 음주, 식사, 침뱉는 행위는 절대로 금지하여야 한다.
의복류	의복류 및 신발류의 보관 등은 탈의장 외 식품을 처리, 가공 또는 취급하는 장소 내의 어떠한 곳에도 방치하여서는 안된다.
소독약	소독약 및 기타 독성이 있는 약은 별도의 잠글 수 있는 보관소나 약장에 보관하여야 하며, 처리장 내에 방치하여서는 안된다
청소	해수는 공장내부 바닥 청소용 또는 자숙용 외의 용도에 사용하여서는 아니되며, 세균 및 기타 오물로 오염되었다고 인정될 때에는 사용을 금지하여야 한다. 가공공장 내외는 오전과 오후 작업 완료 후 지체없이 청정수로 바닥, 주변 기타 오염된 곳을 깨끗하게 청소하여야 한다. 가공작업 완료 후 사용된 기구, 기기 등은 청정수로 세척하고 소독수 또는 전기로 멸균시켜야 한다.
용기	원료 및 제품에 사용할 용기는 혼용하여 사용하여서는 안된다.
원료 보관	원료가 입하되어 즉시 처리할 수 없는 경우, 처리 중 작업 종료를 한 원료의 경우 별도의 보관 장소에 빙장 또는 0℃ 이하의 온도에 보관하여야 한다.
작업장소	두절, 내장제거, fillet 가공 등 모든 처리는 작업장이 아닌 다른 장소에서 하여서는 아니된다
폐기물 보관	가공폐기물을 연속적으로 폐기처리하는 시설이 갖추어져 있지 않는 경우에는 새지 않고 뚜껑이 있는 비부식통에 넣어 즉시 별도의 폐기물 보관장소에 옮겨야 한다. 폐기물 보관장소는 항상 청결해야 하며, 가능한 소독하여 폐기물 저장고 주위 또는 시설물을 오염시키는 일이 발생되지 아니하도록 하여야 한다.
종업원의 작업 전후 수세	종업원은 작업 전·후 반드시 세정제(역성 비누)로 손을 깨끗이 씻어야 한다.

제4절 수산 냉동품의 HACCP

1. 용어의 정의

(1) HACCP(Hazard Analysis Critical Control Point)

HACCP는 냉동품 가공 중 원료의 생산, 수확, 조달, 배합, 가공, 저장 등과 같은 제반과정에서 특정 위해 요소를 분석 확인하고, 제어하기 위한 예방 조치(preventaive measures)를 명확히 하는 시스템을 말하는 것으로, 우리말로는 위해 요소 중점 관리기준이라고 한다.

(2) 위해(Hazard)

위해는 냉동품 가공 중 원료의 생산, 수확, 조달, 배합, 가공, 저장 등과 같은 제반 과정에서 위해를 일으킬 가능성을 말하며, 종류로는 생물학적, 화학적 및 물리적 위해가 있다.

(3) 관리기준(Critical Limit)

관리기준은 냉동품 가공 중 원료의 생산, 수확, 조달, 배합, 가공, 저장 등과 같은 제반 가정에서 허용 가능한 것과 허용 불가능한 것을 구별하는 기준을 말한다.

(4) 중요관리점(CCP : Critical Control Point)

중요관리점은 냉동품 가공 중 원료의 생산, 수확, 조달, 배합, 가공, 저장 등과 같은 제반과정에서 적절한 관리를 함으로써 식품의 안전성에 미치는 위해 발생을 예방 또는 허용가능한 수준까지 줄일 수 있는 위치(point), 단계(step) 또는 절차 (procedure)를 말한다.

(5) 시정조치(Corrective Action)

시정조치는 통조림 가공 중 원료의 생산, 수확, 조달, 배합, 가공, 저장 등과 같은 제반과정에서 중요관리점(CCP)에 대한 감시(monitoring)의 결과에 의해 관리기준으로부터 이탈된 것으로 확인되었을 때 취하는 조치를 말한다.

(6) 감시(Monitoring)

감시는 냉동품 가공 중 원료의 생산, 수확, 조달, 배합, 가공, 저장 등과 같은 제반 과정에서 중요관리점(CCP)이 적절히 관리되고 있는지 여부를 판정하기 위해 미리 계획적으로 설정된 일련의 관찰 또는 측정을 말한다.

2. HACCP system의 적용을 위한 기본 원칙

(1) 위해 분석

원재료(여기에서는 특히 농수산물)의 생산, 식품의 제조 및 최종 소비에 이르는 모든 단계에서 잠재적인 위해를 명확히 분석하고, 이들 위해의 발생 가능성에 대해 해석하며, 제어하기 위한 예방조치를 명확히 하여야 한다.

(2) 중요관리점(CCP)의 설정

위해를 제거 또는 발생 가능성을 최소한으로 억제하기 위해 관리할 위치(point), 절차(procedure), 작업 단계(operational step)를 결정하여야 한다. 여기서, 단계란 원재료의 생산 및 제조에 포함되는 모든 과정을 가리키며, 원재료의 생산, 수확, 수입, 배합, 가공, 저장 등을 포함한다.

(3) 관리기준의 설정

중요관리점(CCP)이 적절히 관리되고 있음을 확인하기 위해 적합화시켜야 할 관리기준을 설정하여야 한다.

(4) 감시(Monitoring)

중요관리점(CCP)의 관리상태를 감시(monitoring) 하기 위한 계획적인 측정 또는 관찰 시스템을 확립하여야 한다.

(5) 시정조치의 설정

감시(monitoring)에 의해 특정 중요관리점(CCP)이 관리기준에서 이탈한 경우에 취할 시정조치를 확립하여야 한다.

(6) 검증방법의 설정

HACCP 시스템이 유효하게 작동하고 있는지를 확인하기 위한 검증방법(시험·검사 방법포함)을 확립하여야 한다.

(7) 기록관리 시스템의 확립

상기 원칙과 그 적용에 관한 모든 방법 및 기록에 관한 문서관리 시스템을 확립하여야 한다.

3. 냉동품의 HACCP 적용을 위한 일반사항

(1) 냉동품의 HACCP 적용을 위한 일반 사항

구분	위해	CCP	관리기준	감시/측정	조치 사항
수질관리	용수관리 불철저로 인한 제품 오염	CCP1	주 저장고, 중간 저장고, 수도 꼭지 염소함량 (1일 1회 이상)	용수저장고별 염소 측정 (매일)	염소량 조정
			미생물학적 5개항목 (총대장균, 분변계대장균, 총균수 등) 월 1회 이상 기록 유지	미생물학적 항목 실험의 월별 실시 및 기록유지 여부	규정 초과된 용수 사용 전면 금지 및 제품오염도 조사
			61개 항목 실험결과 기록유지(년 1회)	전 항목 실험실시 및 기록유지	규정 초과된 용수 사용 전면금지 및 제품오염도 조사
시설 및 종업원 위생관리	불결한 용기상용으로 제품오염	CCP2	용기소독 및 종업원 위생 관리	용기소독 실시여부 (오전, 오후)	재소독 및 폐기처분
	종업원 위생사태 불결로 인한 제품 오염			종업원 위생관리상태 점검실시 (오전, 오후)	화농성균 오염 종업원 종사근무 배제

4. 냉동품의 HACCP 적용

1) 냉동 명란

공정도	위 해	CCP	관 리 기 준	감시 / 측정	조치사항
원 료 ↓	·명란의 선도저하, ·품질		·선도 ·품질	·입고시 검사 (명란의 색택) ·보관상태	·선도저하품 반품 조치
(해 동) ↓	·해동 탱크 오염 ·해동 주의환경 불결		·용기 청결 ·주위환경 청결 ·노면 적재해동 방지	·용기의 청결여부 ·청결, 위생적인 상태 ·해동여부	·녹슨 용기 폐기 ·청결위생 관리 상태 유지 해동
선 별 ↓	·미숙란, 수란 혼입 ·난막이 찢어진 란 혼입	CCP1	·미숙란, 수란, ·난막 찢어진 란 ·이물질 혼입 방지	·미숙란, 수란 혼입 ·난막이 찢어진 란 혼입 여부 ·lot별 이물질 혼입 여부 기록	·재선별 ·이물질 선별
세 척 ↓	·오염된 물로 인한 제품 오염 ·장시간 세척으로 선도 저하 ·점액, 오물 혼입		·오염된 물 ·세척수 : 맑은물, 4%정 도 식염수 ·점액, 오물 혼입	·수시로 용수 교체 여부 ·점액, 오물 혼입 여부	·깨끗한 용수 수시 세척 ·점액, 오물 재세척
착색 및 조미 ↓	·색소 및 조미액의 과다 사용	CCP2	·착색기 이용시간 : 12~ 20 시간 ·식품위생법 허용기준 적용	·색소 및 조미액의 정밀분석 ·1일 2회(오전, 오후)	·착색 및 조미배합비 조정
탈 수 ↓	·오염된 용기 사용		·자연탈수 : 1~2시간 ·오염된 용기	·탈수기의 청결여부	·불결한 용기 교체 및 폐기조치
계 량 ↓	·이물질 혼입 ·유해미생물 2차 오염 ·저울의 부정확	CCP3	·저울의 정밀도 유지 ·과부족품 중량 확인	·년 1회 저울감도 확인 결과기록 ·과부족품 수시 정검	·저울 감도 보증 결과 보존 ·과부족품 중량 보강
입 상 ↓	·동결팬의 녹 및 오염		·동결팬의 청결관리 ·동결팬의 녹방지	·동결팬의 청결 여부 ·동결팬의 녹발생 여부	·동결팬의 청결 유지 관리 ·녹슨 동결팬의 폐기 및 교체
동 결 ↓	·동결공정 중 유해세균 잔존 ·유해세균 2차 오염	CCP4	·급속동결 : -35℃정도 ·품온 : -18℃이하 ·동결기기의 정밀도 확인	·lot별 자기온도계로 온도 측정 ·monitoring 온도 측정비교 (오전, 오후)	·온도편차 대조 확인 수정
포 장 ↓	·포장재료 비위생적 관리 로 2차 오염		·포장자재의 위생상태 유지 ·2차오염 방지	·포장재료의 위생 검사(구입시)	·불량 (규격의) 포장 재료는 반품
저 장	·보관온도 관리 불충분에 의한 오염균의 증식	CCP5	·냉장보관온도 : -18℃ 이하 ·온도편차(±2℃이내) 측정	·자기기록계 온도와 보관용 샘플 확인 (1일 1회) ·모니터링 온도측정 (매 2시간)	·온도 조절 ·이상이 있을시 폐기 처분

2) 냉동어류(가자미, 대구, 명태의 fillet)

공정일람표	위 해	CCP	관 리 기 준	감시 / 측정	조 치 사 항
원 료 ↓	·원료 선도저하 (VBN) ·품질		·선도 ·품질 검사	·입고시 검사(관능, 정밀) ·보관상태	·오염된 원료 및 선도저하품 반품 조치
해 동 ↓	·가공용수로 인한 원료 오염	CCP1	·선도저하 (VBN) ·파손품, 드립발생, 수분증발, 공기에 의한 산화 방지, 용기의 소독	·정기적 원료 및 용수 온도측정(시간별 온도 기록) ·용기소독 및 청결상태 해동 중 품질변화	·자동온도조절 장치로 소정의 온도 유지 ·해동탱크 및 용기 청결유지 관리
처 리 ↓	·작업이 지연될시 선도 저하 ·녹슨 칼이나 처리대에 의한 오염		·선도저하, ·손상품 ·기기 및 기구 청결	·선도저하 ·손상품 여부 ·기기 및 기구청결 상태	·선도저하 및 손상품 제거 ·기기, 기구 청결 유지관리
탈 피 ↓	·녹슨 탈피기 (blader기) 칼로 인한 오염 ·silver skin 제거 불충분		·칼, 기기청결 ·silver skin 혼입	·칼, 기기청결 여부 ·silver skin 혼입여부	·기기청결 유지관리 선별
정 형 ↓	·가슴잔뼈, 배부분뼈 혼입 ·작업대 오염 ·검은막, 혈합육, 변색육, 잔류뼈 혼입		·잔뼈, 검은막, 혈합육, 변색육, 잔류뼈 혼입 ·작업대 청결	·잔뼈, 검은막, 혈합육 등 혼입 여부 ·작업대 등 기구청결 여부	·정형 ·작업대 등 기구청결 유지관리
기생충제거 ↓	·*Anisakis* sp 등 기생충 제거 불충분	CCP2	·*Anisakis* sp 등 기생충혼입 ·처리대의 청결	·기생충의 혼입여부, ·lot별 검사기록 ·처리대의 청결여부	·기생충 제거 ·처리대의 청결유지 관리
침 지 ↓	·육의 emulsion상태로의 변화 (인삼염 계통의 과다 사용)		·인삼염계통 : 3~5% 용액 ·침지시간 : 30초~1분 정도	·인산염의 과다사용 여부 및 침지시간 격정여부 ·인산염 농도 측정	·변화된 육의 폐기 조치 ·침지시간 및 농도 조절
세척, 탈수 ↓	·용수의 오염 ·과도한 세척으로 가용성 물질 유실 ·과다한 탈수로 수분 부족	CCP3	·음용수 수질검사(미생물학적 항목) ·적정한 세척 ·적절한 탈수 (15분~30분)	·음용수 수질검사 결과 기록(미생물학적 5개항목 : 월 1회)	·음용수 수질검사 후 부적합시 음용수의 소독, 살균 ·적정한 세척 ·적절한 탈수
침 량 ↓	·이물질 혼입 ·유해미생물 2차 오염 ·저울의 부정확		·저울 감도 ·과부족품 ·이물질 혼입	·저울 감도 년 1회 확인 점검 ·과부족품 수시점검 ·이물질 혼입 여부	·저울 교체 ·과부족품 중량보강 ·이물질 선별
배 열 ↓	·air pocket발생		·dimple 상태	·dimple 양호여부	·불량품의 교체 ·dimple 발생방지
동 결 ↓	·동결 후 잔존 균 ·2차오염 증식	CCP4	·접촉식 냉각방식 plate간의 압력 : 40 kg/cm^2 이상, 동결온도 및 시간 : -35~-45℃, 3~4시간, 중심온도 : -20℃	·자기온도계로 온도 측정 ·압력 및 동결시간 모니터링 온도측정 비교 (오전, 오후)	·온도조절 ·동결기 조절 ·부적정 제품의 재동결
탈 팬 ↓	·2차 오염균 증식 ·손상품 혼입		·2차오염균 ·손상품	·2차 오염균 증식여부 ·손상품 유무확인	·오염된 제품 폐기 조치(선도, 세균수) ·손상품 제거

공정일람표	위　해	CCP	관 리 기 준	감시 / 측정	조 치 사 항
glaze ↓	·2차 오염균 증식 ·glazing 조건 불량	CCP5	·용수온도 : 2℃내외 　작업실온도 ： -15℃ 　이하 　(보통 -20℃가 좋음) 　※너무 낮으면 빙막에 　　균열 발생 　침지시간 1~2초로 　2~3회 반복, 두께는 　2~3 mm 　※두꺼울수록 오래 견 　　디기는 하나 충격으 　　로 균열됨	·2차오염균　증식여 　부손상품 유무확인 ·lot별 glaze 　조건 및 결과 기록	·glazing 조건조절 ·손상품 선별glaze
저　장	·보관온도 관리 불충분 　에 의한 생존균의 증식	CCP6	·냉장보관온도 : 　-20℃ 이하 ·온도편차 최소화 　(±2℃이내)	·자기기록계　온도와 　보관용 샘플 확인 ·모니터링 온도측정 　(매 2시간)	·온도조절 ·이상이 있을시 　폐기 처분

3) 냉동 연체류(오징어, 갑오징어)

공정일람표	위　해	CCP	관 리 기 준	감시 / 측정	조 치 사 항
원　료 ↓	·원료 선도저하(외피의 색소) ·품질	CCP1	·선도 ·품질 (멜라닌 색소, gumoin색소, 카로테 노이드색소)	·입고시 lot별 검사 (관능, 정밀)결과기록 ·냉장실 보관상태 기록 (매 2시간)	·오염된 원료 및 선도저하품 반품 조치
세　척 ↓	·세척이 지연될시 먹즙 육질에 침투				·먹즙이 육질에 침투된 원료 폐기
분　리 ↓			·Be 3~5。 염수에 5~10시간 침지		
처　리 ↓					
팬　닝 ↓	·팬의 녹슬임 또는 오염		·팬의 청결상태	·팬의 청결	·팬의 청결유지 관리
동　결 ↓	·동결 후 잔존균 2차 오염균의 증식	CCP2	·급속동결 : -35℃정도 ·품온 : -18℃이하	·lot별 자기온도계로 온도측정 ·모니터링 온도측정 비교 (오전, 오후)	·온도조절
탈팬 및 glazing ↓	·2차 오염균의 증식 ·손상품 혼입		·2차 오염균, 손상품 ·glazing온도 및 회수	·2차 오염균 증식여부 ·손상품 유무확인	·오염된 제품 폐기 조치 ·손상품 제거 (선도, 세균수)
선　별 ↓	·선도저하품 ·손상품, 먹물침투로 품질 저하	CCP3	·선도저하 ·불량품, 이물질 혼입	·lot별 선도측정 기록 ·이물질 혼입여부	·선도저하품 및 불량품 제거 ·이물질 제거
칭　량 ↓	·이물질 혼입 ·유해미생물 2차오염 ·저울의 부정확		·저울감도 ·과부족품	·저울감도 년 1회 확인 점검 ·과부족품 수시 점검	·저울보정 ·과부족품 중량 보강
포　장 ↓	·포장재료 파손에 의한 2차오염		·포장자재의 위생상태 와 파손검사	·포장재료의 위생검사(구입시)	·불량(규격의) 포장재료는 반품
저　장	·보관온도 관리 불충분에 의한 생존균의 증식	CCP4	·냉장보관온도 : -18℃ 이하 ·온도편차 측정(±2℃)	·자기기록계 온도와 보관용 샘플 확인 ·모니터링 온도측정 (매 2시간)	·온도조절 이상이 있을시 폐기처분

4) 냉동 새우

공정일람표	위 해	CCP	관 리 기 준	감시 / 측정	조 치 사 항
원 료 ↓	·원료 선도 (VBN)저하 ·품질	CCP1	·선도 ·품질상태, ·흑변, 부패방지	·입고시 lot별 검사 (관능, 정밀) 결과 기록 ·냉장실 보관상태 기록(매 2시간)	·오염된 원료 ·선도 저하품 반품 조치
전 처 리 (선 별) ↓	·작업이 지연될시 선도 저하 (표피 반점, 두부와 몸의 곡절부분에 내장)		·선도저하 방지 ·실온 10℃이하로 온도 관리	·관능 및 VBN측정 ·두부와 몸의 곡절 부분 내장 잔재여부	·선도저하품 폐기 조치 ·10℃이하에서 전처리
처리 (탈각) ↓	·작업이 지연될시 선도 저하 ·껍질 등 이물질 혼입		·선도저하 ·이물질 제거	·이물질(껍질)혼입 여부	·선도저하품 폐기 ·이물질 선별
소독수 침지 ↓	·소독수 함량 과다로 제 품에 영향 ·침지시간 초과로 선도 저하		·소독수 함량 및 침지시 간 인산염 3%용액 1시 간정도	·침지시간 ·소독수 함량 red color rusting	·소독수 함량 ·침지시간 준수 철저 -red color 및 rusting품 제거
탈 수 ↓					
선 별 ↓	·선도저하품 혼입 ·내장 및 껍질 혼입	CCP2	·선도저하 ·이물질(내장, 껍질)혼입	·lot별 선도측정 결 과 기록 ·이물질 혼입여부	·선도저하품 폐기 조치 ·내장 및 껍질제거
칭 량 ↓	·이물질 혼입 유해미생물 2차 오염 ·저울의 부정확		·저울감도 ·과부족품	·저울감도 년1회 확 인 점검 ·과부족품 수시점검	·저울보정 ·과부족품 중량보 강
Panning ↓	·이물질 혼입 ·유해미생물 2차오염 ·팬오염		·이물질 혼입 ·제조공정 단축 ·팬의 청결	·선도 ·이물질 ·팬의 청결	·이물질 선별 ·선도저하품 폐기 조치 ·팬의 청결유지, 관리
동 결 ↓	·동결 후 잔존균 2차오염균의 증식	CCP3	·급속동결 : -35℃정도 8시간 ·품온 : -18℃이하	·lot별 가지온독계로 온도 측정 ·모니터링 온도측정 비교 (오전, 오후)	·온도조절 및 재 동결
탈 팬 및 glazing ↓	·2차 오염균의 증식 ·손상품 혼입		·포장자재의 위생상태와 파손검사	·포장 재료의 위생 검사(구입시)	·불량(규격의)포장 재료는 반품
저 장	·보관온도 관리 불충분에 의한 생존균의 증식	CCP4	·냉장 보관온도 : -18℃ 이하 ·온도편차 측정(±2℃ 이내)	·자기기록계 온도와 보관용 샘플 확인 ·모니터링 온도측정 (매 2시간)	·온도 조절 이상 있을시 폐기 처분

5) 냉동어류(연어, 정어리, 고등어, 전갱이)

공정일람표	위 해	CCP	관 리 기 준	감시 / 측정	조 치 사 항
원 료 ↓	·원료 선도 (VBN), ·품질, 보관관리	CCP1	·선도 ·품질 보관상태	·lot별 입고시 검사 (관능, 정밀)결과기록 보관상태	·오염된 원료 ·선도저하품 반품 조치
(해 동) ↓	·해동환경에 의한 균의 증식		·surimi의 해동온도와 육의 온도 (상온에서 12시간) ·용기의 소독관리	·정기적인 온도측정 기록 (2~3시간 간격) ·용기소독 및 청결 상태	·자동온도조절 장치 로 소정의 온도 설정
처 리 ↓	·작업이 지연될시 선도 저하(히스타민 증가) ·내장, 지느러미 등 혼입		·처리시간, 저온유지	·시간, 온도 확인	·불량품 및 선도 ·저하품 폐기
세 척 ↓	·이물질 혼입 (내장 등) ·선도불량품, 손상품 혼입		·제조공정 신속도 ·이물질 혼입, 선도저 하품 ·손상품 등	·세척용수의 청결도	·세척용수의 교체 ·불량품 제거
탈 수 ↓	·히스타민 증가	CCP2	·약 5분간 탈수	·lot별 히스타민 측정	·선도저하품 폐기
칭 량 및 팬 닝 ↓	·이물질 혼입 ·유해미생물 2차오염 ·팬오염 ·저울의 부정확	CCP3	·저울감도 ·과부족품 ·팬의 오염 여부	·저울감도 년 1회 확인 점검기록 ·과부족품 수시점검 ·팬의 청결, 소독	·저울보정 ·과부족품 중량보강 ·팬의 청결유지, 관리
동 결 ↓	·동결 후 잔존균	CCP4	급속동결 : -35℃, 8시간 품온 : -18℃ 이하	·lot별 자기온도계로 온도측정 ·모니터링 온도측정 ·비교 (오전, 오후)	·온도조절 및 재 동결
탈 팬 및 글레이징 ↓	·2차 오염균의 증식		·2차 오염균 ·손상품 ·용수의 온도	·2차 오염균 증식 여부	·오염된 제품 폐기 조치(선도, 세균수)
포 장 ↓	·포장재료 파손에 의한 2차 오염		·포장자재의 위생상태와 파손검사	·포장재료의 위생 검사(구입시)	·불량 (규격외) 포장재료는 반품
저 장	·보관온도 관리 불충 분에 의한 생존균의 증식	CCP5	·냉장보관온도 : -18℃ 이하 ·온도편차 측정 (±2℃이내)	·자기기록계 온도와 보관용 샘플 확인 ·모니터링 온도측정 (매 2시간)	·온도조절 이상이 있을시 폐기 처분

6) 냉동 패류(굴, 바지락, 피조개, 홍합)

공정일람표	위　　해	CCP	관리기준	감시 / 측정	조치사항
원　료　↓	·원료 선도 ·품질	CCP1	·선도 ·품질	·lot별 입고시 검사 (관능, 정밀) 결과 기록	·오염된 원료 및 선도저하품 반품 조치
선　별　↓	·선도저하품 (깨진 것, 죽은 것) 혼입		·선도 저하품 혼입	·선도 저하품 혼입 여부	·패각 깨진 것 및 죽은 것, 선별 폐기
자　숙　↓			·100℃ 끓는물(Be 3~5℃)에서 10분내외 침지		
탈　각　↓	·불결한 탈각기, 칼에 의한 오염		·탈각기, 칼의 청결상태	·탈각기, 칼의 청결 여부	·탈각기, 칼소독 및 청결유지 관리
1차 세척　↓	·일시 대량처리로 토사 및 기타 오물 혼입		·토사 및 기타 오물 제거	·토사 및 기타 오물 혼입 여부	·재세척
탈　장　↓	·내장 혼입		·내장 등 기타 오물	·내장 등 기타 오물 혼입여부	·재탈장 처리
2차 세척　↓	·일시 대량처리로 토사, 내장 및 기타 오물혼입	CCP2	·토사, 내장, 기타 오물 (3~5회 세척)	·토사 및 내장 기타 오물 혼입여부 검사 기록	·재세척 및 재탈장 처리
선　별　↓	·선별대 불결로 인한 오염 파치품 및 기타 오물 혼입		·선별대 청결상태 ·파치품 및 기타오물 품질저하품	·파치품 및 기타 오물 혼입여부 ·품질저하품 혼입 여부	·선별대 소독 및 청결유지 ·파치품 등 선별 ·종업원 교육강화
청량 및 팬닝　↓	·이물질 혼입 ·유해미생물 2차오염 ·팬오염 ·저울의 부정확		·저울감도 ·팬의 오염여부 ·과부족품	·저울감도 점검 ·과부족품 수시 점검 ·팬의 청결	·저울보증 ·과부족품 저울 조정 ·팬의 청결유지, 관리
동　결　↓	·동결 후 잔존균	CCP3	·급속동결 : -35℃이하 ·품온 : -18℃이하	·자기온도계로 온도 측정 ·모니터링 온도측정 비교 (오전, 오후)	·온도조절 및 재 동결
탈 팬 및 glazing　↓	·2차 오염균의 증식 ·손상품		·손상품 ·2차오염 방지	·2차 오염균 증식 여부 ·손상품 유무확인	·오염된 제품 폐기 조치 (선도, 세균수) ·손상품 제거
포　장　↓	·포장재료 파손에 의한 2차 오염		·포장자재의 위생상태와 파손검사	·포장재료의 위생검사 (구입시)	·불량(규격외)포장 재료는 반품
저　장	·보관온도 관리 불충분에 의한 생존균의 증식	CCP4	·냉장보관온도 : -18℃ 이하 ·온도편차 측정(±2℃ 이내)	·자기기록계 온도와 보관용 샘플확인 ·모니터링 온도 측정 (매 2시간)	·온도조절 이상이 있을시 폐기 처분

7) 냉동 찐어묵

공정일람표	위 해	CCP	관 리 기 준	감시 / 측정	조 치 사 항
원 료 ↓	·원료선도, 보존 중의 부패, 변패, 병원균의 오염증식 (리스테리아, 살모넬라, 포도상구균)	CCP1	·선도, 품질, 냉동보관 온도 ·부원료 보관상태 (미생물 회사 기준)	·lot별 입수시 품질 및 세균검사, 보관상 태, 품온 (1일 1회)	·불량품은 반품 및 폐기조치
해 동 ↓	·해동탱크 오염 ·해동과정에 의한 미생물 오염		·용기의 소독 관리 ·주위환경 청결 ·surimi 해동온도, 시간 (-5℃)	·해동한 원료의 VBN, pH, 유해세균 측정 ·용기의 청결여부 ·위생적인 환경에서 해동여부	·측정결과 규정외의 경우 사용중지 ·녹부식 용기 폐기 위생적인 상태에 서 해동실시
고기갈이 ↓	·부원료 미생물 오염 (포도상구균)		·silent cut 등 기기 및 사용 되는 기구의 세정 소독 상황 ·고기갈이 시간, 온도	·lot별 부원료 첨가물 의 미생물 검사 ·고기갈이 온도측정 (오전, 오후)	·부원료, 첨가물에 검사 결과 이상 있 을 경우 해당 lot 제품 출하정지 ·재세정, 재소득
성 형 ↓	·성형기에 의한 오염		·성형기의 청결상태	·성형기의 육 접촉 부 세정소독의 검사 ·성형기 해체시의 잔육 검사	·재세정 및 재소득
계맛살 제조기 (박피성형, 증자 -배소, 방냉, 세절, 결속) ↓	·배소온도 부족에 의한 생존균 2차오염균의 증식		·배소온도 (조건) 및 시간 ·방냉 환경온도와 시간 및 방냉품온(10℃이하)	·관능적 체크 ·설정 방냉온도와 품온 저하 확인 모 니터링 온도 측정	·관능적 검사에 규 정외의 것은 제거 ·자동온도조절 장 치를 조절하고 소 의 온도로 보정함
색소 도포 ↓	·오염된 색소에 오염		·부원료 보관상태	·위생적인 부원료 보관 및 취급	·불량품은 폐기 조치
내포장 ↓					
절 단 ↓					
입 봉 ↓					
중 량 ↓	·중량 check시 과부족		·보정저울 사용		
진공포장 ↓	·봉합불량에 의한 2차 오염	CCP3	·봉합상태 표시	·1일 4회 감시측정	·인자불량 등은 배제
살 균 ↓	·spore 생성균에 의한 오염		·살균온도 및 살균시간 리스테리아	·자동온도기록 ·표준온도계와 검정 ·모니터링 온도측정 (오전, 오후)	·살균부족 : 재가 열 온도계 교정
냉 각 ↓	·살균 후 잔존균 증식		·냉기 품온 (0℃)	·자기온도계 lot별 측정	·냉각방식 교정, 재냉각
동 결 ↓	·동결 전 잔존균 ·2차오염균의 증식	CCP5	·급속동결온도 : -35℃ ~ -45℃ ·시간 : 1시간 ·품온 : -18℃이하	·lot별 자기온도계로 온도측정 ·모니터링 대조 온 도 측정 (오전, 오후)	·온도조절

공정일람표	위 해	CCP	관 리 기 준	감시 / 측정	조 치 사 항
포 장 ↓	·포장재료 파손에 의한 2차오염		·포장재료의 위생상태와 파손검사	·포장재료의 위생 검사	·불량 포장재료는 반품조치
금속탐지 ↓	·금속물질 혼입		·금속탐지기의 정확성	·금속탐지기의 성능	·기기교체 및 수리
저 장 ↓	·보관온도 관리 불충분에 의한 생존균의 증식	CCP6	·냉장 보관온도 (10℃이하) 와 제품온도 ·온도편차 측정 (±2℃이내)	·냉장 보관온도와 제품 온도 차이 수시체크 ·모니터링 온도측정 (매 2시간)	·온도조절
출 하	·저온 유통관리 불충분에 의한 생존균의 증식		·제품의 보관온도(10℃)	·제품 회전상황, 선입. 선출시스템 확보	

8) 냉동 찐어묵(조개맛, 가재맛, 빵가루 묻힘)

공정일람표	위 해	CCP	관 리 기 준	감시 / 측정	조 치 사 항
생원료 → 어체처리 → 채육 → 생원료 수세 → 탈수 → 정육 냉동 surimi → 냉동 보관 → 해동 → 고기갈이	·원료선도, 보존 중의 부패·변패, 병원균의 오염증식(리스테리아, 살모넬라, 포도상구균)	CCP1	·사용원료의 선도, 품질 판정, 잔존균수의 측정, 보관 온도 및 원료 품온 확인	·lot별 입고시 품질 및 유해 세균 검사, 보관상태 원료 온도 VBN, pH, 수분 등 측정 (1회/1일)	·선도저하 원료는 사용중지 및 폐기 처분
	·해동탱크 오염 해동 주위환경 불결 해동과정에 의한 미생물 오염		·용기의 소독 관리 주위환경 청결 surimi 해동온도, 시간(-5℃)	·해동한 원료의 VBN, pH, 유해 세균 측정 ·용기의 청결여부 ·위생적인 환경에서 해동여부	·측정결과 규정 외의 경우 사용 중지 ·녹부식 용기 폐기 ·위생적인 상태에서 해동 실시
	·부원료 미생물오염 (포도상구균) ·고기갈이 중 균의 증식	CCP2	·silent cut 등 기기 및 사용되는 기구의 세정소독 상황 ·고기갈이 시간, 온도	·lot별 부원료, 첨가물의 미생물 검사 ·고기갈이 온도측정 (오전, 오후)	·부원료, 첨가물에 검사결과 이상 있을 경우 해당 lot제품 출하정지 ·재세정, 재소독

공정일람표	위　해	CCP	관 리 기 준	감시 / 측정	조 치 사 항
	· 성형기에 의한 오염		· 성형기의 청결상태	· 성형기의 육 접촉부 세정소독의 검사 · 성형기 해체시의 잔육검사	· 재세정 및 재소독
성　형 Cooking	· 배소온도 부족에 의한 생존균		· 배소온도(조건) 및 시간	· 관능적 체크 · 모니터링 온도 측정	· 관능적 검사에서 규정 외의 것은 제거
절　단	· 절단기에 의한 오염		· 절단기의 청결상태	· 절단기의청결 여부	· 재세척 및 소독실시
살　균 냉　각	· 가열살균부족(온도부족)에 의한 생존균	CCP3	· 가열살균온도(조건) 및 시간 (90℃에서 85분간 정도)	· 가열살균 온도, 시간측정(오전, 오후) · 모니터링 온도 측정(주간)	· 가열살균 부족품은 재살균
동　결	· 살균 후 잔존균 증식		· 청정 냉기온도, 제품품온	· 자기온도계 lot 별 측정	· 냉각방식교정 · 재냉각
빵가루문힘	· 동결 전 잔존균 2차오염균의 증식	CCP4	· -40℃에서 급속 동결	· lot별 자기온도계로 온도측정 모니터링 대조 온도 측정(오전, 오후)	· 온도조절
포　장	· 빵가루 미생물오염 (보관 부주의)		· 빵가루의 납품업자 명과 규격확인 · 보관상태	· 빵가루의 미생 물 검사	· 빵가루에 검사 결과 이상이 있을 경 우 해 당 lot 제품 출하 정지
저　장	· 포장재료 파손에 의한 2차오염		· 포장재료의 위생상 태와 파손검사	· 포장재료의 위 생검사	· 불량 포장재료 는 반품 조치
출　하	· 보관온도 관리 불 충분에 의한 생존 균의 증식	CCP5	· 냉장 보관온도 (10℃이하)와 제품 온도 · 온도편차 측정 (±2℃이내)	· 냉장 보관온도 와 제품온도 차 이 수시체크 · 모니터링 온도 측정(매 2시간)	· 온도조절
	· 저온 유통관리 불 충분에 의한 생존 균의 증식		· 제품의 보관온도 (10℃)	· 제품 회전상황, 선입. 선출시스템 확보	

9) 냉동 찐어묵(게맛, 집게 빵가루 묻힘)

공정일람표

Solid meat공정: 원료 → 해동 → 고기갈이 → 팬작업 → 숙성 → 자숙 → 냉각 → 절단

Bind meat공정: 원료 → 해동 → 고기갈이

→ 배합 → 충진 → 집게주입

공정일람표	위 해	CCP	관 리 기 준	감시 / 측정	조 치 사 항
원료	·원료선도 ·보존 중의 부패, 변패 병원균의 오염증식 (리스테리아, 살모넬라, 포도상구균)	CCP1	·사용 원료의 선도, 품질판정 ·잔존균수 측정 ·보관온도 및 원료 품온 확인	·lot별 입고시 품질 및 유해세균 검사, 보관상태 ·원료온도 VBN, pH, 수분 등 측정 (1회/1일)	·선도저하 원료는 사용중지 및 폐기 처분
해동	·해동과정에 의한 미생물 오염 ·해동 주위환경 불결 ·해동 탱크 오염		·용기의 소독관리 ·주위환경 청결 ·surimi 해동온도, 시간 (-5℃)	·해동한 원료의 VBN, pH유해세균 측정 ·용기의 청결여부 부위생적인 환경에서 해동여부	·측정결과 규정 외의 경우 사용 중지 ·녹부식 용기 폐지 ·위생적인 상태에서 해동 실시
고기갈이	·부원료 미생물 오염 (포도상구균) ·고기갈이 중 균의 증식	CCP2	·silent cut 등 기기 및 사용 되는 기구 의 세정소독 상황 ·부원료, 자재의 납품 업자명과 규격 확인	·lot별 부원료, 첨 가물의 미생 물검사 (1일 1회)	·부원료, 첨가 물에검사 결과 이상 있을 경우 해당 lot 제품 출하 정지
팬작업	·팬에 의한 오염		·팬의 청결	·팬의 청결여부	·팬의 세척 및 소독
숙성	·숙성부족으로 결집력 약화 ·숙성실 오염		·숙성의 적정(17℃에서 18~22 시간) ·숙성실 환경	·숙성의 온도, 시간 ·숙성실 청결 여부	·숙성온도 및 시간 조정 ·숙성실 청결 유지 관리
자숙	·steam box의 오염	CCP3	·steam box 청결 (83℃에서 약 40분)	·steam box 청결여부 ·모니터링 온도 측정(오전, 오후)	·steam box 청결유지 관리
절단	·절단기 및 팬의 오염		·상온에서 20시간 정도 ·절단기 및 팬의 청결	·절단기 및 팬의 청결 여부	·절단기 및 팬의 청결유지 관리
배합 / 충진	·배합기의 오염 ·잔존육에 의한 오염	CCP4	·배합기의 청결 ·배합시간, 배합온도	·배합기의 청결 여부 ·배합시간, 배합온도 기록 (오전, 오후)	배합기의 청결 유지 관리
집게주입	·기름산화에 의한 유해물질 발생		·유지의 산화	·유지의 산화 여부	·유지산화에 달한 것은 사용중지 및 교환

공정일람표	위　　해	CCP	관 리 기 준	감시 / 측정	조 치 사 항
자　숙 탈　팬	·자숙온도　부족에 의한 생존균		·자숙온도 및 시간	·관능적 체크	·자숙온도　및 시간 조절
정　선 살　균	·가열살균부족(온도 부 족)에 의한 생 존균	CCP5	·가열살균온도 (조건) 및 시간 (90℃에서　10~15 분)	·가열살균 부족 으로 인한 호열 성 세 균조사 (1일 1회) ·모티터링 온도 측정 (오전, 오 후)	·가열살균　부 족품 은 재살 균
냉　각 동　결	·동결 전 잔존균 ·2차오염균의 증식	CCP6	·-40℃에서　4시간 정도 급속동결	·lot별 자기온도 계로 온도측정 모니터링 온도 측정 비교(오전, 오후)	·온도조절
코팅 및 포장	·포장재료　파손에 의한 2차오염		·포장재료의 위생상 태와 파손 검사	·포장재료의 위 생검사 ·핀홀 검사	·불량(규격의) 포장　재료는 반품조치
저　장 출　하	·보관온도 관리 불 충분에 의한 생존 균의 증식	CCP7	·냉장보관온도(10℃ 이하)와 제품온도 온도편차　측정(± 2℃이내)	·냉장보관온도 와 제품 온도 차이 수시체크 모니터링 온도 측정(매2시간)	·온도조절
	·저온유통관리 불충 분에 의한 생존균의 증식		·제품의 보관온도 (10℃이하)	·제품의 회전상 황선입, 선출시 스템의 확인	

10) 냉동 붉은 대게살 (자숙)

공정일람표	위 해	CCP	관 리 기 준	감시 / 측정	조 치 사 항
원 료	·원료 선도의 급격한 저하 ·원료의 취급 및 관리 부주의에 의한 오염	CCP1	·선도, 품질상태	·lot별 입고시 선도 독소 및 미생물 검사 (VBN), (1일 1회)	·원료의 선도 유지
(탈 갑)	·원료 그대로 방치		·갑부 및 내장제거	·즉시 탈갑여부	·간장내 단백 분해 효소에 의해 어깨살이 분해되어 황변, 수율떨어짐을 방지
세 척	·원료에 묻어있는 흙이나 뻘에 의한 오염 세척탱크의 오염 (부식) ·사용용수의 계속사용 으로 인한 오염		·흙, 뻘 세척 ·사용용기의 부식 상태 ·용수의 계속 사용	·흙, 뻘 등 이물질 부착여부 ·용기의 부식 상태 ·용수의 계속사용 여부	·흙, 뻘 등 이물질 완전히 제거 되도록 세척 ·용기의 수시 청소 ·수시 용수 교체 사용
자 숙 (냉 각)	·미자숙 혹은 과다 자숙으로 원료 흑변 및 수율저하	CCP2	·95~100℃의 3% 식염수에서 4~5분간 고온자숙	·자숙시간 및 온도 측정(오전, 오후)	·적정한 자숙 실시
절 단	·절단기에 의한 오염 ·cutting 부위의 부정확		·절단기의 청결 ·절단의 정확	·절단기의 청결 여부 ·절단의 정확 여부	·절단기의 수시청소 ·절단기의 조절
Leg 채육 / 몸통육 채육 선 별 / 암실통과	·채육기에 의한 오염		·채육기의 청결	·채육기의 청결 여부	·채육기의 수시 청소
Leg 정품 / 다리육 / 몸통육	·선도저하품 혼입 ·패각, 심, 촉수 등 이물질 혼입 ·종업원에 의한 오염 (포도상구균)	CCP3	·선도저하품 ·패각, 심, 촉수 등 ·종업원 위생상태	·선도저하 ·패각, 심, 촉수 등 혼입여부 ·종업원 위생관리 -오전, 오후	·선도저하, 패각 등 이물질 제거 ·종업원 위생 관리 철저(위생복, 위생모, 마스크, 일회용 장갑 착용)
계 량	·동결할 때까지의 살아 남은 균 ·2차오염균의 증식	CCP4	·-30~-33℃ air-blast에 넣어 5~7시간 급속동결	·자기온도계로 온도 측정 ·모니터링 온도 측정(오전, 오후)	·온도조절

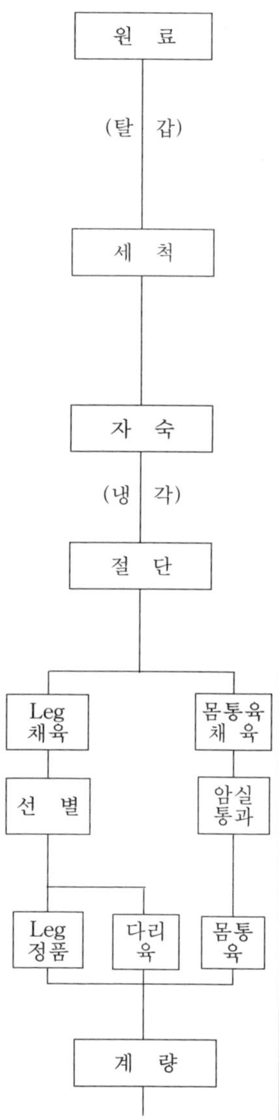

공정일람표	위 해	CCP	관 리 기 준	감시 / 측정	조 치 사 항
입 상	·냉동팬에 의한 오염		·제품제조 사양에 따라 다리육, 몸통살, 다리살을 육과 액즙에 가미하여 각각 냉동팬에 담음 ·냉동팬 오염 (녹슴)	·냉동팬 오염(녹) 여부	·청결한 냉동팬 사용
동 결	·동결할 때까지의 살아 남은 균	CC4	·-30℃~33℃ air -blast에 넣어 5~7시간 급속동결	·자기온도계로 온도 측정 ·모니터링 온도측정 (오전, 오후)	·온도조절
탈팬 및 glazing	·2차 오염균의 증식 ·손상품의 혼입 ·용수에 의한 오염		·2차 오염균, ·손상품 glazing 온도 및 회수, 두께 ·용수의 깨끗한 정도	·2차오염균 증식여부 ·glazing 적절한 조건 여부 ·청결한 용수 사용	·glazing 조건 조절 ·손상품 선별 ·용수 수시교체 사용
포 장	·포장 재료 파손에 의한 2차오염		·포장재료의 위생상태와 파손 검사	·포장재료의 위생검사	·불량 포장재료는 반품 조치
저 장	·보관온도 관리 불충분에 의한 생존균의 증식	CCP5	·-23~-25℃의 제품에 보관 ·온도편차 측정(±2℃이내)	·자기기록계 온도와 보관용 샘플 확인 ·모니터링 온도측정(매 2시간)	·온도조절 이상이 있을시 폐기 처분

참고문헌

1. 국내문헌

· 공기조화 및 냉동기계기사 1, 2급 예상문제 및 해설. 김교두. 도서출판 금탑(1994)

· 냉동공학. 도서출판 원화(1983)

· 냉동설비공학. 윤정인 외 17인. 태훈출판사(1997)

· 수산가공 이용학. 박영호, 김선봉, 장동석. 형설출판사(1995)

· 수산가공학. 박희열. 형설출판사(1998)

· 식품공학-이론과 실제-. 전재근. 개문사(1992)

· 식품공학. 변유량 외 12인. 지구문화사(1996)

· 식품냉동공학의 기초. 공재열. 형설출판사(1983)

· 食品冷凍의 基礎와 應用. 양철영. 圖書出版 世進社(1997)

· 식품위생관계법규. 지구문화사(1997)

2. 국외문헌

· 1.2種冷凍受驗讀本. オム社. 橋穴源一郎(1989)

· コールドチェーン. 株式會社 養賢堂. 向野元生(1970)

· 冷凍食品の製造. 食品と科學社. 態谷義光(1974)

· 冷凍食品の知識. 辛書房. 高橋雅弘(1982)

· 冷凍食品辭典. 朝倉書店. 天野慶之 外 7人(1985)

· 水産物の鮮度保持, 管理. 恒星社厚生閣. 谷川英一(1970)

· 食料工業. 恒星社厚生閣. 藤券正生 外 4人(1979)

· 食品の冷凍. 朝倉書店. 天野慶之 外 21人(1979)

· 食品冷凍テキスト. 溫故堂印刷株式會社. 天野慶之 外 9人(1979)

· 食品保存便覽. クリエイティブジャパン. 赤羽義章 外 多數(1992)

· 魚介類の鮮度と加工,貯藏. 成山堂書店渡邊悅生(1995)

▼ **저자약력**

김 진 수
경상대학교 해양생물이용학부 수산가공학 전공
주요저서 : 통조림 식품의 기초와 응용(도서출판 효일. 2002년)
수산제조산업기사 · 수산제조기사 문제집(도서출판 효일. 2000년)
수산물 이용 기술(자유 아카데미. 1999년)
식품영양실험 핸드북(도서출판 효일. 2000년)

• 개정판

식품냉동냉장학

2000년 7월 18일 초 판 발행
2003년 6월 20일 개정판 발행

지 은 이 • 김 진 수
발 행 인 • 김 홍 용
펴 낸 곳 • **도서출판 효 일**
주   소 • 서울특별시 동대문구 용두2동 102-201
전   화 • 02) 928-6644~5
팩   스 • 02) 927-7703
홈페이지 • www.hyoilbooks.com
등   록 • 1987년 11월 18일 제6-0045호

무단복사 및 전재를 금합니다.

값 **16,000**원

ISBN 89-85768-91-3